应用高等数学
（下册）

张又才　陈单单　彭湘凌　**主　编**
罗芳苜　王惠贤　刘振林　**副主编**

中国建设科技出版社 有限责任公司
China Construction Science and Technology Press Co., Ltd.

北　京

图书在版编目（CIP）数据

应用高等数学. 下册/张又才，陈单单，彭湘凌主编. --北京：中国建设科技出版社有限责任公司，2025.6. -- ISBN 978-7-5160-4541-1

Ⅰ.O13

中国国家版本馆CIP数据核字第2025WX7815号

应用高等数学（下册）
YINGYONG GAODENG SHUXUE（XIA CE）
张又才　陈单单　彭湘凌　主　编
罗芳苢　王惠贤　刘振林　副主编

| 出版发行：中国建设科技出版社有限责任公司 |
| 地　　址：北京市西城区白纸坊东街2号院6号楼 |
| 邮　　编：100054 |
| 经　　销：全国各地新华书店 |
| 印　　刷：北京雁林吉兆印刷有限公司 |
| 开　　本：787mm×1092mm　1/16 |
| 印　　张：10.75 |
| 字　　数：220千字 |
| 版　　次：2025年6月第1版 |
| 印　　次：2025年6月第1次 |
| 定　　价：39.00元 |

本社网址：www.jskjcbs.com，微信公众号：zgjskjcbs
请选用正版图书，采购、销售盗版图书属违法行为
版权专有，盗版必究。本社法律顾问：北京天驰君泰律师事务所，张杰律师
举报信箱：zhangjie@tiantailaw.com　　举报电话：（010）63567684
本书如有印装质量问题，由我社事业发展中心负责调换，联系电话：（010）63567692

前　言

"应用高等数学"是高职院校工科类专业的一门公共基础课,是学习工科的先导课程,也是解决专业上实际问题的有效工具.由于培养对象的特殊性,如何让课程内容贴近学生的学习实际、满足专业及专升本知识拓展需求、发挥数学文化的育人功能等成为我们亟待解决的问题.为此,我们根据高职院校培养人才的目标,结合学生学习情况,以强化应用和培养能力为重点,编写了本教材.

本教材内容全面贯彻落实党的二十大精神,坚持以立德树人为根本,以全面提高人才自主培养质量为核心,遴选并融入与课程相关度高、结合紧密的思政资源和专业应用案例,服务高素质技术技能人才培养.

本教材以项目教学为主,按"项目—任务—练习"分为三级,根据工科类专业的要求分为5个项目,每个项目按需要解决和掌握的问题分为不同的工作任务,按完成工作任务所需掌握的基本知识和能力分为项目活动.每个项目活动以"工作情境"作为导入,以"知识准备"作为基本内容,以"实务训练"作为基础能力,以"思维培养"作为扩展能力,实现"教、学、做、思"一体化.希望通过教学改革,探索理论与实践结合的教学模式,实现高职学生会动手、会思考的培养目标.每个项目均附有课后习题和案例分析,便于学生理解和练习,使学生能够举一反三,将所学知识融会贯通.

本教材是在湖南财经工业职业技术学院院领导的指导下,由该学院的一线教师结合多年的教学经验编写而成.张又才、陈单单、彭湘凌、罗芳苜、王慧贤、刘振林老师参与编写,曹鑫、李运祥老师审定书稿,唐永军等老师提供了很多帮助,在此表示感谢.

由于编写人员水平有限及时间仓促,教材中存在的不足之处请各位同人和学者批评指正.用以交流的电子邮箱:525675935@qq.com.

编　者

2024 年 11 月

目 录

项目六　微分方程　1

- 任务一　微分方程的基本概念　2
- 任务二　一阶线性微分方程　4
- 任务三　二阶常系数齐次线性微分方程　9
- 练习六　18
- 数学史话　"数学王子"——高斯　19

项目七　向量代数与空间解析几何　20

- 任务一　空间直角坐标系　21
- 任务二　向量及其运算　23
- 任务三　空间平面方程　29
- 任务四　空间直线方程　34
- 练习七　45
- 数学史话　天才数学家——傅里叶　46

项目八　多元函数微分法及其应用　48

- 任务一　多元函数的基本概念　49
- 任务二　偏导数与全微分　56
- 任务三　多元复合函数和隐函数的求导　63
- 任务四　多元函数的极值　69
- 练习八　84
- 数学史话　数学巨匠——魏尔斯特拉斯　86

项目九 重积分 ... 88

- 任务一 二重积分的概念与性质 ... 89
- 任务二 二重积分的计算方法 ... 94
- 练习九 ... 104
- 数学史话 "数学探索者"——亚历山大·维尔金斯基（Alexander Verkinsky） ... 106

项目十 无穷级数 ... 108

- 任务一 常数项级数的概念与性质 ... 109
- 任务二 常数项级数的收敛法则 ... 113
- 任务三 幂级数 ... 118
- 任务四 函数展开成幂级数 ... 122
- 练习十 ... 135
- 数学史话 "数学界的莎士比亚"——莱昂哈德·欧拉 ... 137

附录 1 2024 年湖南省高等数学专升本试卷 ... 139

附录 2 实务训练及练习答案 ... 144

参考文献 ... 164

项目六　微分方程

学习目标

1. 深入理解微分方程的定义、分类及其在实际工程问题中的表示方法．明确导数、积分等数学概念在微分方程中的应用背景．
2. 熟练掌握常微分方程的基本求解方法，包括分离变量法、换元法、一阶线性微分方程通解公式法等．能够针对具体问题选择合适的求解策略．
3. 针对不同类型的微分方程（如二阶常系数线性微分方程），理解其特点并掌握相应的求解方法．能够识别并解决工程中常见的微分方程模型．
4. 通过综合应用案例分析，使学生能够将微分方程知识应用于解决实际工程问题．理解微分方程在工程技术领域中的重要作用和广泛应用．

湖南省专升本《高等数学》课程考纲

1. 了解微分方程的基本概念．
2. 掌握可分离变量微分方程、一阶线性微分方程、二阶常系数齐次线性微分方程的解法．

导入案例

人口问题

马尔萨斯（Malthus）模型，也称为马尔萨斯人口指数增长模型，是由英国经济学家托马斯·罗伯特·马尔萨斯（Thomas Robert Malthus）于1798年在其著作《人口原理》中提出的．该模型主要描述了人口增长与生存资源之间的关系，并预测了在缺乏资源限制的情况下，人口将呈指数增长，而生存资源只能按算术级数增长，这会导致两者之间的矛盾，进而可能引发饥荒、战争和疾病等社会问题．

马尔萨斯模型是关于人口或种群数量成指数增长的模型．它基于一个基本假设，即人口的增长率是常数，也就是说，单位时间内人口的增长量与当时的人口成正比．可以得到方程 $\dfrac{\mathrm{d}P}{\mathrm{d}t}=rP$，其中 P 是人口数量，r 是人口增长率．

任务一　微分方程的基本概念

> **工作情境**

　　数控直线工作台是一种高精度的机床，其运动控制系统需要精确控制工作台的位置、速度和加速度，以实现高精度的加工任务．为了实现这一目标，通常使用微分方程来描述工作台的运动特性．

　　在数控直线工作台的运动控制中，可以建立以下形式的微分方程来描述工作台的位置、速度和加速度之间的关系：$x''(t)+bx'(t)+cx(t)=f(t)$，其中，$x(t)$ 表示工作台在时刻 t 的位置，$x'(t)$ 表示工作台的速度，$x''(t)$ 表示工作台的加速度．b 和 c 是与机床系统特性相关的常数，$f(t)$ 是外部驱动力或控制信号．

　　这个微分方程是一个二阶常系数线性微分方程，它描述了工作台在外部力作用下的运动规律．通过求解这个微分方程，可以得到工作台在不同时刻的位置、速度和加速度，从而规划出工作台的运动轨迹．这对于实现精确的加工路径控制至关重要．

> 　　微分方程是对自然科学和工程技术中各种不同系统的数学描述，是解决实际问题的重要工具．

> **知识准备**

　　定义 1：一般地，凡表示未知函数、未知函数的导数与自变量之间的关系的方程，称为微分方程．未知函数是一元函数的微分方程称为常微分方程．本章中研究的都是常微分方程，简称为**微分方程**．

　　微分方程中所含未知函数导数的最高阶导数的阶数称为**微分方程的阶**．

　　例如：自由落体问题中的 $\dfrac{d^2 s}{dt^2}=g$ 为二阶微分方程，镭的衰变问题中的 $\dfrac{dm}{dt}=-km$ 与人口增长问题中的 $\dfrac{dP}{dt}=rP$ 为一阶微分方程，而方程 $x^2 y'''+2xy''-3y'=4xy^5$ 是三阶微分方程．

　　通常，n 阶微分方程的一般形式为 $F(x,y,y',\cdots,y^{(n)})=0$，其中 x 是自变量，y 是未知函数，$F(x,y,y',\cdots,y^{(n)})$ 是已知函数，而且一定含有 $y^{(n)}$．

　　定义 2：设函数 $y=\varphi(x)$ 在区间 I 上有 n 阶连续导数，如果在区间 I 上，
$$F[x,\varphi(x),\varphi'(x),\cdots,\varphi^{(n)}(x)]\equiv 0,$$
那么函数 $y=\varphi(x)$ 就叫作微分方程在区间 I 上的解．

如果微分方程的解中含有任意常数，且任意常数的个数与微分方程的阶数相同（见注），这样的解叫做微分方程的通解．通解中的任意常数确定后，则称其为特解．当自变量取某值时，要求未知函数及其导数取特定的值，这样的条件称为初始条件．带有初始条件的微分方程称为微分方程的初值问题．

注：这里所说的任意常数是相互独立的，就是说，它们不能合并而使得任意常数的个数减少．

例6-1-1 验证函数 $y=\sin 2x$ 是方程 $y''+4y=0$ 的解．

解：求 $y=\sin 2x$ 的导数，得 $y'=2\cos 2x$，$y''=-4\sin 2x$，

将 y 及 y'' 代入原方程的左边，有 $-4\sin 2x+4\sin 2x=0$，

即函数 $y=\sin 2x$ 满足原方程，所以该函数是所给二阶微分方程的解．

例6-1-2 验证方程 $y'=\dfrac{2y}{x}$ 的通解为 $y=Cx^2$（C 为任意常数），并求满足初始条件 $y|_{x=1}=1$ 的特解．

解：由 $y=Cx^2$ 得 $y'=2Cx$，将 y 及 y' 代入原方程的左、右两边，

左边为 $y'=2Cx$，而右边 $\dfrac{2y}{x}=2Cx$，所以函数 $y=Cx^2$ 满足原方程．

又因为该函数含有一个任意常数，所以 $y=Cx^2$ 是一阶微分方程 $y'=\dfrac{2y}{x}$ 的通解．

将初始条件 $y|_{x=1}=1$ 代入通解，得 $C=1$，故所求特解为 $y=x^2$．

例6-1-3 设一个物体从点 A 出发作直线运动，在任意时刻的速度大小为运动时间的两倍，求物体运动规律（或称运动方程）．

解：首先建立坐标系，取点 A 为坐标原点，物体运动方向为坐标轴的正方向（如图6-1所示），

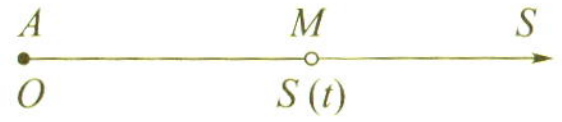

$$\underset{\underset{O}{\bullet}}{A} \quad\quad \underset{\underset{S(t)}{}}{M} \quad\quad S \longrightarrow$$

图6-1

并设物体在时刻 t 到达点 M，其坐标为 $s(t)$．

显然，$s(t)$ 是时间 t 的函数，它表示物体的运动规律，是本题中待求的未知函数，$s(t)$ 的导数 $s'(t)$ 就是物体运动的速度 $v(t)$．

由题意知 $v(t)=2t$，$s(0)=0$．积分后得通解 $s(t)=t^2+C$，

将初始条件代入得 $C=0$，故特解为 $s(t)=t^2$．

例6-1-4 已知直角坐标系中的一条曲线通过点（1，1），且在该曲线上任意一点 $P(x,y)$ 处的切线斜率等于该点的纵坐标的平方，求此曲线的方程．

解：设所求曲线方程为 $y=y(x)$，根据题意有：$y'=y^2$，即 $\dfrac{\mathrm{d}x}{\mathrm{d}y}=\dfrac{1}{y^2}$，

3

两边同时积分得 $x = -\dfrac{1}{y} + C.$

又由于已知曲线过点 $(1,1)$，代入上式，得 $C = 2.$

所以，所求曲线的方程为 $x = 2 - \dfrac{1}{y}.$

▶ 思维培养

在高职教育中，微分方程的基本概念教学需注重思维培养．首要任务是确保学生深刻理解微分方程的定义，明确其作为描述变量间动态关系的数学工具的重要性．随后，应系统讲解微分方程阶数的概念，使学生能准确判断方程的复杂度．同时，强调解与通解的区别，通过实例演示求解过程，培养学生将理论知识应用于实践的能力．在此基础上，进一步训练学生的类比思维，通过跨学科比较，深化对微分方程应用领域的理解．归纳方法的运用，有助于学生总结解题规律，提高解题效率．此外，强化逻辑思维，确保每一步推导的严谨性，以及启发辩证思维，鼓励多角度审视问题，这些都是不可或缺的环节．最终，激发创新思维，鼓励学生在实践中探索未知，以解决实际问题．

▶ 实务训练

1. 试说出下列各微分方程的阶数：

(1) $x(y')^2 - 2yy' + 3x = 0$；　　(2) $2x^2 y'' - xy' + 3y = 0$；

(3) $xy''' + 2y'' - x^4 y = 0$；　　(4) $(4x - 3y)\mathrm{d}x - (2x + y)\mathrm{d}y = 0.$

2. 指出下列各题中的函数是否为所给微分方程的解：

(1) $xy' = 2y, y = 5x^2$；

(2) $y'' + y = 0, y = 3\sin x - 4\cos x$；

(3) $y'' - 2y' + y = 0, y = x^2 \mathrm{e}^x.$

任务二　一阶线性微分方程

▶ 工作情境

车间通风问题：设车间体积为常数，开始时空气中含有一定比例的 CO_2．为了保证工人健康，需要通入新鲜空气．通过建立一阶线性微分方程

$$\begin{cases} \dfrac{\mathrm{d}x}{\mathrm{d}t} = a - bx\,(t > 0), \\ x(0) = x_0, \end{cases} \quad \text{其中 } a = \dfrac{Km + 100r}{V}, b = \dfrac{K}{V}.$$

可以求解出鼓风机开动一定时间后，车间内 CO_2 的百分比．

项目六 微分方程

> 知识准备

一、可分离变量的微分方程

定义3：一般地，如果一个一阶微分方程能写成 $g(y)\mathrm{d}y = f(x)\mathrm{d}x$ 的形式，就是说，能把微分方程写成一端只含 y 的函数和 $\mathrm{d}y$，另一端只含 x 的函数和 $\mathrm{d}x$ 的形式，那么原方程就称为<u>可分离变量的微分方程</u>．

可分离变量的微分方程的求解步骤一般分三步：①分离变量；②两边同时积分；③整理变形（化简）．

例 6-2-1 求方程 $y' = (\sin x - \cos x)\sqrt{1-y^2}$ 的通解．

解：分离变量，得 $\dfrac{\mathrm{d}y}{\sqrt{1-y^2}} = (\sin x - \cos x)\mathrm{d}x$，

两边同时积分，得 $\arcsin y = -(\cos x + \sin x) + C$（$C$ 为任意常数），

这就是所求方程的通解．

例 6-2-2 求方程 $y' = -\dfrac{y}{x}$ 的通解．

解：分离变量，得 $\dfrac{\mathrm{d}y}{y} = -\dfrac{1}{x}\mathrm{d}x$，两边同时积分，得 $\ln|y| = \ln\left|\dfrac{1}{x}\right| + C_1$，

化简得 $|y| = e^{C_1}\left|\dfrac{1}{x}\right|$，$y = \pm e^{C_1}\dfrac{1}{x}$，

令 $C_2 = \pm e^{C_1}$，则 $y = \dfrac{C_2}{x}$，$C_2 \neq 0$．

另外，$y = 0$ 也是方程的解，

所以 $y = \dfrac{C_2}{x}$ 中的 C_2 可以为 0，因此 C_2 为任意常数．

这样，方程的通解是 $y = \dfrac{C}{x}$（C 为任意常数）．

另解：分离变量，得 $\dfrac{\mathrm{d}y}{y} = -\dfrac{\mathrm{d}x}{x}$，

两边同时积分，得 $\ln y = \ln\dfrac{1}{x} + \ln C$，$\ln y = \ln\dfrac{C}{x}$，

即通解是 $y = \dfrac{C}{x}$（C 为任意常数）．

例 6-2-3 求方程 $\mathrm{d}x + xy\mathrm{d}y = y^2\mathrm{d}x + y\mathrm{d}y$ 满足初始条件 $y(0) = 2$ 的特解．

解：将方程整理为 $y(x-1)\mathrm{d}y = (y^2 - 1)\mathrm{d}x$，

分离变量，得 $\dfrac{y}{y^2-1}\mathrm{d}y = \dfrac{\mathrm{d}x}{x-1}$，

两边同时积分，得 $\frac{1}{2}\ln(y^2-1) = \ln(x-1) + \frac{1}{2}\ln C$，

化简，得 $y^2 - 1 = C(x-1)^2$，即 $y^2 = C(x-1)^2 + 1$ 为所求通解．

将初始条件 $y(0) = 2$ 代入，得 $C = 3$，故所求特解为 $y^2 = 3(x-1)^2 + 1$．

例 6-2-4 求方程 $\frac{dy}{dx} = -ky(y-a)$ 的通解，其中 k 与 a 均为正的常数．

解：分离变量，得 $\frac{dy}{y(y-a)} = -k dx$，即 $\left(\frac{1}{y-a} - \frac{1}{y}\right)dy = -ka dx$，

两边同时积分，得 $\ln\frac{y-a}{y} = -kax + \ln C$，

经化简整理，得方程的通解为 $y = \frac{a}{1 - Ce^{-kax}}$（$C$ 为任意常数），也可以写为 $y = \frac{a}{1 + Ce^{-kax}}$（$C$ 为任意常数）．

二、一阶线性微分方程

定义 4：形如 $y' + p(x)y = q(x)$ ①的微分方程称为**一阶线性微分方程**．
若 $q(x) \equiv 0$，则 $y' + p(x)y = 0$ 称为一阶线性齐次方程，简称**线性齐次方程**；
若 $q(x) \not\equiv 0$，则①称为一阶线性非齐次方程，简称**线性非齐次方程**．

1. 一阶线性齐次方程的解法

一阶线性齐次方程 $y' + p(x)y = 0$ 是可分离变量方程．分离变量，得 $\frac{dy}{y} = -p(x)dx$，

两边同时积分，得 $\ln y = -\int p(x)dx + \ln C$，所以方程的通解公式为 $y = Ce^{-\int p(x)dx}$．

例 6-2-5 求方程 $y' + (\sin x)y = 0$ 的通解．

解：所给方程是一阶线性齐次方程，且 $p(x) = \sin x$，则

$$-\int p(x)dx = -\int \sin x dx = \cos x,$$

由通解公式即可得到原方程的通解为 $y = Ce^{\cos x}$（C 为任意常数）.

例 6-2-6 求方程 $(y - 2xy)dx + x^2 dy = 0$ 满足初始条件 $y|_{x=1} = e$ 的特解．

解：将所给方程化为如下形式 $\frac{dy}{dx} + \frac{1-2x}{x^2}y = 0$，

这是一个线性齐次方程，且 $p(x) = \frac{1-2x}{x^2}$，

则 $-\int p(x)dx = \int\left(\frac{2}{x} - \frac{1}{x^2}\right)dx = \ln x^2 + \frac{1}{x}$，

由通解公式得该方程的通解为 $y = Cx^2 e^{\frac{1}{x}}$，

将初始条件 $y|_{x=1} = e$ 代入通解，得 $C = 1$，故所求特解为 $y = x^2 e^{\frac{1}{x}}$．

2. 一阶线性非齐次方程的解法

设 $y=C(x)y_1$ 是线性非齐次方程的解，将 $y=C(x)y_1$（y_1 是齐次方程 $y'+p(x)y=0$ 的解）及其导数 $y'=C'(x)y_1+C(x)y'_1$ 代入方程 $y'+p(x)y=q(x)$，则有
$$C'(x)y_1+C(x)y'_1+p(x)C(x)y_1=q(x),$$
即 $C'(x)y_1+C(x)[y'_1+p(x)y_1]=q(x)$.

由于 y_1 是对应的线性齐次方程的解，故 $y'_1+p(x)y_1=0$，

因此有 $C'(x)y_1=q(x)$，其中 y_1 与 $q(x)$ 均为已知函数，通过积分得
$$C(x)=\int\frac{q(x)}{y_1}\mathrm{d}x+C,$$
代入 $y=C(x)y_1$ 中得 $y=Cy_1+y_1\int\frac{q(x)}{y_1}\mathrm{d}x$.

容易验证，该函数满足线性非齐次方程 $y'+p(x)y=q(x)$，且含有一个任意常数，所以它是一阶线性非齐次方程 $y'+p(x)y=q(x)$ 的通解.

在运算过程中，取线性齐次方程的一个解为 $y=\mathrm{e}^{-\int p(x)\mathrm{d}x}$，于是，一阶线性非齐次方程的**通解公式**为 $y=\mathrm{e}^{-\int p(x)\mathrm{d}x}\left[\int q(x)\mathrm{e}^{\int p(x)\mathrm{d}x}\mathrm{d}x+C\right]$.

上述讨论中先将常数 C 变为待定的函数 $C(x)$，再通过确定 $C(x)$ 而求得方程解的方法，称为**常数变易法**.

例 6-2-7 求方程 $2y'-y=\mathrm{e}^x$ 的通解.

解：（常数变易法）将所给的方程改写为 $y'-\frac{1}{2}y=\frac{1}{2}\mathrm{e}^x$，

这是一个线性非齐次方程，它所对应的线性齐次方程的通解为 $y=C\mathrm{e}^{\frac{x}{2}}$.

设所给线性非齐次方程的解为 $y=C(x)\mathrm{e}^{\frac{x}{2}}$，

将 y 及 y' 代入方程 $y'-\frac{1}{2}y=\frac{1}{2}\mathrm{e}^x$，得 $C'(x)\mathrm{e}^{\frac{x}{2}}=\frac{1}{2}\mathrm{e}^x$，于是，有
$$C(x)=\int\frac{1}{2}\mathrm{e}^{\frac{x}{2}}\mathrm{d}x=\mathrm{e}^{\frac{x}{2}}+C.$$

因此，原方程的通解为 $y=C(x)\mathrm{e}^{\frac{x}{2}}=C\mathrm{e}^{\frac{x}{2}}+\mathrm{e}^x$（$C$ 为任意常数）.

（公式法）将所给的方程改写成下列形式：$y'-\frac{1}{2}y=\frac{1}{2}\mathrm{e}^x$，

则 $p(x)=-\frac{1}{2}$，$q(x)=\frac{1}{2}\mathrm{e}^x$，于是
$$-\int p(x)\mathrm{d}x=\int\frac{1}{2}\mathrm{d}x=\frac{x}{2},$$
$$\mathrm{e}^{-\int p(x)\mathrm{d}x}=\mathrm{e}^{\frac{x}{2}},\int q(x)\mathrm{e}^{\int p(x)\mathrm{d}x}\mathrm{d}x=\int\frac{1}{2}\mathrm{e}^x\mathrm{e}^{-\frac{x}{2}}\mathrm{d}x=\mathrm{e}^{\frac{x}{2}},$$

代入通解公式，得原方程的通解为 $y=(C+\mathrm{e}^{\frac{x}{2}})\mathrm{e}^{\frac{x}{2}}=C\mathrm{e}^{\frac{x}{2}}+\mathrm{e}^x$（$C$ 为任意常数）.

例 6-2-8 求解初值问题 $\begin{cases}xy'+y=\cos x,\\ y(\pi)=1.\end{cases}$

解：（常数变易法）将所给的方程改写为 $y' + \dfrac{1}{x}y = \dfrac{1}{x}\cos x$，

则与其对应的线性齐次方程 $y' + \dfrac{1}{x}y = 0$ 的通解为 $y = \dfrac{C}{x}$.

设所给线性非齐次方程的解为 $y = \dfrac{C(x)}{x}$，

将 y 及 y' 代入方程 $y' + \dfrac{1}{x}y = \dfrac{1}{x}\cos x$，得 $C'(x)\dfrac{1}{x} = \dfrac{1}{x}\cos x$，

于是，有 $C(x) = \displaystyle\int \cos x \, dx = \sin x + C$.

因此，原方程的通解为 $y = (\sin x + C)\dfrac{1}{x} = \dfrac{C}{x} + \dfrac{1}{x}\sin x$.

将初始条件 $y(\pi) = 1$ 代入，得 $C = \pi$，

所以，所求的特解（即初值问题的解）为 $y = \dfrac{\pi}{x} + \dfrac{1}{x}\sin x$.

例 6-2-9 求方程 $y^2 dx + (x - 2xy - y^2)dy = 0$ 的通解.

解：将原方程改写为 $\dfrac{dx}{dy} + \dfrac{1-2y}{y^2}x = 1$，

这是一个关于未知函数 $x = x(y)$ 的一阶线性非齐次方程，

其中 $p(y) = \dfrac{1-2y}{y^2}$，它的自由项 $q(y) = 1$.

代入通解公式，有 $x = e^{-\int \frac{1-2y}{y^2}dy}\left[C + \int e^{\int \frac{1-2y}{y^2}dy}dy\right] = y^2 e^{\frac{1}{y}}(C + e^{-\frac{1}{y}}) = y^2(1 + Ce^{\frac{1}{y}})$，

即所求通解为 $x = y^2(1 + Ce^{\frac{1}{y}})$（$C$ 为任意常数）.

思维培养

在高职教育中，一阶线性微分方程的教学需着重于基本概念与思维培养．首要任务是确保学生准确理解一阶线性微分方程的定义，认识到它作为描述单一变量随时间变化的线性关系的数学工具的重要性．通过实例分析，学生应能识别方程中的未知函数、导数及常数项，理解其结构特征．教学中，应强调求解一阶线性微分方程的基本方法，如分离变量法、积分因子法等，并通过反复练习，培养学生独立解决问题的能力．此外，引导学生运用逻辑思维，确保求解过程中的每一步都符合数学原理．最后，鼓励学生运用所学知识解决实际问题，通过项目实践，深化对一阶线性微分方程概念的理解与应用．

实务训练

1. 求下列微分方程的通解（或特解）：

(1) $\sqrt{1-x^2}\, y' = \sqrt{1-y^2}$ ；

(2) $\dfrac{dy}{dx} + y = e^{-x}$ ；

(3) $\dfrac{dy}{dx} - y\tan x = \sec x, y|_{x=0} = 0$; (4) $y' + 2xy = 2xe^{-x^2}$.

2. 求一曲线的方程，该曲线通过原点，并且它在点 (x,y) 处的切线斜率等于 $2x+y$.

任务三 二阶常系数齐次线性微分方程

工作情境

弹簧振子问题：考虑一个由弹簧和振子组成的系统，其中弹簧的劲度系数为 k，振子的质量为 m. 当振子偏离平衡位置时，它会受到弹簧的弹力作用，并开始振动.

设振子偏离平衡位置的位移为 $x(t)$，根据牛顿第二定律，振子的运动方程可以表示为 $m\dfrac{d^2x}{dt^2} = -kx$ 这是一个二阶常系数齐次线性微分方程，其中 $\dfrac{d^2x}{dt^2}$ 表示振子的加速度，$-kx$ 表示弹簧对振子的弹力. 通过求解这个方程，我们可以得到振子的位移随时间的变化关系，进而分析振子的振动周期、振幅等特性.

知识准备

一、二阶线性微分方程解的结构

定义 5：如下形式的二阶微分方程 $y'' + p(x)y' + q(x)y = f(x)$，称为二阶线性微分方程，简称**二阶线性方程**. $f(x)$ 称为自由项，当 $f(x) \neq 0$ 时，称为二阶线性非齐次微分方程，简称**二阶线性非齐次方程**. 当 $f(x)$ 恒为 0 时，称为二阶线性齐次微分方程，简称**二阶线性齐次方程**. 方程中 $p(x), q(x)$ 和 $f(x)$ 都是自变量 x 的已知连续函数.

定理 1 如果函数 y_1 与 y_2 是二阶线性齐次方程的两个解，则函数 $y = C_1 y_1 + C_2 y_2$ 仍为该方程的解，其中 C_1, C_2 是任意常数.

定义 6：设函数 $y_1(x)$ 与 $y_2(x)$ 是定义在某区间 I 上的两个函数，如果存在两个不全为 0 的常数 k_1 与 k_2，使得 $k_1 y_1(x) + k_2 y_2(x) = 0$ 在区间 I 上恒成立，则称函数 $y_1(x)$ 与 $y_2(x)$ 在区间上**线性相关的**，否则称**线性无关**.

定理 2 如果函数 y_1 与 y_2 是二阶线性齐次方程 $y'' + p(x)y' + q(x)y = 0$ 的两个线性无关的特解，则 $y = C_1 y_1 + C_2 y_2$ 是该方程的通解，其中 C_1, C_2 是任意常数.

二、二阶常系数线性微分方程的解法

定义 7：如果二阶线性微分方程为 $y'' + py' + qy = f(x)$，其中 p, q 均为常数，则称该方程为**二阶常系数线性微分方程**.

对于二阶常系数线性齐次方程 $y'' + py' + qy = 0$，我们把 $r^2 + pr + q = 0$ 称为其**特征**

方程，特征方程的根称为**特征根**．

（1）特征方程具有两个不相等的实根 r_1 与 r_2，则方程的特解为 $y_1=\mathrm{e}^{r_1x}$ 和 $y_2=\mathrm{e}^{r_2x}$，通解为 $y=C_1\mathrm{e}^{r_1x}+C_2\mathrm{e}^{r_2x}$．

（2）特征方程具有两个相等的实根，即 $r_1=r_2=-\dfrac{p}{2}$，则方程的特解为 $y_1=\mathrm{e}^{rx}$ 和 $y_2=x\mathrm{e}^{rx}$，通解为 $y=C_1\mathrm{e}^{rx}+C_2x\mathrm{e}^{rx}=(C_1+C_2x)\mathrm{e}^{rx}$．

（3）特征方程具有一对共轭复根 $r_1=\alpha+\mathrm{i}\beta$ 与 $r_2=\alpha-\mathrm{i}\beta$，则方程的特解为 $y_1=\mathrm{e}^{\alpha x}(\cos\beta x+\mathrm{i}\sin\beta x)$ 和 $y_2=\mathrm{e}^{\alpha x}(\cos\beta x-\mathrm{i}\sin\beta x)$，通解为 $y=\mathrm{e}^{\alpha x}(C_1\cos\beta x+C_2\sin\beta x)$，其中 C_1,C_2 为任意常数．

上述求二阶常系数线性齐次方程通解的方法称为特征根法，其步骤是：①写出所给方程的特征方程；②求出特征根；③根据特征根的三种不同情况，写出对应的特解，并写出其通解．

例 6-3-1 求方程 $y''-3y'+2y=0$ 的通解．

解：该方程的特征方程为 $r^2-3r+2=0$，

它有两个不相等的实根 $r_1=1,r_2=2$，

其对应的两个线性无关的特解为 $y_1=\mathrm{e}^x$ 和 $y_2=\mathrm{e}^{2x}$，

所以方程的通解为 $y=C_1\mathrm{e}^x+C_2\mathrm{e}^{2x}$（$C_1,C_2$ 为任意常数）．

例 6-3-2 求方程 $y''-4y'+4y=0$ 的满足初始条件 $y(0)=1,y'(0)=4$ 的特解．

解：该方程的特征方程为 $r^2-4r+4=0$，

它有两个相等的实根 $r=2$，

其对应的两个线性无关的特解为 $y_1=\mathrm{e}^{2x}$ 和 $y_2=x\mathrm{e}^{2x}$，所以通解为

$$y=(C_1+C_2x)\mathrm{e}^{2x}, \qquad (6-1)$$

求得

$$y'=C_2\mathrm{e}^{2x}+2(C_1+C_2x)\mathrm{e}^{2x}, \qquad (6-2)$$

将 $y(0)=1,y'(0)=4$ 代入式（6-1），（6-2）得 $C_1=1,C_2=2$．

因此，所求特解为 $y=(1+2x)\mathrm{e}^{2x}$．

例 6-3-3 求方程 $2y''+2y'+3y=0$ 的通解．

解：该方程的特征方程为 $2r^2+2r+3=0$，

它有共轭复根 $r_{1,2}=\dfrac{-2\pm\sqrt{4-24}}{4}=-\dfrac{1}{2}\pm\dfrac{\sqrt{5}}{2}\mathrm{i}$，即 $\alpha=-\dfrac{1}{2},\beta=\dfrac{\sqrt{5}}{2}$，

其对应的两个线性无关的特解为 $y_1=\mathrm{e}^{-\frac{1}{2}x}\cos\dfrac{\sqrt{5}}{2}x$ 和 $y_2=\mathrm{e}^{-\frac{1}{2}x}\sin\dfrac{\sqrt{5}}{2}x$，

所以方程的通解为 $y=\mathrm{e}^{-\frac{1}{2}x}\left(C_1\cos\dfrac{\sqrt{5}}{2}x+C_2\sin\dfrac{\sqrt{5}}{2}x\right)$（$C_1,C_2$ 为任意常数）．

例 6-3-4 求方程 $y''+4y=0$ 的通解.

解：该方程的特征方程为 $r^2+4=0$，

它有共轭复根 $r_{1,2}=\pm 2i$，即 $\alpha=0, \beta=2$，

其对应的两个线性无关的特解为 $y_1=\cos 2x$ 和 $y_2=\sin 2x$，

所以方程的通解为 $y=C_1\cos 2x+C_2\sin 2x$ (C_1, C_2 为任意常数).

思维培养

在高职高等数学教学中，二阶常系数齐次线性微分方程的学习是思维培养的关键环节．通过深入分析此类方程，我们旨在培养学生系统的归纳思维，运用类比方法探索知识间的内在联系．学生需深刻理解特征根的概念，学会猜想与验证，以聚合思维整合解题策略．采用启发式教学法，我们鼓励学生独立思考，拓展开放性思维，勇于探索未知领域．通过这些正式且严谨的训练，学生不仅能掌握二阶常系数齐次线性微分方程的解法，更能在思维层面实现质的飞跃，为未来的专业学习和职业生涯奠定坚实基础．

实务训练

求下列微分方程的通解：

(1) $y''+y'-2y=0$;　　　　　　　　(2) $4y''-20y'+25y=0$;

(3) $y''-4y'+5y=0$;　　　　　　　　(4) $y''+6y'+13y=0$.

例题解析

一、单项选择题

1. 下列微分方程中，是二阶线性微分方程的为（　　）.

　A. $(y'')^2+y'+y=x$　　　　　　　B. $(y')^2+2y=\cos x$

　C. $y'y''=2y$　　　　　　　　　　D. $xy''-5y'+3x^2y=\ln^2 x$

2. 下列微分方程中，（　　）所给的函数是通解.

　A. $y'=\dfrac{x}{y}, y=x$　　　　　　　B. $y'=\dfrac{x}{y}, x^2-y^2=C^2$

　C. $y'=-\dfrac{x}{y}, y=\dfrac{C}{x}$　　　　　　D. $y'=-\dfrac{x}{y}, x^2+y^2=1$

3. 下列微分方程中为可分离变量方程的是（　　）.

　A. $\dfrac{dx}{dt}=xt+t$　　　　　　　　B. $x\dfrac{dx}{dt}=e^x \sin t$

　C. $\dfrac{dx}{dt}=xt+t^2$　　　　　　　D. $\dfrac{dx}{dt}=x^2+t^2$

4. 微分方程 $y\ln x\,dx+x\ln y\,dy=0$ 的通解为（　　）.

　A. $\ln^2 x-\ln^2 y=C$　　　　　　B. $\ln^2 x+\ln^2 y=C$

C. $\ln x + \ln y = C$ D. $\ln x - \ln y = C$

5. 微分方程 $y' + \dfrac{2}{x}y = -x$ 满足 $y|_{x=2} = 0$ 的特解为（　　）.

   A. $y = \dfrac{4}{x^2} - \dfrac{x^2}{4}$ B. $y = \dfrac{x^2}{4} - \dfrac{4}{x^2}$

   C. $y = \dfrac{1}{x^2}(\ln 2 - \ln x)$ D. $y = x^2(\ln x - \ln 2)$

6. 微分方程 $y'' + y = 0$ 的通解为（　　）.

   A. $y = C_1 e^x + C_2 e^{-x}$ B. $y = (C_1 + C_2 x)e^{-x}$

   C. $y = C_1 \cos x + C_2 \sin x$ D. $y = (C_1 + C_2 x)e^x$

解：1. 微分方程的"阶"是指方程中未知函数的导数的最高阶数，"线性"是指未知函数及其导数均以线性（一次）形式出现在方程中，由于，A，C 中分别含有 $(y'')^2$ 和 $y'y''$ 项，都呈非线性形式，B 中 $(y')^2$ 是一阶导数，方程为一阶方程，故选项 D 正确，事实上，D 中方程可化成二阶线性方程的标准形式为 $y'' - \dfrac{5}{x}y' + 3xy = \dfrac{1}{x}\ln x$.

2. 微分方程的通解是指所含独立任意常数的个数与微分方程的阶相等的解．经验证，所给四个答案中，A，B，D 是方程的解，但 A，D 中不含任意常数，说明它们是特解，不是通解，故选项 B 正确．

3. 将方程进行变量分离，可知选项 A 为 $\dfrac{dx}{dt} = t(x+1)$ 是可分离变量方程．

B，C，D 均不能分离变量，故选择 A 正确．

4. 将方程 $y\ln x\, dx + x\ln y\, dy = 0$ 分离变量有 $\dfrac{\ln y}{y}dy = -\dfrac{\ln x}{x}dx$，两边同时积分，得 $\dfrac{1}{2}\ln^2 y = -\dfrac{1}{2}\ln^2 x + \dfrac{1}{2}\ln C$，$\ln^2 x + \ln^2 y = C$（$C$ 为任意常数），故选项 B 正确．

5. 方程通解为

$$y = e^{-\int p(x)dx}\left[\int q(x)e^{\int p(x)dx}dx + C\right] = e^{-\int \frac{2}{x}dx}\left[\int(-x)e^{\int \frac{2}{x}dx}dx + C\right]$$

$$= e^{-2\ln x}\left[\int(-x)e^{2\ln x}dx + C\right] = \dfrac{1}{x^2}\left[\int(-x^3)dx + C\right] = \dfrac{1}{x^2}\left(-\dfrac{x^4}{4} + C\right) = \dfrac{C}{x^2} - \dfrac{x^2}{4}.$$

由 $y|_{x=2} = 0$，代入得 $\dfrac{C}{4} - 1 = 0$，故 $C = 4$，于是 $y = \dfrac{4}{x^2} - \dfrac{x^2}{4}$，故选项 A 正确．

6. 微分方程对应的特征方程为 $r^2 + 1 = 0$，其特征根为 $r = \pm i$，是共轭复根，通解为三角函数形式

$y = C_1\cos x + C_2\sin x$（$C_1$，$C_2$ 为任意常数），故选项 C 正确．

二、填空题

1. 通过点 $(1,1)$ 处，且斜率为 x 的曲线方程是 ＿＿＿＿＿＿．

2. 齐次方程 $y' = \dfrac{y}{x} + 1$ 的通解是_____.

3. 二阶微分方程 $y'' = e^x$ 的通解是_____.

4. 微分方程 $y'' + y' = 0$ 满足初始条件 $y(0) = 1, y'(0) = 1$ 的特解为_____.

解：1. 斜率为 x 的曲线方程应满足 $y' = x$，

上式两边同时积分得 $y = \dfrac{1}{2}x^2 + C$，代入条件 $y(1) = 1$，得 $C = \dfrac{1}{2}$，

故所求曲线方程是 $y = \dfrac{1}{2}x^2 + \dfrac{1}{2}$.

2. 设 $u = \dfrac{y}{x}$，则 $dy = udx + xdu$，代入原方程中，得 $xdu = dx, u = \ln|x| + C$，

将 $u = \dfrac{y}{x}$ 代入上式，整理得 $y = x\ln|x| + Cx$，故所求通解为 $y = x\ln|x| + Cx$（C 为任意常数）.

3. 对 $y'' = e^x$ 两次积分，得 $y' = e^x + C_1, y = e^x + C_1 x + C_2$（$C_1, C_2$ 为任意常数），此为所求通解.

4. 微分方程 $y'' + y' = 0$ 的特征方程为 $r^2 + r = 0$，特征根为 $r_1 = -1, r_2 = 0$，

通解为 $y = C_1 e^{-x} + C_2$，将初始条件 $y(0) = 1, y'(0) = 1$ 代入，

得 $C_1 = -1, C_2 = 2$，故所求特解为 $y = -e^{-x} + 2$.

三、解答题

1. 判断下列微分方程属于哪种类型，并求出它们的通解或特解：

(1) $y' - \dfrac{y}{x} = -\dfrac{2\ln x}{x}$；

(2) $(e^{x+y} - e^x)dx + (e^{x+y} - e^y)dy = 0$；

(3) $y(x - 2y)dx - x^2 dy = 0$；

(4) $(y + \sqrt{x^2 + y^2})dx - xdy = 0, y(1) = 0$；

(5) $y' = \dfrac{4x + xy^2}{y - x^2 y}, y(0) = 1$.

分析 这几个方程都是一阶微分方程，通过适当变形来判断它们的类型.

解：(1) 这是一阶线性方程，$p(x) = -\dfrac{1}{x}, q(x) = -\dfrac{2\ln x}{x}$.

相应的齐次方程 $y' - \dfrac{y}{x} = 0$ 的通解为 $y = Cx$.

设非齐次方程的通解为 $y = C(x)x$，代入原方程，得 $C'(x)x = -\dfrac{2\ln x}{x}$，故

$$C(x) = \int -\dfrac{2\ln x}{x^2}dx = \int 2\ln x\, d\left(\dfrac{1}{x}\right) = \dfrac{2}{x}\ln x - \int \dfrac{2}{x^2}dx = \dfrac{2}{x}\ln x + \dfrac{2}{x} + C,$$

所求通解为 $y = \left(\dfrac{2}{x}\ln x + \dfrac{2}{x} + C\right)x = 2\ln x + Cx + 2$ (C 为任意常数).

(2) 将方程变形，得 $e^x(e^y - 1)dx + e^y(e^x + 1)dy = 0$，

这是变量可分离型方程，分离变量得 $\dfrac{e^y}{e^y - 1}dy = -\dfrac{e^x}{e^x + 1}dx$，

上式两端同时积分得 $\ln(e^y - 1) = -\ln(e^x + 1) + C_1$，

整理后得方程的通解为 $(e^x + 1)(e^y - 1) = C$ (C 为任意常数).

(3) 观察方程中 dx, dy 的系数，都是二次函数，故原方程为齐次方程.

当 $x \neq 0$ 时，各项除以 x^2，得

$$\dfrac{y}{x}\left(1 - \dfrac{2y}{x}\right)dx - dy = 0. \qquad (6-3)$$

令 $u = \dfrac{y}{x}$，则 $y = ux, dy = udx + xdu$，

代入方程 (6-3) 中，得 $u(1 - 2u)dx - (udx + xdu) = 0$，整理得

$$-2u^2 dx - xdu = 0,$$

$$\dfrac{du}{u^2} = -\dfrac{2dx}{x}.$$

两端同时积分得 $-\dfrac{1}{u} = -2\ln|x| + C_1$，

再将 $u = \dfrac{y}{x}$ 代回，得 $-\dfrac{x}{y} = -2\ln|x| + C_1$，

于是方程的通解为 $y = \dfrac{x}{2\ln|x| + C}$ (C 为任意常数).

(4) 观察方程中 dx, dy 的系数，都是一次函数（$\sqrt{x^2 + y^2}$ 可看作是一次函数），因此方程为齐次方程.

当 $x > 0$ 时，将各项除以 x，得 $\left[\dfrac{y}{x} + \sqrt{1 + \left(\dfrac{y}{x}\right)^2}\right]dx - dy = 0$.

令 $u = \dfrac{y}{x}$，则 $y = ux, dy = udx + xdu$，

代入齐次方程中，得 $(u + \sqrt{1 + u^2})dx - (udx + xdu) = 0, \dfrac{du}{\sqrt{1 + u^2}} = \dfrac{dx}{x}$，

两端同时积分，得 $\ln|u + \sqrt{1 + u^2}| = \ln x + C, u + \sqrt{1 + u^2} = Cx$，

将 $u = \dfrac{y}{x}$ 代回，得 $y + \sqrt{x^2 + y^2} = Cx^2$.

将初始条件 $y(1) = 0$ 代入，得 $\sqrt{1 + 0} = C, C = 1$，

故满足方程初始条件的特解为 $y + \sqrt{x^2 + y^2} = x^2$，

移项，两端同时平方得 $x^2 + y^2 = (x^2 - y)^2$，

整理后得 $y = \frac{1}{2}(x^2 - 1)$，此即为所求特解.

(5) 将方程变形，得 $\frac{dy}{dx} = \frac{x(4+y^2)}{y(1-x^2)}$，此为变量可分离方程.

分离变量，得 $\frac{ydy}{4+y^2} = \frac{xdx}{1-x^2}, \frac{d(4+y^2)}{4+y^2} = -\frac{d(1-x^2)}{1-x^2}$,

两端同时积分，得 $\ln(4+y^2) = -\ln|1-x^2| + \ln C$,
$$(4+y^2)(1-x^2) = C.$$

将初始条件 $y|_{x=0} = 1$ 代入，得 $C = 5$,

因此满足方程初始条件的特解为 $(4+y^2)(1-x^2) = 5$.

2. 判断方程的类型，并求解：

(1) $y'\cos x + y\sin x = 1$;

(2) $x^2 dy + (2xy - x + 1)dx = 0, y(1) = 0$;

(3) $x^3 y' + (2 - 3x^2)y = 0, y(1) = 1$;

(4) $y\ln y dx + (x - \ln y)dy = 0$;

(5) $y' - e^{x-y} + e^x = 0$.

解：(1) 方程变形为 $y' + y\tan x = \sec x$，这是一阶线性非齐次方程.

解法一：（公式法） $y = e^{-\int p(x)dx}\left[\int q(x)e^{\int p(x)dx}dx + C\right]$,

这里 $p(x) = \tan x, q(x) = \sec x$，于是通解为

$$y = e^{-\int \tan xdx}\left[\int \sec x e^{\int \tan xdx}dx + C\right]$$
$$= e^{\ln\cos x}\left[\int \sec x e^{-\ln\cos x}dx + C\right]$$
$$= \cos x\left[\int \sec x \cdot \sec x dx + C\right]$$
$$= \cos x(\tan x + C)$$
$$= \sin x + C\cos x \text{（}C\text{ 为任意常数）}.$$

解法二：（常数变易法） 先求出一阶线性齐次方程 $y' + y\tan x = 0$ 的通解，

将 $y' + y\tan x = 0$ 变形为 $\frac{dy}{y} = -\tan x dx$，两端同时积分得 $\ln y = \ln\cos x + C_1$,

即齐次方程的通解为 $y = C_1 \cos x$（C_1 为任意常数）.

设 $y = C_1(x)\cos x$，将其代入方程 $y' + y\tan x = \sec x$，得 $C_1'(x)\cos x = \sec x$，即 $C_1'(x) = \sec^2 x$,

积分求得 $C_1(x) = \int \sec^2 x dx = \tan x + C$,

故所求方程的通解为 $y = (\tan x + C)\cos x = \sin x + C\cos x$（$C$ 为任意常数）.

(2) 方程变形为 $\frac{dy}{dx} + \frac{2}{x}y = \frac{1}{x} - \frac{1}{x^2}$，此为一阶线性非齐次方程.

用公式求解，其中 $p(x) = \dfrac{2}{x}, q(x) = \dfrac{1}{x} - \dfrac{1}{x^2}$，于是方程的通解为

$$y = e^{-\int \frac{2}{x}dx}\left[\int \left(\frac{1}{x} - \frac{1}{x^2}\right)e^{\int \frac{2}{x}dx}dx + C\right] = e^{-2\ln x}\left[\int \left(\frac{1}{x} - \frac{1}{x^2}\right)e^{2\ln x}dx + C\right]$$

$$= \frac{1}{x^2}\left[\int \left(\frac{1}{x} - \frac{1}{x^2}\right)x^2 dx + C\right] = \frac{1}{x^2}\left[\left(\frac{1}{2}x^2 - x\right) + C\right]$$

$$= \frac{1}{2} - \frac{1}{x} + \frac{C}{x^2}.$$

将初始条件 $y(1) = 0$ 代入，得 $C = \dfrac{1}{2}$，

因此方程满足初始条件的特解为 $y = \dfrac{1}{2} - \dfrac{1}{x} + \dfrac{1}{2x^2}$.

(3) 方程变形为 $y' + \dfrac{2 - 3x^2}{x^3}y = 0$ 这是一阶线性齐次方程，用公式求通解为

$$y = Ce^{-\int \frac{2-3x^2}{x^3}dx} = Ce^{\left(\frac{1}{x^2} + 3\ln x\right)} = Cx^3 e^{\frac{1}{x^2}}.$$

将初始条件 $y(1) = 1$ 代入，得 $C = \dfrac{1}{e}$.

因此方程满足初始条件的特解为 $y = x^3 e^{\frac{1}{x^2} - 1}$.

(4) 将 y 看作自变量，x 看作未知函数，则原方程是关于未知函数 $x = \varphi(y)$ 的一阶线性非齐次方程，即 $\dfrac{dx}{dy} + \dfrac{1}{y\ln y}x = \dfrac{1}{y}(y \neq 1)$，这里 $p(y) = \dfrac{1}{y\ln y}, q(y) = \dfrac{1}{y}$. 于是通解为

$$x = e^{-\int \frac{1}{y\ln y}dy}\left[\int \frac{1}{y}e^{\int \frac{1}{y\ln y}dy}dy + C\right] = e^{-\ln(\ln y)}\left[\int \frac{1}{y}e^{\ln(\ln y)}dy + C\right]$$

$$= \frac{1}{\ln y}\left[\int \frac{\ln y}{y}dy + C\right] = \frac{1}{\ln y}\left(\frac{1}{2}\ln^2 y + C\right)$$

$$= \frac{1}{2}\ln y + \frac{C}{\ln y} \text{（}C\text{ 为任意常数）}.$$

(5) 该方程是一阶非线性方程，是可分离变量型方程，

原方程变形为 $y' - e^x(e^{-y} - 1) = 0, \dfrac{dy}{e^{-y} - 1} = e^x dx, \dfrac{e^y dy}{1 - e^y} = e^x dx$，

积分得 $-\ln(1 - e^y) = e^x + C_1, e^y = 1 + Ce^{-e^x}$，

故通解为 $y = \ln(1 + Ce^{-e^x})$（C 为任意常数）.

小结：

(1) 从上面的例子看出，判断方程的类型是解题最基本的步骤，分清类型才能确定求解的办法，这不仅是对一阶微分方程而言的，对其他的微分方程也是如此.

(2) 对于一阶微分方程来说，如果它是形如 $y' = f(x)g(y)$ 的方程，则属于变量可分离方程；如果方程形如 $y' = f\left(\dfrac{y}{x}\right)$，则属于齐次方程. 有些方程则需作适当代换，化成上

述两种类型. 如 $y' = f(ax+by+c)$, 令 $u = ax+by+c$, 则可化成变量可分离的形式.

(3) 一阶线性微分方程是一阶微分方程中比较基本而又重要的类型之一, 它可以用公式 $y = \mathrm{e}^{-\int p(x)\mathrm{d}x}\left[\int q(x)\mathrm{e}^{\int p(x)\mathrm{d}x}\mathrm{d}x + C\right]$ ①求通解, 也可以用常数变易法求通解, 用公式法求通解时, 要注意先把方程化成标准形式 $y' + p(x)y = q(x)$ ②这样才能准确地确定出 $p(x), q(x)$. 用公式法求通解时, 要先求出齐次方程的通解 $y = C\mathrm{e}^{-\int p(x)\mathrm{d}x}$, 然后将常数 C 变成待定函数 $C(x)$, 即令 $y = C(x)\mathrm{e}^{-\int p(x)\mathrm{d}x}$ ③为非齐次方程的通解, 代入原方程求出 $C(x)$, 将 $C(x)$ 代回③, 这样便得到方程②的通解.

(4) 一阶线性非齐次方程的通解式①可写成下面两项之和

$$y = C\mathrm{e}^{-\int p(x)\mathrm{d}x} + \mathrm{e}^{-\int p(x)\mathrm{d}x}\int q(x)\mathrm{e}^{\int p(x)\mathrm{d}x}\mathrm{d}x.$$

上式右端第一项是对应的齐次线性方程的通解, 第二项是非齐次方程的一个特解(在通解式①中取 $C = 0$ 便得到这个特解). 由此可知, 一阶线性非齐次方程的通解等于对应的齐次方程的通解与非齐次方程的一个特解之和.

3. 求微分方程 $y'' = x\mathrm{e}^x$ 的通解.

解: 方程右端不显含 y, y', 只把 y' 作为新未知函数, 则方程就是关于 y' 的一阶微分方程, 两边同时积分, 得 $y' = \int x\mathrm{e}^x\mathrm{d}x = x\mathrm{e}^x - \mathrm{e}^x + C_1$,

再两边同时积分即得通解 $y = \int(x\mathrm{e}^x - \mathrm{e}^x + C_1)\mathrm{d}x = x\mathrm{e}^x - 2\mathrm{e}^x + C_1 x + C_2(C_1, C_2$ 为任意常数).

4. 求下列微分方程的通解:

(1) $y'' + 4y' + 13y = 0$;　　　(2) $y'' + 5y' - 6y = 0$.

分析: 这两个是二阶常系数线性齐次方程, 写出特征方程, 求出特征根, 根据特征根的不同情况, 定出它们的通解.

解: (1) 所给微分方程的特征方程是 $r^2 + 4r + 13 = 0$,

特征根 $r = -2 \pm 3\mathrm{i}$, 为一对共轭复根,

因此所求通解为 $y = \mathrm{e}^{-2x}(C_1\cos 3x + C_2\sin 3x)$, 其中 C_1, C_2 为任意常数.

(2) 所给方程的特征方程是 $r^2 + 5r - 6 = 0$,

特征根 $r_1 = -6, r_2 = 1$ 是两个不相等的实根,

因此所求通解为 $y = C_1\mathrm{e}^{-6x} + C_2\mathrm{e}^x (C_1, C_2$ 为任意常数).

5. 求初值问题 $\begin{cases} 4y'' + 4y' + y = 0, \\ y(0) = 1, y'(0) = 0 \end{cases}$ 的解.

解: 所给微分方程的特征方程为 $4r^2 + 4r + 1 = 0$,

特征根 $r_{1,2} = -\dfrac{1}{2}$ 是两个相等的实根,

因此所求方程的通解为 $y = (C_1 + C_2 x)\mathrm{e}^{-\frac{1}{2}x}$,

将初始条件 $y(0)=1, y'(0)=0$ 代入，求得 $C_1=1, C_2=\dfrac{1}{2}$，

因此初值问题的解为 $y=\left(1+\dfrac{1}{2}x\right)e^{-\frac{1}{2}x}$.

▶ 练习六 ◀

一、填空题

1. 微分方程 $\dfrac{\mathrm{d}y}{\mathrm{d}x}=2xy$ 的通解为_____．

2. 微分方程 $y''=x$ 的通解为_____．

3. 微分方程 $y'+2y=0$ 的通解为_____．

4. 微分方程 $y''-2y'+y=0$ 的通解为_____．

二、选择题

1. 微分方程 $F(x,y^4,y',(y'')^2)=0$ 的通解中含有（　　）个独立任意常数．
   A. 1　　　　B. 2　　　　C. 4　　　　D. 5

2. 微分方程 $y^2\mathrm{d}x-(1-x)\mathrm{d}y=0$ 是（　　）微分方程．
   A. 一阶线性齐次　　　　　　B. 一阶线性非齐次
   C. 可分离变量　　　　　　　D. 二阶线性齐次

3. 微分方程 $x\mathrm{d}y+y\mathrm{d}x=0$ 的通解为（　　）．
   A. $x^2y=C$　　B. $xy=C$　　C. $x^2+y^2=C$　　D. $x+y=C$

4. 微分方程 $xy'-y+q(x)=0$ 的通解为（　　）．
   A. $-x\left(\int\dfrac{q(x)}{x^2}\mathrm{d}x+C\right)$　　　　B. $-e^{-x}\left(\int xq(x)\mathrm{d}x+C\right)$
   C. $e^x\left(\int\dfrac{q(x)}{x}\mathrm{d}x+C\right)$　　　　D. $x\left(\int\dfrac{q(x)}{x^2}\mathrm{d}x+C\right)$

5. 微分方程 $2y''+y'-y=0$ 的通解为（　　）．
   A. $y=C_1e^x+C_2e^{-2x}$　　　　B. $y=C_1e^{-x}+C_2e^{\frac{x}{2}}$
   C. $y=C_1e^x+C_2e^{-\frac{x}{2}}$　　　　D. $y=C_1e^{-x}+C_2e^{2x}$

6. 微分方程 $y''+y=0$ 满足 $y|_{x=0}=0, y'|_{x=0}=1$ 的特解是（　　）．
   A. $y=C_1\cos x+C_2\sin x$　　　　B. $y=\sin x$
   C. $y=\cos x$　　　　　　　　　　D. $y=C\cos x$

三、解答题

1. 求下列微分方程的通解或特解：

   (1) $xy\mathrm{d}x+\sqrt{1-x^2}\mathrm{d}y=0, y|_{x=0}=1$；　　(2) $(x^2+y^2)\mathrm{d}x-xy\mathrm{d}y=0$；

(3) $yy' = -2x\sec y$; (4) $y' = \dfrac{y}{x}(1 + \ln y - \ln x)$.

2. 求下列方程的通解或特解：

(1) $y' + \dfrac{y}{x} = \dfrac{\sin x}{x}, y(\pi) = 1$; (2) $y' = x + y + 1$.

3. 求下列微分方程的通解：

(1) $y'' - 2y' - 3y = 0$; (2) $y'' - 8y' + 16y = 0$;

(3) $y'' - 2y' + 5y = 0$; (4) $y'' - 4y' = 0$.

4. 已知曲线过 $(0,1)$ 点，且在点 (x,y) 处的斜率为 $x + y$，求该曲线方程．

数学史话

"数学王子"——高斯

在数学的浩瀚星空中，有一位杰出的人物，他的名字与微分方程的发展紧密相连，他就是德国数学家卡尔·戴维·弗里德里希·高斯 (Carl Friedrich Gauss)．高斯不仅被誉为"数学王子"，更是微分方程领域的一座巍峨丰碑．

生于1777年的高斯，自幼便展现出超凡的数学天赋．在他的众多贡献中，对微分方程的深入探索尤为显著．在那个时代，微分方程作为描述自然界中连续变化过程的重要工具，正逐步成为数学研究的核心领域之一．高斯以其敏锐的洞察力和深厚的数学功底，为微分方程的理论与应用开辟了新径．

高斯的工作不仅限于解决具体的微分方程问题，更在于他提出了一系列深刻的思想和方法，极大地推动了微分方程理论的系统化．他善于将复杂的微分方程转化为更易于处理的形式，这种技巧不仅简化了计算过程，也深化了人们对微分方程本质的理解．高斯的研究还促进了微分方程在物理学、天文学等领域的广泛应用，为这些学科的发展提供了强有力的数学支撑．

尤为值得一提的是，高斯在偏微分方程领域的开创性工作．他对于热传导方程等偏微分方程的研究，不仅为解决实际问题提供了新思路，更为后来的数学家们提供了宝贵的参考和启示．高斯的这些成就，不仅巩固了他在数学史上的地位，也激励着一代又一代的学者在微分方程的海洋中不断探索前行．

总之，卡尔·弗里德里希·高斯以其卓越的才华和不懈的努力，在微分方程领域留下了浓墨重彩的一笔．他的故事，是对科学探索精神的颂歌，也是对后来者勇攀科学高峰的鼓舞．

项目七　向量代数与空间解析几何

学习目标

1. 理解空间直角坐标系的建立方法，掌握点的坐标表示、向量的坐标表示以及坐标变换等基本知识．
2. 理解向量的基本概念，包括向量的定义、表示方法（几何表示法和坐标表示法）、向量的模、方向等，以及向量与标量的区别．
3. 熟练掌握向量的加减法运算，包括几何意义和代数表示，能够运用向量加减法解决简单的实际问题．
4. 理解向量数乘的概念，掌握向量数乘的运算法则及其几何意义；同时，理解数量积的定义、性质及其计算方法，能够运用数量积解决向量夹角、投影长度等问题．
5. 理解向量的向量积的定义、性质及其几何意义，掌握向量的向量积的计算方法和应用；同时，了解混合积的概念及计算方法．
6. 理解空间中点、线、面之间的位置关系，包括平行、垂直、相交、共面等，能够运用向量工具判断这些位置关系．

湖南省专升本《高等数学》课程考纲

1. 理解空间直角坐标系，理解向量的概念及其表示法，会求单位向量、方向余弦、向量在坐标轴上的投影．
2. 掌握向量的线性运算，会求向量的数量积与向量积．
3. 会求两个非零向量的夹角，掌握两个向量平行、垂直的条件．
4. 会求平面的方程，会求点到平面的距离，会判断两平面的位置关系．
5. 会求直线的方程，会判断两直线的位置关系，会判断直线与平面的位置关系．

导入案例

数控机床的三维路径规划与刀具轨迹计算

在数控加工中，为了提高加工精度和效率，需要对机床的刀具运动路径进行精确规划和计算（见图 7-1）．这涉及三维空间中的坐标变换、向量运算以及路径优化等问题．如刀具轨迹计算问题，通过空间解析几何的方法，将零件的几何形状转化为数学表达式（如方程、参数方程等），并结合向量的线性运算（如加减、数乘等）和向量积（如叉积用于判断方向）来计算刀具的运动轨迹．同时，还可以利用向量的模和方向角等概念来计算刀具在特定位置的速度和加速度．向量代数与空间解析几何为解决这些问题提供了强有力的数学工具．

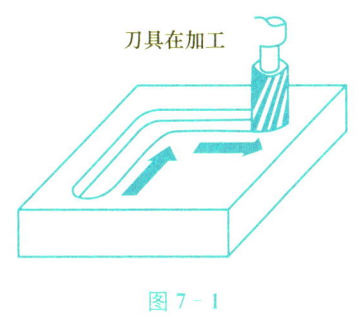

图 7-1

任务一 空间直角坐标系

工作情境

飞行器的飞行路线：为了确定飞行器在空中的位置，可以通过建立一个空间直角坐标系来实现．这个坐标系由三个两两垂直的坐标轴组成，分别对应飞行器的不同方向．通过测量飞行器在三个坐标轴上的位置坐标，可以准确地确定其在空中的位置．此外，在研究飞行器的飞行动力学特性时，也会使用不同的坐标系，如地面坐标系、弹体坐标系、弹道坐标系和速度坐标系等，以更简便、直观地描述飞行器的不同物理量．这些坐标系之间的变换关系也有助于更深入地理解飞行器的飞行姿态和运动规律．

知识准备

一、空间直角坐标系

定义 1：以空间中一定点 O 为原点，过定点 O，引 3 条互相垂直的数轴，数轴构成的坐标系，称为空间直角坐标系，点 O 叫作坐标原点．

这 3 条数轴分别叫作 x 轴（横轴），y 轴（纵轴），z 轴（竖轴），统称为坐标轴，其正向通常符合右手法则（见图 7-2）．

3 个坐标轴两两决定一个平面，称为坐标平面，分别记为 xOy，yOz，zOx 平面，3 个坐标平面将空间分为八个卦限，每一部分叫做一个卦限，其中，在 xOy 面上方且 yOz 面前方、zOx 面右方的那个卦限叫做第一卦限，其他第二、第三、第四卦限，在 xOy 面的上方，按逆时针方向确定．第五至第八卦限，在 xOy 面的下方，由第一卦限之下的第五卦限，按逆时针方向确定，这八个卦限分别用字母 I、II、III、IV、V、VI、VII、VIII 表示（见图 7-3）．

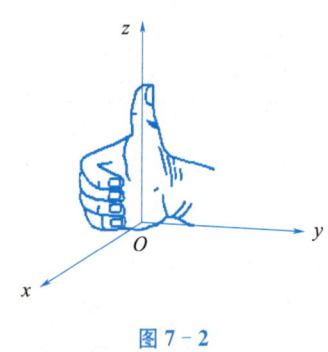

图 7-2

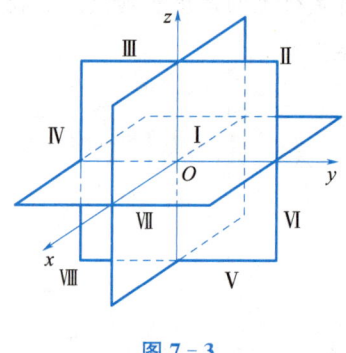

图 7-3

二、空间两点间的距离

设 $M(x_1,y_1,z_1)$，$N(x_2,y_2,z_2)$ 为空间两点，则 M 与 N 之间的距离为

$$d=\sqrt{(x_2-x_1)^2+(y_2-y_1)^2+(z_2-z_1)^2}.$$

例 7-1-1 在 z 轴上求与点 $A(3,2,-1)$ 和 $B(-4,1,2)$ 等距离的点 M．

解：由于所求的点在 z 轴上，因此 M 点的坐标可设为 $(0,0,z)$，又由于 $|MA|=|MB|$，由空间两点间的距离公式，得 $\sqrt{3^2+2^2+(-1-z)^2}=\sqrt{(-4)^2+1^2+(2-z)^2}$，

从而解得 $z=\dfrac{7}{6}$，即所求的点为 $M\left(0,0,\dfrac{7}{6}\right)$．

思维培养

在高职高等数学教育体系中，空间直角坐标系的学习是构建学生三维空间思维能力的基石．我们致力于通过严谨的教学，引导学生深入理解空间直角坐标系的构成原理，掌握坐标变换与空间几何形体的关系．学生需学会运用代数方法解决空间几何问题，培养从抽象到具体的转化能力．通过系统性练习，学生将进一步强化空间想象与逻辑推理，形成严密的数学思维框架．此过程不仅提升学生解决复杂空间问题的能力，更为其在工程、计算机图形学等领域的发展奠定坚实的数学基础，展现高等数学在职业教育中的独特价值．

实务训练

1. 在空间直角坐标系中，指出下列各点在哪个卦限？
   $A(1,-2,4),B(2,1,-4),C(2,-3,-7),D(-2,-3,5).$

2. 在空间直角坐标系中，以 $A(4,1,9),B(10,-1,6),C(x,4,3)$ 为顶点的 $\triangle ABC$ 是以 BC 为底边的等腰三角形，则 x 的值为多少？

任务二　向量及其运算

▶ 工作情境

在数控加工中，机床的各个运动轴（如 x、y、z 轴）可以看作是在空间中的向量．这些向量的起点是机床的零点或某个固定参考点，终点是机床工具或工件上当前的位置．机床的运动就是通过不断改变这些向量的长度和方向来实现的．

反向间隙是数控机床中常见的一个问题，指的是当机床轴从一个方向切换到相反方向时，由于机械结构的间隙（如齿轮间隙、滚珠丝杠间隙等），会有一段时间内没有有效的位移，导致加工误差．这个问题可以通过向量的方式来表示：假设机床沿某一方向（如 x 轴正方向）运动一定距离后，立即反方向（x 轴负方向）运动，但由于反向间隙的存在，实际上机器需要额外的一段距离（向量）来克服间隙，才能达到预期的位置．

为了减小反向间隙对加工精度的影响，可以在数控系统中实施补偿策略．这个过程中，向量运算起到了关键作用．首先，通过实验或传感器测量出各轴的反向间隙大小和方向，形成一组补偿向量．然后，在编程或加工过程中，将这些补偿向量加到对应的运动指令上，从而自动修正由于反向间隙造成的位置偏差．

▶ 知识准备

一、向量的概念

定义 2：在客观世界中，既有大小又有方向的量称为向量（又称矢量），例如位移、速度、加速度、力、力矩等．

数学上，我们用有向线段 $\overrightarrow{AB}$ 来表示向量，A 称为向量的起点，B 称为向量的终点，用有向线段的长度表示向量的大小，有向线段的方向表示向量的方向．通常用黑体字 $\boldsymbol{a}$，$\boldsymbol{b}$，$\boldsymbol{c}$ 或带箭头的字母 $\vec{a}$，$\vec{b}$，$\vec{c}$ 来表示向量．

向量的大小称为向量的模，记作 $|\vec{a}|$ 或 $|\overrightarrow{AB}|$，模为 1 的向量称为单位向量．模为 0 的向量称为零向量，记作 $\vec{0}$，零向量的方向可以是任意的．

如果两个向量 $\vec{a}$ 和 $\vec{b}$ 的大小相等，且方向相同，我们就说向量 $\vec{a}$ 和 $\vec{b}$ 为相等向量，记作 $\vec{a}=\vec{b}$．

与向量 $\vec{a}$ 大小相同，方向相反的向量叫作 $\vec{a}$ 的负向量（反向量），记作 $-\vec{a}$．

两个非零向量如果它们的方向相同（或者相反），就称这两个向量平行，又称两向量共线．向量 $\vec{a}$ 与 $\vec{b}$ 平行，记作 $\vec{a} \parallel \vec{b}$．

设有 k（$k \geqslant 3$）个向量，当它们的起点放在同一点时，如果 k 个终点和公共起点在一个平面内，则称这 k 个向量共面．

二、向量的线性运算

1. 向量的加法

定义 3：对于向量 $\vec{a}, \vec{b}$，任取一点 A 作为向量 $\vec{a}$ 的起点，作 $\overrightarrow{AB} = \vec{a}$，再以 B 为起点，作 $\overrightarrow{BC} = \vec{b}$，连接 AC，那么向量 $\overrightarrow{AC}$ 就表示 $\vec{a}$ 与 $\vec{b}$ 的和，记作 $\vec{a} + \vec{b}$，该法则称为三角形法则，如图 7-4 所示．

当向量 $\vec{a}$ 和 $\vec{b}$ 不平行时，将向量 $\vec{a}$ 与 $\vec{b}$ 平移到同一起点 O，以此向量为邻边作平行四边形，以起点 O 到定点 B 所做的向量 $\overrightarrow{OB}$，为向量 $\vec{a}$ 与 $\vec{b}$ 的和，即 $\overrightarrow{OB} = \vec{a} + \vec{b}$，该法则称为平行四边形法则，如图 7-5 所示．

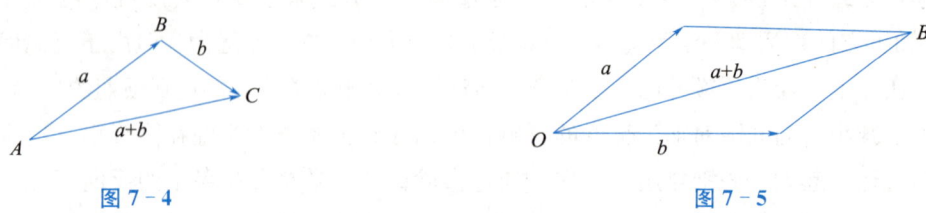

图 7-4　　　　　　　　　　图 7-5

向量的加法满足以下运算法则：

(1) 交换律：$\vec{a} + \vec{b} = \vec{b} + \vec{a}$；

(2) 结合律：$(\vec{a} + \vec{b}) + \vec{c} = \vec{a} + (\vec{b} + \vec{c})$；

(3) $\vec{a} + \vec{0} = \vec{a}$．

2. 向量的减法

定义 4：向量 $\vec{a}$ 与 $\vec{b}$ 的负向量 $-\vec{b}$ 的和，称为向量 $\vec{a}$ 与 $\vec{b}$ 的差，即 $\vec{a} - \vec{b} = \vec{a} + (-\vec{b})$．

特别地，当 $\vec{b} = \vec{a}$ 时，有 $\vec{a} + (-\vec{a}) = \vec{0}$．

3. 数乘向量

定义 5：实数 λ 与向量 $\vec{a}$ 的乘积是一个向量，称为数乘向量，记作 $\lambda \vec{a}$．

$\lambda \vec{a}$ 的模是 $|\lambda||\vec{a}|$，方向：当 $\lambda > 0$ 时，$\lambda \vec{a}$ 与 $\vec{a}$ 同向；当 $\lambda < 0$ 时，$\lambda \vec{a}$ 与 $\vec{a}$ 反向；当 $\lambda = 0$ 时，$\lambda \vec{a} = \vec{0}$．

若 λ 和 μ 为实数，向量的数乘满足以下运算法则：

(1) 结合律：$(\lambda \mu) \vec{a} = \lambda (\mu \vec{a})$；

(2) 分配律：$(\lambda + \mu) \vec{a} = \lambda \vec{a} + \mu \vec{a}$，$\lambda (\vec{a} + \vec{b}) = \lambda \vec{a} + \lambda \vec{b}$．

向量的加法、减法与数乘运算统称向量的线性运算．

特别地，与 $\vec{a}$ 同方向的单位向量叫作 $\vec{a}$ 的单位向量，记作 $\vec{e}_a$，即 $\vec{e}_a = \dfrac{\vec{a}}{|\vec{a}|}$．

定理 1：向量 $\vec{a}$ 与 $\vec{b}$ 平行的充分必要条件是存在唯一的实数 λ，使得 $\vec{a}=\lambda\vec{b}$.

三、向量的坐标

空间直角坐标系 $Oxyz$ 中，在 x 轴、y 轴、z 轴上各取一个与坐标轴正方向同向的单位向量，以此记作 $\vec{i},\vec{j},\vec{k}$，把它们称为 基本单位向量 或 基向量. 任一向量都可以唯一地表示为 $\vec{i},\vec{j},\vec{k}$ 线性组合.

设 $M(x,y,z)$ 是空间任意一点，记 $\overrightarrow{OM}=\vec{r}$，则 $\vec{r}=x\vec{i}+y\vec{j}+z\vec{k}$，我们把上式称为向量 $\vec{r}$ 的 坐标分解式，$x\vec{i}$，$y\vec{j}$ 和 $z\vec{k}$ 称为向量 $\vec{r}$ 沿 3 个坐标轴方向的分向量，$\vec{i},\vec{j},\vec{k}$ 系数组成的有序数组 (x,y,z) 叫作向量 $\vec{r}$ 的坐标，记为 $\vec{r}=(x,y,z),\vec{i}=(1,0,0),\vec{j}=(0,1,0),\vec{k}=(0,0,1)$.

设 $\vec{r}=\overrightarrow{M_1M_2}$ 是起点 $M_1(x_1,y_1,z_1)$，终点 $M_2(x_2,y_2,z_2)$ 的任一向量，则
$$\vec{r}=\overrightarrow{M_1M_2}=(x_2-x_1,y_2-y_1,z_2-z_1).$$

设 $\vec{a}=(a_x,a_y,a_z),\vec{b}=(b_x,b_y,b_z)$，则
$$\vec{a}+\vec{b}=(a_x+b_x,a_y+b_y,a_z+b_z);$$
$$\vec{a}-\vec{b}=(a_x-b_x,a_y-b_y,a_z-b_z);$$
$$\lambda\vec{a}=(\lambda a_x,\lambda a_y,\lambda a_z).$$

例 7-2-1 已知两点 $A(4,0,5),B(7,1,3)$，求与向量 $\overrightarrow{AB}$ 同方向的单位向量 $\vec{e}$.

解：$\overrightarrow{AB}=(7-4,1-0,3-5)=(3,1,-2)$，
$$\vec{e}=\frac{\overrightarrow{AB}}{|\overrightarrow{AB}|}=\frac{\overrightarrow{AB}}{\sqrt{14}}=\left(\frac{3}{\sqrt{14}},\frac{1}{\sqrt{14}},\frac{-2}{\sqrt{14}}\right).$$

四、向量的数量积与方向余弦

1. 向量的数量积

定义 6：向量 $\vec{a},\vec{b}$ 的模 $|\vec{a}|,|\vec{b}|$ 以及 $\vec{a},\vec{b}$ 两个向量的夹角 $\langle\vec{a},\vec{b}\rangle$ 的余弦的乘积，称为向量 $\vec{a},\vec{b}$ 的数量积（也称为内积或点积），记作 $\vec{a}\cdot\vec{b}$，即 $\vec{a}\cdot\vec{b}=|\vec{a}||\vec{b}|\cos\langle\vec{a},\vec{b}\rangle$.

由数量积定义可得数量积满足如下运算性质：

① 交换律：$\vec{a}\cdot\vec{b}=\vec{b}\cdot\vec{a}$；

② 分配律：$\vec{a}\cdot(\vec{b}+\vec{c})=\vec{a}\cdot\vec{b}+\vec{a}\cdot\vec{c}$；

③ 结合律：$(\lambda\vec{a})\cdot\vec{b}=\lambda(\vec{a}\cdot\vec{b})=\vec{a}\cdot(\lambda\vec{b})$；

④ $\vec{a}\cdot\vec{a}=|\vec{a}|^2$；

⑤ $\vec{a}\cdot\vec{b}=0\Leftrightarrow\vec{a}\perp\vec{b}$；

⑥ $|\vec{a} \cdot \vec{b}| \leqslant |\vec{a}| \cdot |\vec{b}|$.

特别地，有 $\vec{i} \cdot \vec{i} = \vec{j} \cdot \vec{j} = \vec{k} \cdot \vec{k} = 1, \vec{i} \cdot \vec{j} = \vec{j} \cdot \vec{k} = \vec{k} \cdot \vec{i} = 0$.

若向量 $\vec{a} = x_1\vec{i} + y_1\vec{j} + z_1\vec{k}, \vec{b} = x_2\vec{i} + y_2\vec{j} + z_2\vec{k}$，由数量积的运算性质得

$$\vec{a} \cdot \vec{b} = x_1x_2 + y_1y_2 + z_1z_2.$$

设非零向量向量 $\vec{a} = (x_1, y_1, z_1), \vec{b} = (x_2, y_2, z_2)$，则

① $|\vec{a}| = \sqrt{\vec{a} \cdot \vec{a}} = \sqrt{x_1^2 + y_1^2 + z_1^2}$；

② $\cos\langle\vec{a},\vec{b}\rangle = \dfrac{\vec{a} \cdot \vec{b}}{|\vec{a}||\vec{b}|} = \dfrac{x_1x_2 + y_1y_2 + z_1z_2}{\sqrt{x_1^2 + y_1^2 + z_1^2}\sqrt{x_2^2 + y_2^2 + z_2^2}}$；

③ $\vec{a} \perp \vec{b} \Leftrightarrow x_1x_2 + y_1y_2 + z_1z_2 = 0$.

2. 方向余弦与向量在坐标轴上的投影

设非零向量 $\vec{a} = \overrightarrow{M_1M_2}$ 与 3 条坐标轴正向的夹角分别为 α, β, γ，称 α, β, γ 为向量 $\vec{a}$ 的**方向角**，如图 7-6 所示.

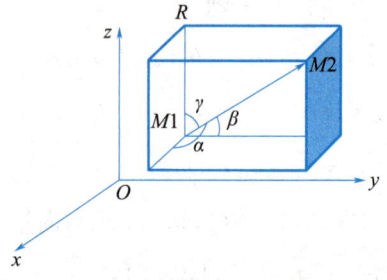

图 7-6

规定 $0 \leqslant \alpha, \beta, \gamma \leqslant \pi$，3 个方向角的余弦值 $\cos\alpha, \cos\beta, \cos\gamma$ 称为向量 $\vec{a}$ 的**方向余弦**.

设 $\vec{a} = (a_x, a_y, a_z)$，向量 $\vec{a}$ 的坐标就是其在**坐标轴上的投影**，即

$a_x = |\overrightarrow{M_1M_2}|\cos\alpha = |\vec{a}|\cos\alpha, a_y = |\overrightarrow{M_1M_2}|\cos\beta = |\vec{a}|\cos\beta, a_z = |\overrightarrow{M_1M_2}|\cos\gamma = |\vec{a}|\cos\gamma$，

又 $|\vec{a}| = \sqrt{a_x^2 + a_y^2 + a_z^2}$，所以向量 $\vec{a}$ 的方向余弦为

$$\cos\alpha = \dfrac{a_x}{\sqrt{a_x^2 + a_y^2 + a_z^2}}, \cos\beta = \dfrac{a_y}{\sqrt{a_x^2 + a_y^2 + a_z^2}}, \cos\gamma = \dfrac{a_z}{\sqrt{a_x^2 + a_y^2 + a_z^2}},$$

这就是方向余弦的计算公式，将以上 3 式平方后相加，得 $\cos^2\alpha + \cos^2\beta + \cos^2\gamma = 1$.

例 7-2-2 已知两点 $A(4, \sqrt{2}, 1), B(3, 0, 2)$，求向量 $\overrightarrow{AB}$ 的坐标、模、方向余弦和方向角.

解：由题意知

$$\overrightarrow{AB} = (3-4, 0-\sqrt{2}, 2-1) = (-1, -\sqrt{2}, 1),$$

$$|\overrightarrow{AB}| = \sqrt{(-1)^2 + (-\sqrt{2})^2 + 1^2} = 2.$$

由于 $\cos\alpha = -\frac{1}{2}, \cos\beta = -\frac{\sqrt{2}}{2}, \cos\gamma = \frac{1}{2}$，故 $\alpha = \frac{2\pi}{3}, \beta = \frac{3\pi}{4}, \gamma = \frac{\pi}{3}$.

五、向量的向量积与混合积

定义 7：设向量 $\vec{c}$ 是由两个向量 $\vec{a}$ 与 $\vec{b}$ 按下列方式确定：

① $\vec{c}$ 的模 $|c| = |\vec{a}||\vec{b}|\sin\langle\vec{a},\vec{b}\rangle$，其中 $\langle\vec{a},\vec{b}\rangle$ 为向量 $\vec{a}$ 与 $\vec{b}$ 之间的夹角；

② $\vec{c}$ 的方向垂直于 $\vec{a}$ 与 $\vec{b}$ 所决定的平面，$\vec{c}$ 的指向按右手规则从 $\vec{a}$ 转向 $\vec{b}$ 来确定.

那么，向量 $\vec{c}$ 叫做向量 $\vec{a}$ 与 $\vec{b}$ 的向量积（也称为外积或叉积），记作 $\vec{a} \times \vec{b}$，即 $\vec{c} = \vec{a} \times \vec{b}$.

注：两向量 $\vec{a}$ 与 $\vec{b}$ 的向量积 $\vec{a} \times \vec{b}$ 是一个向量，其模 $|\vec{a} \times \vec{b}|$ 的几何意义是以 $\vec{a},\vec{b}$ 为邻边的平行四边形的面积.

对于向量 $\vec{a},\vec{b}$ 及任意实数 λ，由向量积定义可得向量积满足如下运算性质：

① $\vec{a} \times \vec{a} = \vec{0}$；

② 反交换律：$\vec{a} \times \vec{b} = -\vec{b} \times \vec{a}$；

③ 分配律：$\vec{a} \times (\vec{b} + \vec{c}) = \vec{a} \times \vec{b} + \vec{a} \times \vec{c}$；$(\vec{a} + \vec{b}) \times \vec{c} = \vec{a} \times \vec{c} + \vec{b} \times \vec{c}$；

④ 与数乘的结合律：$(\lambda\vec{a}) \times \vec{b} = \lambda(\vec{a} \times \vec{b}) = \vec{a} \times (\lambda\vec{b})$.

特别地，有 $\vec{i} \times \vec{i} = \vec{j} \times \vec{j} = \vec{k} \times \vec{k} = \vec{0}$，$\vec{i} \times \vec{j} = \vec{k}, \vec{j} \times \vec{k} = \vec{i}, \vec{k} \times \vec{i} = \vec{j}, \vec{j} \times \vec{i} = -\vec{k}, \vec{k} \times \vec{j} = -\vec{i}, \vec{i} \times \vec{k} = -\vec{j}$.

向量 $\vec{a} = (x_1, y_1, z_1)$ 和向量 $\vec{b} = (x_2, y_2, z_2)$ 的向量积的坐标表示

$\vec{a} \times \vec{b} = (x_1\vec{i} + y_1\vec{j} + z_1\vec{k}) \times (x_2\vec{i} + y_2\vec{j} + z_2\vec{k}) = (y_1z_2 - z_1y_2)\vec{i} - (x_1z_2 - z_1x_2)\vec{j} + (x_1y_2 - y_1x_2)\vec{k}$.

为了便于记忆，借助于线性代数中的二阶、三阶行列式，则有

$$\vec{a} \times \vec{b} = \begin{vmatrix} y_1 & z_1 \\ y_2 & z_2 \end{vmatrix}\vec{i} - \begin{vmatrix} x_1 & z_1 \\ x_2 & z_2 \end{vmatrix}\vec{j} + \begin{vmatrix} x_1 & y_1 \\ x_2 & y_2 \end{vmatrix}\vec{k} = \begin{vmatrix} \vec{i} & \vec{j} & \vec{k} \\ x_1 & y_1 & z_1 \\ x_2 & y_2 & z_2 \end{vmatrix}$$

注：对于两个非零向量 $\vec{a} = (x_1, y_1, z_1), \vec{b} = (x_2, y_2, z_2)$，则有

$$\vec{a} \parallel \vec{b} \Leftrightarrow \vec{a} \times \vec{b} = \vec{0} \Leftrightarrow \frac{x_1}{x_2} = \frac{y_1}{y_2} = \frac{z_1}{z_2}.$$

例 7-2-3 已知向量 $\vec{a} = (3, -1, -2), \vec{b} = (1, 2, -1)$，求 $\vec{a} \times 2\vec{b}$.

解：$\vec{a} \times 2\vec{b} = (3, -1, -2) \times (2, 4, -2) = \begin{vmatrix} \vec{i} & \vec{j} & \vec{k} \\ 3 & -1 & -2 \\ 2 & 4 & -2 \end{vmatrix} = 10\vec{i} + 2\vec{j} + 14\vec{k}$.

例 7-2-4 已知三角形的顶点分别为 $A(4,-1,2), B(1,2,-2), C(2,0,1)$,求 $\triangle ABC$ 的面积.

解:由题意知 $\overrightarrow{AB}=(-3,3,-4), \overrightarrow{AC}=(-2,1,-1)$,因此

$$\overrightarrow{AB} \times \overrightarrow{AC} = \begin{vmatrix} \vec{i} & \vec{j} & \vec{k} \\ -3 & 3 & -4 \\ -2 & 1 & -1 \end{vmatrix} = \vec{i} + 5\vec{j} + 3\vec{k} = (1,5,3), |\overrightarrow{AB} \times \overrightarrow{AC}| = \sqrt{35}.$$

根据向量积模的几何意义知,$\triangle ABC$ 的面积为

$$S_{\triangle ABC} = \frac{1}{2}|\overrightarrow{AB} \times \overrightarrow{AC}| = \frac{\sqrt{35}}{2}.$$

例 7-2-5 求与 $\vec{a}=(3,-2,4), \vec{b}=(1,1,-2)$ 都垂直的单位向量.

解:

$$\vec{c} = \vec{a} \times \vec{b} = \begin{vmatrix} \vec{i} & \vec{j} & \vec{k} \\ 3 & -2 & 4 \\ 1 & 1 & -2 \end{vmatrix} = 10\vec{j} + 5\vec{k},$$

因为 $|\vec{c}| = \sqrt{10^2 + 5^2} = 5\sqrt{5}$,所以 $\vec{e}_c = \pm \frac{\vec{c}}{|\vec{c}|} = \pm \left(\frac{2}{\sqrt{5}}\vec{j} + \frac{1}{\sqrt{5}}\vec{k} \right)$.

例 7-2-6 设向量 $\vec{m}, \vec{n}, \vec{p}$ 两两垂直,符合右手规则,且 $|\vec{m}|=4, |\vec{n}|=2, |\vec{p}|=3$,计算 $(\vec{m} \times \vec{n}) \cdot \vec{p}$.

解:$|\vec{m} \times \vec{n}| = |\vec{m}||\vec{n}|\sin\langle\vec{m},\vec{n}\rangle = 4 \times 2 \times 1 = 8,$

依题意可知 $\vec{m} \times \vec{n}$ 与 $\vec{p}$ 同向,所以 $\theta = \langle\vec{m} \times \vec{n}, \vec{p}\rangle = 0$,故

$$(\vec{m} \times \vec{n}) \cdot \vec{p} = |\vec{m} \times \vec{n}||\vec{p}|\cos\theta = 8 \times 3 \times 1 = 24.$$

定义 8:给定空间 3 个向量 $\vec{a},\vec{b},\vec{c}$,如果先做前两个向量 $\vec{a}$ 与 $\vec{b}$ 的向量积,再做所得向量与第 3 个向量 $\vec{c}$ 的数量积,最后得到的这个数叫作三向量 $\vec{a},\vec{b},\vec{c}$ 的混合积,记作

$$(\vec{a} \times \vec{b}) \cdot \vec{c} = [\vec{a} \ \vec{b} \ \vec{c}]$$

定理 2:如果 $\vec{a} = x_1\vec{i} + y_1\vec{j} + z_1\vec{k}, \vec{b} = x_2\vec{i} + y_2\vec{j} + z_2\vec{k}, \vec{c} = x_3\vec{i} + y_3\vec{j} + z_3\vec{k}$,那么

$$(\vec{a} \times \vec{b}) \cdot \vec{c} = \begin{vmatrix} x_1 & y_1 & z_1 \\ x_2 & y_2 & z_2 \\ x_3 & y_3 & z_3 \end{vmatrix}$$

注:① $[\vec{a} \ \vec{b} \ \vec{c}] = [\vec{b} \ \vec{c} \ \vec{a}] = [\vec{c} \ \vec{a} \ \vec{b}]$;

② 3 个向量 $\vec{a},\vec{b},\vec{c}$ 共面的充要条件是它们的混合积为零,即 $[\vec{a} \ \vec{b} \ \vec{c}] = 0$;

③ 混合积的几何意义:3 个不共面向量 $\vec{a},\vec{b},\vec{c}$ 的混合积的绝对值等于以 $\vec{a},\vec{b},\vec{c}$ 为棱的平行六面体的体积 V.

> **思维培养**

在高职高等数学课程中,向量及其运算的学习是培养学生逻辑思维与抽象思维能力

的关键．我们着重引导学生深入理解向量的基本概念，包括向量的定义、几何表示与代数运算，以及向量在平面与空间中的应用．通过系统的训练，学生将掌握向量的加法、减法、数乘、数量积、向量积等运算规则，学会如何运用向量解决几何与物理问题．这一过程不仅锻炼了学生的数学运算能力，更培养了其面对复杂向量问题时，能够条理清晰、逻辑严谨地进行推理与计算的思维品质，为学生后续的数学学习及职业生涯奠定了坚实的数学基础．

实务训练

1. 设 $\vec{m} = 2\vec{i} - 3\vec{j} + 5\vec{k}, \vec{n} = 4\vec{i} + \vec{j} - 3\vec{k}, \vec{p} = \vec{i} - \vec{j} + \vec{k}$，求向量 $\vec{a} = 3\vec{m} + 2\vec{n} - \vec{p}$ 在 x 轴上的投影以及在 y 轴上的分向量．

2. 设 $\vec{a} = \vec{i} - 2\vec{j} + \vec{k}, \vec{b} = 2\vec{i} + 3\vec{j} - \vec{k}$，求：
(1) $\vec{a} \cdot \vec{b}$ 及 $\vec{a} \times \vec{b}$；(2) $(-2\vec{a}) \cdot 3\vec{b}$ 及 $\vec{a} \times 2\vec{b}$；(3) $\vec{a}, \vec{b}$ 的夹角的余弦．

3. 已知向量 $\vec{a} = 2\vec{i} - 3\vec{j} + \vec{k}, \vec{b} = \vec{i} - \vec{j} + 3\vec{k}, \vec{c} = \vec{i} - 2\vec{j}$，计算：
(1) $(\vec{a} \cdot \vec{b})\vec{c} - (\vec{a} \cdot \vec{c})\vec{b}$；(2) $(\vec{a} + \vec{b}) \times (\vec{b} + \vec{c})$；(3) $(\vec{a} \times \vec{b}) \cdot \vec{c}$．

4. 已知 $\overrightarrow{OA} = \vec{i} + 2\vec{k}, \overrightarrow{OB} = \vec{j} + 2\vec{k}$，求 $\triangle OAB$ 的面积．

任务三 空间平面方程

工作情境

刀具设计方面：在设计一把车刀时，设计师需要确定车刀的前角和后角．前角是刀具前刀面与基面之间的夹角，它影响刀具的切削力和切削温度；后角是刀具后刀面与切削平面之间的夹角，它影响刀具的耐用度和后刀面的磨损．通过应用空间平面方程，设计师可以准确地计算出这两个角度，以确保车刀的设计既符合加工要求，又能提供良好的切削效果．

知识准备

一、空间平面方程表示

1. 平面的点法式方程

定义 9：设 Π 是空间中的一个平面，如果非零向量 $\vec{n}$ 与平面 Π 垂直，则称向量 $\vec{n}$ 为平面 Π 的**法线向量**（简称平面**法向量**）．

显然，一个平面的法线向量不唯一，且法线向量与平面上的任何一个向量都垂直．

已知平面 Π 过定点 $M_0(x_0,y_0,z_0)$，它的法线向量为 $\vec{n}=(A,B,C)$，其中 A,B,C 不同时为零．下面要建立平面 Π 的方程，就是刻画平面上任意一点所满足的关系式．

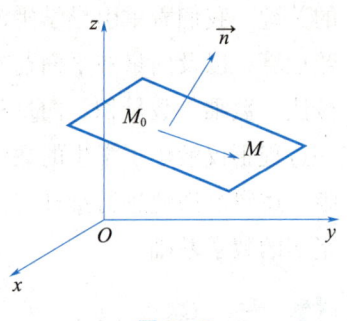

图 7-7

如图 7-7 所示，设 $M(x,y,z)$ 为平面 Π 上的任一点，根据法线向量的定义得 $\vec{n}\perp\overrightarrow{M_0M}$，所以 $\vec{n}\cdot\overrightarrow{M_0M}=0$，由于 $\overrightarrow{M_0M}=(x-x_0,y-y_0,z-z_0)$，因此有

$$A(x-x_0)+B(y-y_0)+C(z-z_0)=0, \quad (7-1)$$

方程（7-1）对于平面上的所有点都成立，对于不在平面上的点就不成立，所以方程（7-1）唯一确定了这个平面．

我们称方程（7-1）为过定点 $M_0(x_0,y_0,z_0)$，法线向量为 $\vec{n}$ 的平面 Π 的**点法式方程**．

例 7-3-1 求过点 $M_0(1,1,2)$ 且垂直向量 $\vec{n}=(2,-1,4)$ 的平面方程．

解：由平面的点法式方程，得所求平面的方程为

$$2(x-1)-1\cdot(y-1)+4(z-2)=0,$$

整理得 $2x-y+4z-9=0$．

例 7-3-2 求过 3 个点 $M_1(1,1,-1),M_2(-2,2,-2),M_3(1,2,3)$ 的平面 Π 的方程．

解：（点法式）所求平面 Π 的法向量同时垂直于 $\overrightarrow{M_1M_2}$ 与 $\overrightarrow{M_1M_3}$，因此可取 $\overrightarrow{M_1M_2}$ 与 $\overrightarrow{M_1M_3}$ 的向量积 $\overrightarrow{M_1M_2}\times\overrightarrow{M_1M_3}$ 为该平面的一个法向量 $\vec{n}$，即 $\vec{n}=\overrightarrow{M_1M_2}\times\overrightarrow{M_1M_3}$，由于

$$\overrightarrow{M_1M_2}=(-3,1,-1),\overrightarrow{M_1M_3}=(0,1,4),$$

因此

$$\vec{n}=\overrightarrow{M_1M_2}\times\overrightarrow{M_1M_3}=\begin{vmatrix} \vec{i} & \vec{j} & \vec{k} \\ -3 & 1 & -1 \\ 0 & 1 & 4 \end{vmatrix}=5\vec{i}+12\vec{j}-3\vec{k}.$$

于是所求平面 Π 的方程为 $5(x-1)+12(y-1)-3(z+1)=0$，

整理得 $5x+12y-3z-20=0.$

（混合积）设点 $M(x,y,z)$ 为平面 Π 上任意一点，则 3 个向量 $\overrightarrow{M_1M},\overrightarrow{M_1M_2}$ 与 $\overrightarrow{M_1M_3}$ 共面，根据定理得，混合积 $(\overrightarrow{M_1M}\,\overrightarrow{M_1M_2}\,\overrightarrow{M_1M_3})=0$，

即 $\begin{vmatrix} x-1 & y-1 & z+1 \\ -3 & 1 & -1 \\ 0 & 1 & 4 \end{vmatrix}=0$，化简得 $5x+12y-3z-20=0.$

一般地，过不共线的 3 个点 $M_k(x_k,y_k,z_k)(k=1,2,3)$ 的平面方程为

$$\begin{vmatrix} x-x_1 & y-y_1 & z-z_1 \\ x_2-x_1 & y_2-y_1 & z_2-z_1 \\ x_3-x_1 & y_3-y_1 & z_3-z_1 \end{vmatrix}=0,$$

上式称为平面的**三点式方程**．

2. 平面的一般式方程

平面的点法式方程（7-1）可化为 $Ax+By+Cz-(Ax_0+By_0+Cz_0)=0$，

令 $D=-(Ax_0+By_0+Cz_0)$，得

$$Ax+By+Cz+D=0, \qquad (7-2)$$

称式（7-2）为平面的**一般式方程**，其中 $\vec{n}=(A,B,C)$ 为平面的一个法向量.

注：几个特殊平面

① 若 $D=0$ 时，平面 $Ax+By+Cz=0$ 过原点（见图7-8）.

② 平行于坐标轴的平面.

当 $A=0$ 时，平面 $By+Cz+D=0$ 的法向量 $\vec{n}=(0,B,C)$ 垂直于 x 轴，所以平面平行于 x 轴（见图7-9）.

图 7-8　　　　　　　　图 7-9

特别地，当 $D=0$ 时，平面 $By+Cz=0$ 表示过 x 轴的平面.

同理，平面 $Ax+Cz+D=0$ 平行于 y 轴（见图7-10），特点 $B=0$.

平面 $Ax+By+D=0$ 平行于 z 轴（见图7-11），特点 $C=0$.

图 7-10　　　　　　　　图 7-11

③ 平行于坐标平面的平面.

当 $A=B=0$ 时，平面 $Cz+D=0$，即 $z=-\dfrac{D}{C}$，此平面既平行于 x 轴，也平行于 y 轴，所以平面平行于 xOy 平面（见图7-12）.

同理，平面 $Ax+D=0$ 平行于 yOz 平面（见图7-13），特点 $B=C=0$.

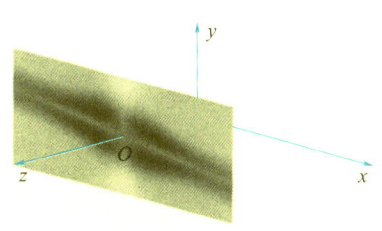

图 7-12

平面 $By+D=0$ 平行于 zOx 平面（见图 7-14），特点 $A=C=0$.

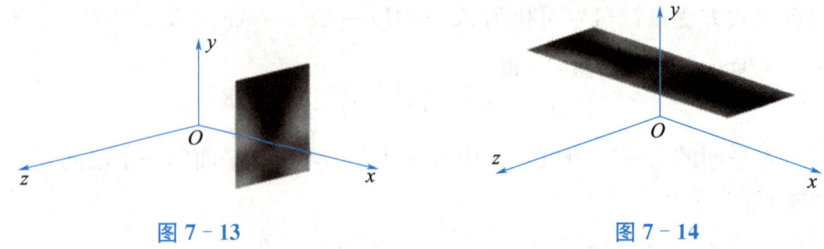

图 7-13　　　　　　　　　　　　　图 7-14

例 7-3-3 求过两点 $A(3,0,-2),B(-1,2,4)$ 且与 x 轴平行的平面方程.

解：（点法式）由已知，所求平面的法向量同时与 $\overrightarrow{AB}$ 和 x 轴垂直，即法向量同时与 $\overrightarrow{AB}=(-4,2,6)$ 和 $\vec{i}=(1,0,0)$ 垂直，因此，可取 $\overrightarrow{AB}\times\vec{i}$ 作为该平面的一个法向量.

$$\vec{n}=\overrightarrow{AB}\times\vec{i}=\begin{vmatrix} \vec{i} & \vec{j} & \vec{k} \\ -4 & 2 & 6 \\ 1 & 0 & 0 \end{vmatrix}=\begin{vmatrix} 2 & 6 \\ 0 & 0 \end{vmatrix}\vec{i}-\begin{vmatrix} -4 & 6 \\ 1 & 0 \end{vmatrix}\vec{j}+\begin{vmatrix} -4 & 2 \\ 1 & 0 \end{vmatrix}\vec{k}=0\vec{i}+6\vec{j}-2\vec{k},$$

由平面的点法式方程得 $0(x-3)+6(y-0)-2(z+2)=0$，整理得 $3y-z-2=0$.

（待定系数法）设与 x 轴平行的平面方程为 $By+Cz+D=0$，依题意，$A(3,0,-2)$，$B(-1,2,4)$ 满足该方程，于是得方程组 $\begin{cases} -2C+D=0 \\ 2B+4C+D=0 \end{cases}$，解得 $D=2C,B=-3C$，所以，平面方程为 $3y-z-2=0$.

3. 平面的截距式方程

若平面过三点 $A(a,0,0),B(0,b,0),C(0,0,c)(abc\neq 0)$，如图 7-15 所示，根据平面的三点式方程得 $\begin{vmatrix} x-a & y & z \\ -a & b & 0 \\ -a & 0 & c \end{vmatrix}=0$，化简整理得

$$\frac{x}{a}+\frac{y}{b}+\frac{z}{c}=1, \tag{7-3}$$

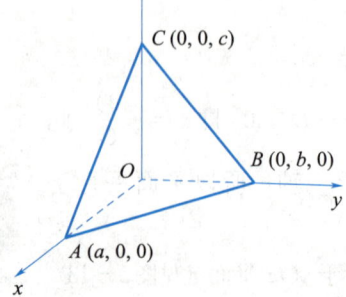

图 7-15

式 (7-3) 称为平面的 截距式方程，其中 a,b,c 分别称为平面在 x 轴、y 轴及 z 轴上的截距.

二、两平面的位置关系

定义 10：两平面法线向量的夹角 θ（通常指锐角和直角如图 7-16 所示）称为 两平面的夹角.

设有两个平面的方程分别为

$\Pi_1: A_1 x + B_1 y + C_1 z + D_1 = 0 (A_1, B_1, C_1 \text{ 不同时为零})$,

$\Pi_2: A_2 x + B_2 y + C_2 z + D_2 = 0 (A_2, B_2, C_2 \text{ 不同时为零})$.

则两平面的法向量分别为 $\vec{n_1} = (A_1, B_1, C_1), \vec{n_2} = (A_2, B_2, C_2)$.

根据两向量夹角余弦公式，平面 Π_1 和 Π_2 的夹角 θ 的余弦为

$$\cos\theta = |\cos\langle \vec{n_1}, \vec{n_2}\rangle| = \frac{|\vec{n_1} \cdot \vec{n_2}|}{|\vec{n_1}||\vec{n_2}|} = \frac{|A_1 A_2 + B_1 B_2 + C_1 C_2|}{\sqrt{A_1^2 + B_1^2 + C_1^2}\sqrt{A_2^2 + B_2^2 + C_2^2}} \quad (7-4)$$

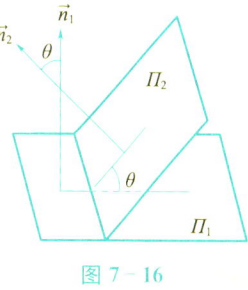

图 7-16

(7-4) 式称为 两平面夹角的公式.

两平面的位置特征：

(1) 两平面垂直 $\Leftrightarrow \vec{n_1} \cdot \vec{n_2} = 0 \Leftrightarrow A_1 A_2 + B_1 B_2 + C_1 C_2 = 0$.

(2) 两平面平行 $\Leftrightarrow \vec{n_1} // \vec{n_2} = 0 \Leftrightarrow \frac{A_1}{A_2} = \frac{B_1}{B_2} = \frac{C_1}{C_2} \neq \frac{D_1}{D_2}$.

特别地，当 $\frac{A_1}{A_2} = \frac{B_1}{B_2} = \frac{C_1}{C_2} = \frac{D_1}{D_2}$ 时，两平面重合.

例 7-3-4 求两平面 $x - y + 2z - 3 = 0$ 和 $2x + y + z - 4 = 0$ 的夹角.

解：$\vec{n_1} = (1, -1, 2), \vec{n_2} = (2, 1, 1)$，根据公式 (7-4)，得

$$\cos\theta = \frac{|1 \times 2 + (-1) \times 1 + 2 \times 1|}{\sqrt{1^2 + (-1)^2 + 2^2}\sqrt{2^2 + 1^2 + 1^2}} = \frac{1}{2},$$

因此，两平面之间的夹角为 $\theta = \frac{\pi}{3}$.

三、点到平面的距离

在空间直角坐标系中，设点 $M_0(x_0, y_0, z_0)$ 是平面 $\Pi: Ax + By + Cz + D = 0$ 外的一点，求点 M_0 到 Π 的距离.

在平面 Π 上任取一点 M_1，如图 7-17 所示，则点 M_0 到平面 Π 的距离为

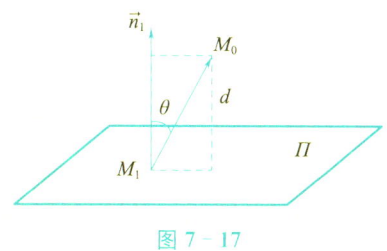

图 7-17

$$d = |\text{Pr}_{\vec{n}} \overrightarrow{M_1M_0}| = \frac{|\overrightarrow{M_1M_0} \cdot \vec{n}|}{|\vec{n}|} = \frac{|Ax_0 + By_0 + Cz_0 + D|}{\sqrt{A^2 + B^2 + C^2}}, \qquad (7-5)$$

(7-5) 式称为点到平面的距离公式.

注：$\text{Pr}_{\vec{n}} \overrightarrow{M_1M_0}$ 表示向量 $\overrightarrow{M_1M_0}$ 在法向量 $\vec{n}$ 上的投影.

例 7-3-5 求两个平行平面 $x - y + 3z + 1 = 0$ 与 $x - y + 3z - 5 = 0$ 间的距离.

解：在平面 $x - y + 3z + 1 = 0$ 上选取一点 $(-1, 0, 0)$，由点到平面的距离公式（7-5）得

$$d = \frac{|-6|}{\sqrt{1^2 + (-1)^2 + 3^2}} = \frac{6\sqrt{11}}{11}.$$

思维培养

在高职高等数学教学中，空间平面方程的学习是深化学生空间想象与逻辑思维的重要环节. 我们致力于引导学生深入理解空间平面的几何特性，掌握其在直角坐标系中的点法式、一般式及截距式等表示方法. 通过系统的学习，学生将学会如何根据已知条件，合理选择方程形式，准确求解空间平面方程. 这一过程不仅锻炼了学生的数学分析能力，更培养了其面对空间几何问题时，能够灵活运用数学知识，进行逻辑推理与空间想象的思维品质. 这一系列的教学活动旨在提升学生的空间思维能力，为其后续的数学学习及职业生涯奠定坚实的数学基础.

实务训练

1. 设平面通过点 $(2, 1, -1)$ 且在 x 轴 y 轴截距分别为 2 和 1，求平面方程.
2. 求平面方程过点 $(2, 1, 1)$ 且其法向量垂直于 $\vec{a} = (2, 1, 1)$ 和 $\vec{b} = (3, -2, 3)$.
3. 求通过点 $(-3, 1, -2), (3, 0, 5)$ 且平行于 x 轴的平面方程.
4. 求两个平面间的夹角：$4x + 2y + 4z - 7 = 0$ 与 $3x - 4y = 0$.

任务四 空间直线方程

工作情境

数控专业中空间直线方程的一个典型案例是使用直线插补指令 G01 进行数控车床编程. 在数控加工中，直线插补指令 G01 常用于在两点之间以直线方式进行插补，确保加工的准确性.

具体来说，设立加工工件坐标系，定义对刀点的位置是编程的第一步. 接着，移动到合适的起始位置，使用 G01 指令配合 U, W 等参数，实现直线插补，完成工件的直线轮廓加工. 加工完成后，进行退刀操作，并返回对刀点，完成整个加工过程. 在编程过

程中，还需要注意主轴转速、进给速度等参数的合理设置，以保证加工质量和效率．

> 知识准备

一、空间直线方程表示

1. 直线的点向式方程

定义 11：如果一个非零向量 $\vec{s}$ 与直线 L 平行，则称向量 $\vec{s}$ 是直线 L 的一个方向向量，任一方向向量的坐标称为该直线的一组方向数．

设 $M_0(x_0,y_0,z_0)$ 是直线 L 上的一个点，$\vec{s}=(m,n,p)$ 为 L 的一个方向向量．在直线 L 上任取点 $M(x,y,z)$，如图 7-18 所示，$\overrightarrow{M_0M}$ ∥ $\vec{s}$，所以两向量对应坐标成比例．于是有

$$\frac{x-x_0}{m}=\frac{y-y_0}{n}=\frac{z-z_0}{p}, \tag{7-6}$$

方程（7-6）称为直线 L 的点向式方程（或称对称式方程）．

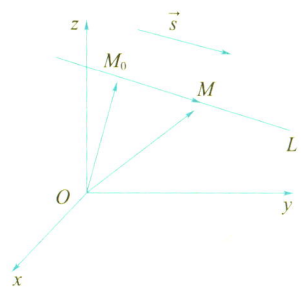

图 7-18

2. 直线的参数式方程

由直线的点向式方程可以推导出直线的参数方程．令 $\frac{x-x_0}{m}=\frac{y-y_0}{n}=\frac{z-z_0}{p}=t$，得

$$\begin{cases} x=x_0+mt, \\ y=y_0+nt, \\ z=z_0+pt, \end{cases} \tag{7-7}$$

方程组（7-7）称为直线 L 的参数式方程．

例 7-4-1 求过点 $(4,-1,3)$ 且平行于直线 $\frac{x-3}{2}=\frac{y}{1}=\frac{z-1}{5}$ 的直线方程．

解：所求直线的方向向量为 $(2,1,5)$，因为过点 $(4,-1,3)$，

根据点向式方程得所求直线方程为 $\frac{x-4}{2}=\frac{y+1}{1}=\frac{z-3}{5}$．

例 7-4-2 求与两平面 $\Pi_1:2x+2z=7$ 和 $\Pi_2:6x-9y+3z=11$ 都平行，并且过点 $M(4,3,-1)$ 的直线方程．

解：所求的直线与 Π_1 和 Π_2 都平行，即与平面 Π_1，Π_2 的法向量 $\vec{n_1}$，$\vec{n_2}$ 都垂直，其中 $\vec{n_1} = (2,0,2)$，$\vec{n_2} = (6,-9,3)$，因此可用 $\vec{n_1} \times \vec{n_2}$ 作为直线的一个方向向量 $\vec{s}$.

$$\vec{s} = \vec{n_1} \times \vec{n_2} = \begin{vmatrix} \vec{i} & \vec{j} & \vec{k} \\ 2 & 0 & 2 \\ 6 & -9 & 3 \end{vmatrix} = 6(3\vec{i} + \vec{j} - 3\vec{k}),$$

取 $\vec{s} = (3,1,-3)$，于是所求直线方程为 $\dfrac{x-4}{3} = \dfrac{y-3}{1} = \dfrac{z+1}{-3}$.

3. 直线的一般式方程

空间直线 L 可以看成是两个相交平面的交线（如图 7-19），如果两个相交平面的方程分别为

$\Pi_1: A_1 x + B_1 y + C_1 z + D_1 = 0$ 与 $\Pi_2: A_2 x + B_2 y + C_2 z + D_2 = 0$，则直线 L 的方程为

$$\begin{cases} A_1 x + B_1 y + C_1 z + D_1 = 0, \\ A_2 x + B_2 y + C_2 z + D_2 = 0, \end{cases} \tag{7-8}$$

式（7-8）称为直线 L 的一般式方程.

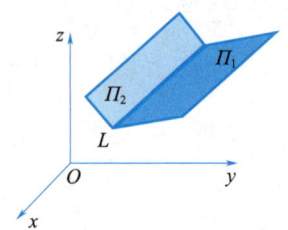

图 7-19

例 7-4-3 将直线的一般式方程 $\begin{cases} 2x - y + 3z - 1 = 0 \\ 3x + 2y - z - 12 = 0 \end{cases}$ 化为点向式方程和参数式方程.

解：先求直线上一点 M_0，不妨设 $z = 0$，代入方程组中得

$\begin{cases} 2x - y - 1 = 0, \\ 3x + 2y - 12 = 0, \end{cases}$ 解得 $\begin{cases} x = 2, \\ y = 3, \end{cases}$ 所以 $M_0(2,3,0)$ 为直线上一点.

再求直线的一个方向向量 $\vec{s}$，由于直线与两个平面的法向量 $\vec{n_1}$，$\vec{n_2}$ 都垂直，其中 $\vec{n_1} = (2,-1,3)$，$\vec{n_2} = (3,2,-1)$，因此可用 $\vec{n_1} \times \vec{n_2}$ 作为直线的一个方向向量 $\vec{s}$.

$$\vec{s} = \vec{n_1} \times \vec{n_2} = \begin{vmatrix} \vec{i} & \vec{j} & \vec{k} \\ 2 & -1 & 3 \\ 3 & 2 & -1 \end{vmatrix} = -5\vec{i} + 11\vec{j} + 7\vec{k},$$

即 $\vec{s} = (-5,11,7)$，于是直线的点向式方程为 $\dfrac{x-2}{-5} = \dfrac{y-3}{11} = \dfrac{z}{7}$.

令 $\dfrac{x-2}{-5} = \dfrac{y-3}{11} = \dfrac{z}{7} = t$，得所给直线的参数式方程为 $\begin{cases} x = 2-5t, \\ y = 3+11t, \\ z = 7t. \end{cases}$

4. 两直线的夹角

定义 12：对于空间的两条直线，规定它们的方向向量的夹角（通常指锐角或直角）为**两条直线的夹角**。

设直线 L_1 与 L_2 的方程为 $L_1: \dfrac{x-x_1}{m_1} = \dfrac{y-y_1}{n_1} = \dfrac{z-z_1}{p_1}$，$L_2: \dfrac{x-x_2}{m_2} = \dfrac{y-y_2}{n_2} = \dfrac{z-z_2}{p_2}$，它们的方向向量是 $\vec{s_1} = (m_1, n_1, p_1)$，$\vec{s_2} = (m_2, n_2, p_2)$，设它们的夹角为 θ，则有

$$\cos\theta = |\cos\langle \vec{s_1}, \vec{s_2} \rangle| = \dfrac{|\vec{s_1} \cdot \vec{s_2}|}{|\vec{s_1}||\vec{s_2}|} = \dfrac{|m_1 m_2 + n_1 n_2 + p_1 p_2|}{\sqrt{m_1^2 + n_1^2 + p_1^2}\sqrt{m_2^2 + n_2^2 + p_2^2}},$$

从而可求出 θ，并由此可得以下结论：

① 两直线 $L_1 // L_2 \Leftrightarrow \dfrac{m_1}{m_2} = \dfrac{n_1}{n_2} = \dfrac{p_1}{p_2}$；

② 两直线 $L_1 \perp L_2 \Leftrightarrow m_1 m_2 + n_1 n_2 + p_1 p_2 = 0$。

例 7-4-4 求直线 $L_1: \dfrac{x-1}{1} = \dfrac{y}{-4} = \dfrac{z+3}{1}$ 和 $L_2: \begin{cases} x+y+2=0 \\ x+2z=0 \end{cases}$ 的夹角 θ。

解：直线 L_1 的方向向量为 $\vec{s_1} = (1, -4, 1)$，直线 L_2 的方向向量为

$$\vec{s} = \begin{vmatrix} \vec{i} & \vec{j} & \vec{k} \\ 1 & 1 & 0 \\ 1 & 0 & 2 \end{vmatrix} = 2\vec{i} - 2\vec{j} - \vec{k} = (2, -2, -1),$$ 则两直线的夹角余弦为

$$\cos\theta = \dfrac{|1 \times 2 + (-4) \times (-2) + 1 \times (-1)|}{\sqrt{1^2 + (-4)^2 + 1^2}\sqrt{2^2 + (-2)^2 + (-1)^2}} = \dfrac{1}{\sqrt{2}},$$ 所以 $\theta = \dfrac{\pi}{4}$。

5. 直线与平面的夹角

定义 13：直线与它在平面上的投影之间的夹角 $\theta \left(0 \leqslant \theta < \dfrac{\pi}{2}\right)$ 称为**直线与平面的夹角**。

已知直线 $L: \dfrac{x-x_0}{m} = \dfrac{y-y_0}{n} = \dfrac{z-z_0}{p}$，平面 $\Pi: Ax + By + Cz + D = 0$，则直线 L 的方向向量为 $\vec{s} = (m, n, p)$，设直线 L 与平面 Π 的法线之间的夹角为 φ，则 $\theta = \dfrac{\pi}{2} - \varphi$，所以

$$\sin\theta = |\cos\varphi| = \dfrac{|\vec{s} \cdot \vec{n}|}{|\vec{s}||\vec{n}|} = \dfrac{|Am + Bn + Cp|}{\sqrt{m^2 + n^2 + p^2}\sqrt{A^2 + B^2 + C^2}},$$

从而可求出 θ，并由此可得以下结论：

① $L \perp \Pi \Leftrightarrow \vec{s} // \vec{n} \Leftrightarrow \vec{s} \times \vec{n} = \vec{0} \Leftrightarrow \dfrac{m}{A} = \dfrac{n}{B} = \dfrac{p}{C}$；

② $L // \Pi \Leftrightarrow \vec{s} \cdot \vec{n} = 0 \Leftrightarrow Am + Bn + Cp = 0$。

例 7-4-5 求直线 $\begin{cases} x+y+3z=0, \\ x-y-z=0, \end{cases}$ 与平面 $x-y-z+1=0$ 的夹角.

解：直线的方向向量为 $\vec{s} = \begin{vmatrix} \vec{i} & \vec{j} & \vec{k} \\ 1 & 1 & 3 \\ 1 & -1 & -1 \end{vmatrix} = (2,4,-2)$，平面的法向量为 $\vec{n}=(1,-1,-1)$，

因为 $\vec{s} \cdot \vec{n} = 0$，所以直线与平面夹角为 0.

6. 直线与平面的交点

已知直线 $L: \dfrac{x-x_0}{m} = \dfrac{y-y_0}{n} = \dfrac{z-z_0}{p}$ 和平面 $\Pi: Ax+By+Cz+D=0$ 不平行，即直线 L 与平面 Π 相交，下面求其交点.

把直线 L 的方程化为参数方程 $\begin{cases} x=x_0+mt, \\ y=y_0+nt, \\ z=z_0+pt, \end{cases}$ 代入平面 Π 的方程，得

$$A(x_0+mt)+B(y_0+nt)+C(z_0+pt)+D=0,$$

这是关于 t 的一元一次方程，从中解出 t，得 $t = \dfrac{Ax_0+By_0+Cz_0+D}{Am+Bn+Cp}$，

代回直线 L 的参数方程，即求得交点坐标.

例 7-4-6 求点 $P(3,-1,2)$ 到直线 $\begin{cases} x+y-z+1=0, \\ 2x-y+z-4=0 \end{cases}$ 的距离.

解：直线 $\begin{cases} x+y-z+1=0, \\ 2x-y+z-4=0, \end{cases}$ 的方向向量 $\vec{s} = \begin{vmatrix} \vec{i} & \vec{j} & \vec{k} \\ 1 & 1 & -1 \\ 2 & -1 & 1 \end{vmatrix} = (0,-3,-3)$，

从而直线的点向式方程为 $\dfrac{x-1}{0} = \dfrac{y}{-3} = \dfrac{z-2}{-3}$，

进而可得直线的参数方程为 $\begin{cases} x=1, \\ y=-3t, \\ z=-3t+2. \end{cases}$

点 $P(3,-1,2)$ 到该直线的距离 $d = \sqrt{4+(3t-1)^2+9t^2}$ 取最小值，

当 $t=\dfrac{1}{6}$ 时，距离最小，此时 $d=\dfrac{3\sqrt{2}}{2}$.

▶ 思维培养

在高职高等数学课程中，空间直线方程的学习是锻炼学生空间想象与逻辑思维能力的关键. 我们注重引导学生深入理解空间直线的几何特性，掌握其在直角坐标系与参数方

程中的表示方法．通过系统的训练，学生将学会如何根据已知条件，灵活选择方程形式，准确求解直线方程．这一过程不仅锻炼了学生的数学表达能力，更培养了其面对空间几何问题时，能够运用数学知识，进行逻辑推理与空间想象的思维品质．这一系列的教学活动旨在提升学生的空间思维能力，为其后续的数学学习及职业生涯奠定坚实的数学基础．

实务训练

1. 求过点 $(1,1,1)$ 且同时平行于平面 $x+y-2z+1=0$ 及 $x+y-z+1=0$ 的直线方程．

2. 试证直线 $\dfrac{x-1}{1}=\dfrac{y-1}{1}=\dfrac{z+3}{-2}$ 在平面 $x+y+z+1=0$ 上．

3. 化直线方程 $\begin{cases} x-y+z+5=0, \\ 5x-8y+4z+36=0 \end{cases}$ 为对称式方程．

例题解析

一、选择题

1. 在空间坐标系下，下列为平面方程的是（　　）．

    A. $y^2=x$
    B. $\begin{cases} x+y+z=0, \\ x+2y+z=1 \end{cases}$
    C. $\dfrac{x+2}{2}=\dfrac{y+4}{7}=\dfrac{z}{-3}$
    D. $3x+4z=0$

2. 在空间直角坐标系下，与平面 $x+y+z=1$ 垂直的直线方程为（　　）．

    A. $\begin{cases} x+y+z=1, \\ x+2y+z=0 \end{cases}$
    B. $\dfrac{x+2}{2}=\dfrac{y+4}{1}=\dfrac{z}{-3}$
    C. $2x+2y+2z=5$
    D. $x-1=y-2=z-3$

3. 设向量 $\vec{a}=(1,2,3), \vec{b}=(3,2,4)$，则 $\vec{a}\times\vec{b}$ 等于（　　）．

    A. $(2,5,4)$　　B. $(2,-5,-4)$　　C. $(2,5,-4)$　　D. $(-2,-5,4)$

4. 平面 $3y-2=0$ 的位置特征是（　　）．

    A. 平行于 x 轴　　B. 平行于 z 轴　　C. 垂直于 x 轴　　D. 垂直于 y 轴

5. 直线 $\dfrac{x-1}{-2}=\dfrac{y-2}{2}=\dfrac{z+1}{-3}$ 与直线 $\dfrac{x}{1}=\dfrac{y+1}{-4}=\dfrac{z-2}{3}$ 的位置关系是（　　）．

    A. 垂直　　B. 平行　　C. 不平行也不垂直　　D. 重合

6. 过 $(-1,2,5)$ 且与直线 $\dfrac{x+1}{1}=\dfrac{y-2}{-3}=\dfrac{z-1}{-1}$ 平行的直线方程是（　　）．

    A. $\dfrac{x+1}{-1}=\dfrac{y-2}{2}=\dfrac{z-3}{5}$
    B. $\dfrac{x+1}{-2}=\dfrac{y-2}{6}=\dfrac{z-5}{2}$

C. $\dfrac{x-1}{-1} = \dfrac{y+3}{2} = \dfrac{z-5}{4}$ D. $x - 3y - z + 10 = 0$

解：1. D.

2. D. 所求直线方程方向向量与平面 $x + y + z = 1$ 的法向量 $\vec{s} = (1,1,1)$ 共线．

而 $\begin{cases} x+y+z=1, \\ x+2y+z=0 \end{cases}$ 的方向向量 $\vec{s} = \begin{vmatrix} \vec{i} & \vec{j} & \vec{k} \\ 1 & 1 & 1 \\ 1 & 2 & 1 \end{vmatrix} = -\vec{i} + \vec{k}$，不满足．

3. C. $\vec{a} \times \vec{b} = \begin{vmatrix} \vec{i} & \vec{j} & \vec{k} \\ 1 & 2 & 3 \\ 3 & 2 & 4 \end{vmatrix} = 2\vec{i} + 5\vec{j} - 4\vec{k}$.

4. D.

5. C. 两直线方向向量分别为 $(-2,2,-3)$ 和 $(1,-4,3)$，而 $(-2) \times 1 + 2 \times (-4) + (-3) \times 3 = -19$，且不成比例，所以两直线既不平行也不垂直．

6. B. 由于所求直线与已知直线平行，而已知直线的方向向量为 $\vec{s} = (1,-3,-1)$，所求直线的方向向量应与 $\vec{s}$ 平行，即坐标对应成比例．A 的方向向量为 $(-1,2,5)$，B 的方向向量为 $(-2,6,2)$，C 的方向向量为 $(-1,2,4)$，D 为平面方程．

二、填空题

1. 过点 $M(1,0,-2)$ 且垂直于平面 $4x + 2y - 3z = \sqrt{2}$ 的直线方程为_____．

2. 设向量 $\vec{\alpha} = (3,4,-2), \vec{\beta} = (2,1,k)$．$\vec{\alpha}, \vec{\beta}$ 互相垂直，则 $k = $ ___．

3. 设 $|\vec{a}| = 1, \vec{a} \perp \vec{b}$，则 $\vec{a} \cdot (\vec{a} + \vec{b}) = $ _____．

4. 已知 $\vec{a}, \vec{b}$ 均为单位向量，且 $\vec{a} \cdot \vec{b} = \dfrac{1}{2}$，则以向量 $\vec{a} \cdot \vec{b}$ 为邻边的平行四边形的面积为_____．

解：1. $\dfrac{x-1}{4} = \dfrac{y}{2} = \dfrac{z+2}{-3}$.

2. 5.

3. 1. $\vec{a} \cdot (\vec{a} + \vec{b}) = \vec{a} \cdot \vec{a} + \vec{a} \cdot \vec{b} = |\vec{a}|^2 + |\vec{a}||\vec{b}|\cos\langle\vec{a},\vec{b}\rangle = 1 + 0 = 1$.

4. $\dfrac{\sqrt{3}}{2}$. 由 $\vec{a} \cdot \vec{b} = \dfrac{1}{2}$ 得 $\langle\vec{a},\vec{b}\rangle = \dfrac{\pi}{3}$，故 $S = |\vec{a}||\vec{b}|\sin\langle\vec{a},\vec{b}\rangle = \dfrac{\sqrt{3}}{2}$.

三、解答题

1. 已知 $M_1(2,2,\sqrt{2}), M_2(1,3,0)$，求 $\overrightarrow{M_1M_2}$ 的模、方向余弦与方向角．

解：由题设知：$\overrightarrow{M_1M_2} = (1-2, 3-2, 0-\sqrt{2}) = (-1, 1, -\sqrt{2})$，则

$$|\overrightarrow{M_1M_2}| = \sqrt{(-1)^2 + 1^2 + (-\sqrt{2})^2} = 2,$$

$$\cos\alpha = -\frac{1}{2}, \cos\beta = \frac{1}{2}, \cos\gamma = -\frac{\sqrt{2}}{2},$$

于是 $\alpha = \frac{2\pi}{3}, \beta = \frac{\pi}{3}, \gamma = \frac{3\pi}{4}.$

2. 已知 $\vec{a} = (3,5,-1), \vec{b} = (2,2,3), \vec{c} = (4,-1,-3)$，求下列各向量的坐标：

(1) $2\vec{a}$；(2) $\vec{a} + \vec{b} - \vec{c}$；(3) $2\vec{a} - 3\vec{b} + 4\vec{c}$；(4) $m\vec{a} + n\vec{b}$.

解：(1) $2\vec{a} = (6,10,-2)$;

(2) $\vec{a} + \vec{b} - \vec{c} = (1,8,5)$;

(3) $2\vec{a} - 3\vec{b} + 4\vec{c} = (16,0,-23)$;

(4) $m\vec{a} + n\vec{b} = (3m+2n, 5m+2n, -m+3n)$.

3. 求以 $A(1,2,3), B(3,4,5), C(-1,-2,7)$ 为顶点的三角形的面积 S.

解：由向量的定义，可知三角形的面积为 $S = \frac{1}{2}|\overrightarrow{AB} \times \overrightarrow{AC}|$,

因为 $\overrightarrow{AB} = (2,2,2), \overrightarrow{AC} = (-2,-4,4)$，所以

$$\overrightarrow{AB} \times \overrightarrow{AC} = \begin{vmatrix} \vec{i} & \vec{j} & \vec{k} \\ 2 & 2 & 2 \\ -2 & -4 & 4 \end{vmatrix} = (16, -12, -4),$$

于是，$S = \frac{1}{2}|\overrightarrow{AB} \times \overrightarrow{AC}| = \frac{1}{2}\sqrt{16^2 + (-2)^2 + (-4)^2} = \sqrt{69}.$

4. 求与向量 $\vec{a} = (2,0,1), \vec{b} = (1,-1,2)$ 都垂直的单位向量.

解：由向量积的定义可得，若 $\vec{a} \times \vec{b} = \vec{c}$，则 $\vec{c}$ 同时垂直于 $\vec{a}$ 和 $\vec{b}$，且

$$\vec{c} = \vec{a} \times \vec{b} = \begin{vmatrix} \vec{i} & \vec{j} & \vec{k} \\ 2 & 0 & 1 \\ 1 & -1 & 2 \end{vmatrix} = \vec{i} - 3\vec{j} - 2\vec{k},$$

因此，与 $\vec{c} = \vec{a} \times \vec{b}$ 平行的单位向量有两个

$$\vec{c}^{\,\circ} = \frac{\vec{c}}{|\vec{c}|} = \frac{\vec{a} \times \vec{b}}{|\vec{a} \times \vec{b}|} = \frac{\vec{i} - 3\vec{j} - 2\vec{k}}{\sqrt{1^2 + (-3)^2 + (-2)^2}} = \frac{1}{\sqrt{14}}(\vec{i} - 3\vec{j} - 2\vec{k}) \text{ 和}$$

$$-\vec{c}^{\,\circ} = \frac{1}{\sqrt{14}}(-\vec{i} + 3\vec{j} + 2\vec{k}).$$

5. 求平面 $2x - 2y + z + 5 = 0$ 与 xOy 面的夹角.

解：$\vec{n} = (2,-2,1)$ 为此平面的法向量,

设此平面与 xOy 的夹角为 γ,

则 $\cos\gamma = \dfrac{\vec{n}\cdot\vec{k}}{|\vec{n}|\cdot|\vec{k}|} = \dfrac{(2,-2,1)\cdot(0,0,1)}{3} = \dfrac{1}{3}$,

故 $\gamma = \arccos\dfrac{1}{3}$.

6. 分别按下列条件求平面方程.

(1) 平行于 xOz 面且经过点 $(2,-5,3)$;

(2) 通过 z 轴和点 $(-3,1,2)$;

(3) 平行于 x 轴且经过两点 $(4,0,-2)$ 和 $(5,1,7)$.

解: (1) 因为所求平面平行于 xOz 面,故 $\vec{j} = (0,1,0)$ 为其法向量,由点法式可得
$$0\cdot(x-2) + 1\cdot(y+5) + 0\cdot(z-3) = 0,$$

即所求平面的方程为 $y+5 = 0$.

(2) 因所求平面通过 z 轴,其方程可设为 $Ax+By = 0(*)$,已知点 $(-3,1,-2)$ 在此平面上,因而有 $-3A+B = 0$,即 $B = 3A$,代入 $(*)$ 式得

$Ax+3Ay = 0$,即所求平面的方程为 $x+3y = 0$.

(3) 从共面入手,设 $P(x,y,z)$ 为所求平面上的任一点,点 $(4,0,-2)$ 和 $(5,1,7)$ 分别用 A,B 表示,则 $\overrightarrow{AP}, \overrightarrow{AB}, \vec{i}$ 共面,从而 $(\overrightarrow{AP}, \overrightarrow{AB}, \vec{i}) = \begin{vmatrix} x-4 & y & z+2 \\ 1 & 1 & 9 \\ 1 & 0 & 0 \end{vmatrix} = 0$,于是可得所求平面方程为 $9y-z-2 = 0$.

7. 用对称式方程及参数式方程表示直线 $l: \begin{cases} x-y+z = 1, \\ 2x+y+z = 4. \end{cases}$

解: 因为直线 l 的方向向量可设为 $\vec{s} = \vec{n_1}\times\vec{n_2} = \begin{vmatrix} \vec{i} & \vec{j} & \vec{k} \\ 1 & -1 & 1 \\ 2 & 1 & 1 \end{vmatrix} = (-2,1,3)$,

在直线上取一点 $A(3,0,-2)$(令 $y=0$,解直线 l 的方程组即可得 $x=3, z=-2$),则直线的对称式方程为 $\dfrac{x-3}{-2} = \dfrac{y}{1} = \dfrac{z+2}{3}$,

参数方程为 $x = 3-2t, y = t, z = -2+3t$.

8. 求过点 $(0,2,4)$ 且与两平面 $x+2z = 1$ 和 $y-3z = 2$ 都平行的直线方程.

解: 因为两平面的法向量 $\vec{n_1} = (1,0,2)$ 与 $\vec{n_2} = (0,1,-3)$ 不平行,

所以两平面相交于一直线,此直线的方向向量 $\vec{s} = \vec{n_1}\times\vec{n_2} = \begin{vmatrix} \vec{i} & \vec{j} & \vec{k} \\ 1 & 0 & 2 \\ 0 & 1 & -3 \end{vmatrix} = (-2,3,1)$,

故所求直线方程为 $\dfrac{x}{-2} = \dfrac{y-2}{3} = \dfrac{z-4}{1}$.

9. 求直线 $\begin{cases} x+y+3z=0, \\ x-y-z=0 \end{cases}$ 与平面 $x-y-z+1=0$ 的夹角．

解：已知直线的方向向量 $\vec{s}=\vec{n_1}\times\vec{n_2}=\begin{vmatrix} \vec{i} & \vec{j} & \vec{k} \\ 1 & 1 & 3 \\ 1 & -1 & -1 \end{vmatrix}=(2,4,-2)$，

已知平面的法向量 $\vec{n}=(1,-1,-1)$，

而 $\vec{s}\cdot\vec{n}=(2,4,-2)\cdot(1,-1,-1)=2-4+2=0$．

所以 $\vec{s}\perp\vec{n}$，故直线与平面的夹角为 0．

10. 确定直线 $\dfrac{x+3}{-2}=\dfrac{y+4}{-7}=\dfrac{z}{3}$ 和平面 $4x-2y-2z=3$ 间的位置关系．

解：直线的方向向量 $\vec{s}=(-2,-7,3)$，平面的法向量 $\vec{n}=(4,-2,-2)$，

$$\cos\varphi=\dfrac{(-2,-7,3)\cdot(4,-2,-2)}{\sqrt{(-2)^2+(-7)^2+3^2}\cdot\sqrt{4^2+(-2)^2+(-2)^2}}=0$$

从而 $\vec{s}\perp\vec{n}$，由此可知直线平行于平面或直线在平面上．

再将直线上的点 $A(-3,-4,0)$ 的坐标代入平面方程左边，得

$$4\times(-3)-2\times(-4)-2\times 0=-4\neq 3,$$

即 A 不在平面上，故直线平行于平面．

11. 求过点 $(1,2,1)$ 与直线 $l_1:\begin{cases} x+2y-z+1=0, \\ x-y+z-1=0, \end{cases}$，$l_2:\begin{cases} 2x-y+z=0, \\ x-y+z=0, \end{cases}$ 都平行的平面方程．

解：因 $\vec{s_1}=\begin{vmatrix} \vec{i} & \vec{j} & \vec{k} \\ 1 & 2 & -1 \\ 1 & -1 & 1 \end{vmatrix}=(1,-2,-3)$ 为直线 l_1 的方向向量，

$\vec{s_2}=\begin{vmatrix} \vec{i} & \vec{j} & \vec{k} \\ 2 & -1 & 1 \\ 1 & -1 & 1 \end{vmatrix}=(0,-1,-1)$ 为直线 l_2 的方向向量．

取 $\vec{n}=\vec{s_1}\times\vec{s_2}=\begin{vmatrix} \vec{i} & \vec{j} & \vec{k} \\ 1 & -2 & -3 \\ 0 & -1 & -1 \end{vmatrix}=(-1,1,-1)$，则通过点 $(1,2,1)$ 并以 $\vec{n}$ 为法向

量的平面方程 $x-y+z=0$ 即为所求的平面方程．

12. 求点 $(-1,2,0)$ 在平面 $x+2y-z+1=0$ 上的投影．

解：从点 $A(-1,2,0)$ 作平面的垂线，则垂线的方向向量就是平面的法向量 $\vec{n}=(1,2,-1)$，

所以垂线方程为：$\dfrac{x+1}{1}=\dfrac{y-2}{2}=\dfrac{z}{-1}$．

为求出垂足，将垂线方程化为参数方程 $\begin{cases} x=-1+t, \\ y=2+2t, \\ z=-t, \end{cases}$ (t 为参数)，

将其代入平面方程，得 $t=-\dfrac{2}{3}$，

求得垂足（即投影）的坐标为 $\left(-\dfrac{5}{3}, \dfrac{2}{3}, \dfrac{2}{3}\right)$.

13. 求点 $P(3,-1,2)$ 到直线 $\begin{cases} x+y-z+1=0, \\ 2x-y+z-4=0 \end{cases}$ 的距离.

解一： 因 $\vec{s}=\vec{n_1}\times\vec{n_2}=\begin{vmatrix} \vec{i} & \vec{j} & \vec{k} \\ 1 & 1 & -1 \\ 2 & -1 & 1 \end{vmatrix}=(0,-3,-3)$ 为已知直线的方向向量，

由平面的点法式方程得，过点 P 且垂直于直线的平面方程为 $y+z-1=0$.

解方程组 $\begin{cases} y+z-1=0, \\ x+y-z+1=0, \\ 2x-y+z-4=0, \end{cases}$ 得垂足 H 的坐标 $x=1$，$y=-\dfrac{1}{2}$，$z=\dfrac{3}{2}$，

于是 $|PH|=\dfrac{3}{2}\sqrt{2}$，即为所求的距离.

解二： 在直线上任取点 $A(1,-2,0)$，以 $\overrightarrow{AP}, \vec{s}$ 为邻边的平行四边形的面积为 $|\overrightarrow{AP}\times\vec{s}|$，点 P 到直线的距离为 $d=\dfrac{|\overrightarrow{AP}\times\vec{s}|}{|\vec{s}|}$，而 $\overrightarrow{AP}=(2,1,2)$，$\vec{s}=(0,-3,-3)$，

于是 $|\overrightarrow{AP}\times\vec{s}|=\begin{vmatrix} \vec{i} & \vec{j} & \vec{k} \\ 2 & 1 & 2 \\ 0 & -3 & -3 \end{vmatrix}=|3\vec{i}+6\vec{j}-6\vec{k}|=9$，

而 $|\vec{s}|=3\sqrt{2}$，故 $d=\dfrac{9}{3\sqrt{2}}=\dfrac{3}{2}\sqrt{2}$.

14. 求通过直线 $\dfrac{x}{3}=\dfrac{y-1}{2}=\dfrac{z-2}{1}$ 且垂直于平面 $x+y+z+2=0$ 的平面方程.

解： 已知直线的方向向量为 $\vec{s_0}=(3,2,1)$，平面的法向量为 $\vec{n_0}=(1,1,1)$.

由题意，所求平面的法向量可取为 $\vec{n}=\vec{s_0}\times\vec{n_0}=\begin{vmatrix} \vec{i} & \vec{j} & \vec{k} \\ 3 & 2 & 1 \\ 1 & 1 & 1 \end{vmatrix}=(1,-2,1)$.

又显然点 $(0,1,2)$ 在所求平面上，故所求平面方程为 $1(x-0)+(-2)(y-1)+1(z-2)=0$，

即 $x-2y+z=0$.

练习七

一、选择题

1. 过 $(2,3,-1)$ 且平行于 yOz 平面的平面方程是（　　）.
   A. $x=2$ 　　　　　　　　　B. $y=3$
   C. $z=-1$ 　　　　　　　　D. $y+z=2$

2. 下列各方程在空间表示平面的是（　　）.
   A. $\begin{cases} x=a \\ y=b \end{cases}$ 　　　　　　　B. $\dfrac{x+1}{2}=\dfrac{y-2}{3}=\dfrac{z-4}{4}$
   C. $x=y$ 　　　　　　　　　D. $\begin{cases} x+y=0 \\ z=-1 \end{cases}$

3. 设有直线 $L:\dfrac{x-1}{-1}=\dfrac{y+1}{-1}=\dfrac{z-1}{2}$ 和平面 $\Pi:x-2y+z-3=0$，则直线 L 与平面 Π 的夹角为（　　）.
   A. $\dfrac{\pi}{6}$ 　　　　B. $\dfrac{\pi}{4}$ 　　　　C. $\dfrac{\pi}{3}$ 　　　　D. $\dfrac{\pi}{2}$

4. 设有直线 $L:\dfrac{x-3}{1}=\dfrac{y}{-1}=\dfrac{z+2}{2}$ 和平面 $\pi:x-y-z+1=0$，则（　　）.
   A. L 与 π 垂直 　　　　　　　B. L 与 π 相交但不垂直
   C. L 在 π 上 　　　　　　　　D. L 与 π 平行但 L 不在 π 上

5. 过点 $(2,1,5)$ 且垂直于平面 $3x-6y+z-7=0$ 的直线方程为（　　）.
   A. $\dfrac{x+2}{3}=\dfrac{y+1}{-6}=\dfrac{z+5}{1}$ 　　　　B. $\dfrac{x-2}{3}=\dfrac{y-1}{-6}=\dfrac{z-5}{-1}$
   C. $\dfrac{x+2}{3}=\dfrac{y+1}{-6}=\dfrac{z+5}{-1}$ 　　　D. $\dfrac{x-2}{3}=\dfrac{y-1}{-6}=\dfrac{z-5}{1}$

6. 在空间直角坐标系中平面 $\pi_1:2x+y+z+7=0$ 与平面 $\pi_2:x+2y-z+4=0$ 的夹角为（　　）.
   A. $\dfrac{\pi}{6}$ 　　　　B. $\dfrac{\pi}{4}$ 　　　　C. $\dfrac{\pi}{3}$ 　　　　D. $\dfrac{\pi}{2}$

二、填空题

1. 过点 $(1,1,1)$ 且与向量 $\vec{a}=(1,1,0)$ 和 $\vec{b}=(-1,0,1)$ 都垂直的直线方程为 ＿＿＿＿＿＿＿＿＿ .

2. 过点 $(1,1,1)$ 且与直线 $\begin{cases} x+y+z+1=0, \\ 2x-y+3z+2=0 \end{cases}$ 平行的直线方程为 ＿＿＿＿＿＿＿＿ .

3. 过点 $(1,1,0)$ 并且与平面 $x+2y-3z=2$ 垂直的直线方程为 ＿＿＿＿＿＿＿＿ .

4. 过点 $(1,2,3)$ 且与直线 $\dfrac{x-2}{3}=\dfrac{y}{2}=\dfrac{z+1}{1}$ 垂直的平面方程是_____.

三、解答题

1. 求过点 $(1,2,3)$ 且垂直于直线 $\begin{cases} x+y+z+2=0 \\ 2x-y+z+1=0 \end{cases}$ 的平面方程.

2. 设平面 π 经过点 $A(2,0,0), B(0,3,0), C(0,0,5)$，求经过点 $P(1,2,1)$ 且与平面 π 垂直的直线方程.

3. 求过点 $M(3,1,-2)$ 且与平面 $x-y+z-7=0$ 和 $4x-3y+z-6=0$ 都平行的直线方程.

4. 求通过点 $(1,1,1)$，且与直线 $\begin{cases} x=2+t, \\ y=3+2t, \\ z=5+3t \end{cases}$ 垂直，又与平面 $2x-z-5=0$ 平行的直线的方程.

5. 求通过直线 $\dfrac{x}{3}=\dfrac{y-1}{2}=\dfrac{z-2}{1}$ 且垂直于平面 $x+y+z+2=0$ 的平面方程.

数学史话

天才数学家——傅里叶

在数学的广袤领域中，有一位天才的数学家，他的名字与向量代数及空间解析几何的崛起紧密相连，那就是法国的让·巴蒂斯特·约瑟夫·傅里叶（Baron Jean Baptiste Joseph Fourier）．尽管傅里叶最为人所知的是他在热传导和傅里叶级数方面的贡献，但他在向量代数与空间解析几何领域的开创性工作同样不可忽视，为数学的发展铺设了坚实的基石．

生于1768年的傅里叶，生活在一个科学与工业迅速发展的时代．在那个时代，数学作为自然科学的语言，正经历着前所未有的变革．傅里叶以其敏锐的洞察力和深厚的数学功底，成为了这场变革中的佼佼者．他不仅在热学领域有着卓越贡献，更在向量代数与空间解析几何方面展现出了非凡的才华．

在向量代数的发展过程中，傅里叶深刻认识到向量作为描述空间位置和方向的有力工具的重要性．他致力于将向量的概念从简单的几何直观推广到更抽象的代数运算中，为后来的向量分析奠定了基础．傅里叶的工作促进了向量加法、减法、数乘以及点积、叉积等基本运算的系统化和规范化，使得向量代数成为研究空间关系和动态过程的重要工具．

同时，在空间解析几何方面，傅里叶也做出了杰出的贡献．他利用向量代数的方法，对三维空间中的点、线、面等几何元素进行了深入的分析和描述．傅里叶通过建立坐标系和引入向量方程，成功地将空间中的几何问题转化为代数问题，从而大大简化了求解过程．他的这些工作不仅推动了空间解析几何的发展，也为后续的微分几何、计算几何等领域的研究奠定了坚实的基础．

  傅里叶的故事，是对科学探索精神的颂歌．他用自己的智慧和汗水，在向量代数与空间解析几何的领域中留下了深刻的印记．他的成就不仅是对数学本身的丰富和发展，更是对人类智慧和创造力的肯定．傅里叶的名字将永远镌刻在数学史上，激励着后来的学者不断前行，在数学的海洋中探索未知，追寻真理．

项目八　多元函数微分法及其应用

学习目标

1. 深刻理解多元函数的概念，包括其定义域、值域、图像表示等基本属性．掌握多元函数与一元函数之间的区别与联系，理解多变量对函数值影响的复杂性．
2. 熟练掌握偏导数的定义、计算方法及性质，理解偏导数在描述函数沿某一方向变化率中的作用．同时，掌握全微分的概念、计算公式及其几何意义，能够运用全微分解决实际问题中的近似计算．
3. 掌握复合函数与隐函数微分的计算方法，理解它们在多元函数求导中的应用．学会利用链式法则处理复杂的求导问题，提高解决实际问题的能力．
4. 理解多元函数极值的概念，掌握求解无条件极值（包括局部极值与全局极值）和条件极值（拉格朗日乘数法）的方法．
5. 将所学多元函数微分法知识应用于解决实际问题，如物理中的力学分析、经济学中的最优化问题等．

湖南省专升本《高等数学》课程考纲

1. 了解多元函数的概念；了解二元函数的几何意义，会求二元函数的定义域．
2. 了解二元函数的极限与连续的概念．
3. 了解二元函数的一阶偏导数和全微分的概念，会求二元函数的一阶与二阶偏导数、全微分．
4. 会求复合函数与隐函数的一阶偏导数．
5. 会求二元函数的极值，并能用之解决简单的实际问题．

导入案例

分析并优化热传导过程的温度分布

在工业生产领域，热传导是一个至关重要的物理现象，直接关联到产品的最终品质与生产流程的效率．设想我们面对一个二维的金属平板，其表面受到不均匀热源的作用，这导致平板内部温度分布呈现复杂状态. 为了精确掌控并优化这一过程, 首要任务是构建合理的数学模型.

我们采用傅里叶热传导方程作为理论基础, 这一经典方程能够精准刻画温度 T 如何随空间坐标 (x,y) 及时间 t 的变化而波动, 具体形式为 $T = T(x,y,t)$. 然而, 针对稳态分析, 即假定温度不再随时间波动, 我们可将方程简化为仅依赖于空间坐标的二元函数 $T = T(x,y)$. 这一简化处理极大地方便了后续的数学处理与物理分析. 为了深刻理解并优化平板内的温度分布, 我们进一步运用多元函数微分法这一强大工具. 偏导数计算: 我们计算温度函数 $T(x,y)$ 关于 x 和 y 的偏导数 $\left(\frac{\partial T}{\partial x} \text{和} \frac{\partial T}{\partial y}\right)$, 这些偏导数直接反映了温度在不同方向上的变化速率, 是理解温度分布特征的关键指标. 梯度向量构建: 基于偏导数的计算结果, 我们构造出温度梯度向量 $\nabla T = \left(\frac{\partial T}{\partial x}, \frac{\partial T}{\partial y}\right)$. 此向量不仅指明了温度增加最迅猛的方向, 还为后续优化热源布局、实现温度均匀化提供了重要的方向指引.

任务一　多元函数的基本概念

工作情境

假设我们正在设计一个机械零件, 该零件在受到外力作用时会产生一定的位移. 为了分析这个位移与零件的材料弹性模量 E、几何尺寸 (如长度 L、宽度 W) 以及外力 F 之间的关系, 我们可以建立一个二元函数 (或更复杂的多元函数, 但为简化说明, 这里以二元函数为例) 来表示位移 d 与两个自变量 E 和 F 的关系, 即 $d = f(E,F)$.

定义域是材料弹性模量 E 和外力 F 所有可能取值的集合. 这些值必须满足物理和工程上的实际条件, 如弹性模量不能为负, 外力不能超出材料的承载能力等. 值域则是位移 d 所有可能取值的集合, 它依赖于 E 和 F 的具体取值以及函数 f 的具体形式.

知识准备

一、多元函数的概念

1. 平面点集

由平面解析几何知道, 当在平面上确定了一个直角坐标系后, 平面上的点 P 与有序实数组 (x,y) 之间就建立了一一对应关系. 于是, 我们常把有序实数组 (x,y) 与平面上的点 P 看作是等同的. 这种建立了坐标系的平面称为<u>坐标平面</u>.

二元有序实数组 (x,y) 的全体, 即 $R^2 = \{(x,y) | x,y \in \mathbf{R}\}$ 就表示坐标平面.

坐标平面上满足某种条件 C 的点的集合, 称为<u>平面点集</u>, 记作

$$E = \{(x,y) \mid (x,y) \text{ 满足条件 } C\}.$$

例如，平面上以原点为中心，r 为半径的圆内所有点的集合是
$$E = \{(x,y) \mid x^2 + y^2 < r^2\}.$$

现在，我们引入平面中邻域的概念．

定义 1：设 $P_0(x_0, y_0)$ 是平面上一点，δ 是一正数．与点 $P_0(x_0, y_0)$ 距离小于 δ 的点 $P(x, y)$ 的全体，称为点 P_0 的 δ **邻域**，记为 $U(P_0, \delta)$ 或 $U(P_0)$，即
$$U(P_0, \delta) = \{P \mid |P_0 P| < \delta\} = \{(x,y) \mid \sqrt{(x-x_0)^2 + (y-y_0)^2} < \delta\}.$$

不包含点 P_0 在内的邻域称为点 P_0 的去心 δ 邻域，记为 $\mathring{U}(P_0, \delta)$ 或 $\mathring{U}(P_0)$，即
$$\mathring{U}(P_0, \delta) = \{P \mid 0 < |P_0 P| < \delta\} = \{(x,y) \mid 0 < \sqrt{(x-x_0)^2 + (y-y_0)^2} < \delta\}.$$

在几何上，邻域 $U(P_0, \delta)$ 就是平面上以点 $P_0(x_0, y_0)$ 为中心，δ 为半径的圆的内部的点 $P(x, y)$ 的全体．

下面利用邻域来描述点和点集之间的关系．

任意一点 $P \in \mathbf{R}^2$ 与任意一个点集 $E \subset \mathbf{R}^2$ 之间必有以下三种关系之一：

① **内点**：若存在点 P 的某个邻域 $U(P)$，使得 $U(P) \subset E$，则称点 P 是点集 E 的**内点**（见图 8-1）.

② **外点**：如果存在点 P 的某个邻域 $U(P)$，使得 $U(P) \cap E = \varnothing$，则称点 P 是点集 E 的**外点**（见图 8-2）.

③ **边界点**：如果在点 P 的任何邻域内既含有属于 E 的点，又含有不属于 E 的点，则称点 P 是点集 E 的**边界点**（见图 8-3）. E 的边界点的全体称为 E 的**边界**，记作 ∂E.

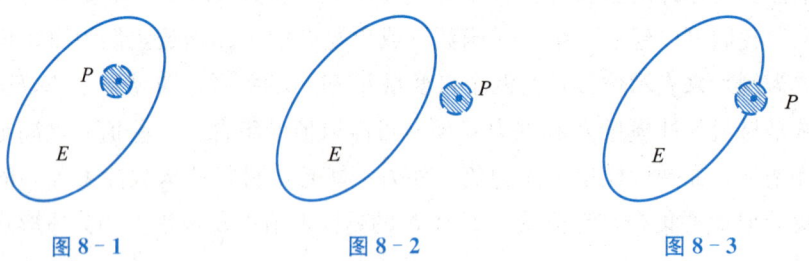

图 8-1　　　　　图 8-2　　　　　图 8-3

E 的内点必定属于 E；E 的外点必定不属于 E；E 的界点可能属于 E，也可能不属于 E.

点和点集还有另外一种关系，这就是下面定义的聚点．

聚点：若点 P 的任何空心邻域 $\mathring{U}(P)$ 内总有 E 中的点，则称 P 为点集 E 的**聚点**. 聚点本身可能属于 E 也可能不属于 E.

显然，E 的内点一定是 E 的聚点，E 的外点一定不是 E 的聚点．

例如，点集 $D = \{(x,y) \mid 1 \leqslant x^2 + y^2 < 4\}$，满足 $1 < x^2 + y^2 < 4$ 的一切点是 D 的内点；满足 $x^2 + y^2 = 1$ 的一切点是 D 的边界点，它们都属于 D；满足 $x^2 + y^2 = 4$ 的点也是 D 的边界点，但它们不属于 D；点集 D 连同它的外圆边界上的点都是 D 的聚点．

根据点集的特征,我们再来定义一些重要的平面点集.

开集:如果点集 E 的点都是 E 的内点,则称 E 为**开集**.

闭集:如果点集 E 的所有聚点都属于 E,则称 E 为**闭集**.

例如,集合 $\{(x,y)\mid 1<x^2+y^2<4\}$ 是开集;集合 $\{(x,y)\mid 1\leqslant x^2+y^2\leqslant 4\}$ 是闭集;而集合 $\{(x,y)\mid 1\leqslant x^2+y^2<4\}$ 既非开集,也非闭集.此外,还约定全平面 $\mathbf{R}^2$ 和空集 $\varnothing$ 既是开集又是闭集.

连通集:若点集 E 中任意两点都可以用完全含于 E 的有限条直线段所组成的折线相连接,则称 E 是**连通集**.

区域(开区域):连通的开集称为**区域**或**开区域**.

闭区域:开区域连同它的边界一起组成的集合,称为**闭区域**.

例如,$\{(x,y)\mid 1<x^2+y^2<4\}$ 是区域;$\{(x,y)\mid 1\leqslant x^2+y^2\leqslant 4\}$ 是闭区域.

有界集:对于点集 E,如果能包含在以原点为中心的某个圆内,则称 E 是**有界点集**.否则称为**无界点集**.

例如 $\{(x,y)\mid x^2+y^2\leqslant 1\}$ 是有界闭区域,而 $\{(x,y)\mid x^2+y^2>1\}$ 是无界的开区域.

2. n 维空间

定义 2:称 n 元有序实数组 $(x_1,x_2,\cdots,x_n)$ 的全体为 n 维空间,记为
$$\mathbf{R}^n=\{(x_1,x_2,\cdots,x_n)\mid x_i\in\mathbf{R},i=1,2,\cdots,n\}.$$

$\mathbf{R}^n$ 中的每个元素 $(x_1,x_2,\cdots,x_n)$ 称为 n 维空间中的一个点,x_i 称为该点的**第 i 个坐标**.

设点 $M(x_1,x_2,\cdots,x_n)$,$N(y_1,y_2,\cdots,y_n)$ 为 $\mathbf{R}^n$ 中的两点,我们规定 M,N 两点间的距离为 $|MN|=\sqrt{(y_1-x_1)^2+(y_2-x_2)^2+\cdots+(y_n-x_n)^2}$.

显然,当 $n=1,2,3$ 时,上式就是解析几何中在直线、平面、空间中两点间的距离公式.

有了两点间的距离规定之后,就可以把平面点集中的邻域的概念推广到 $\mathbf{R}^n$ 中去.设 $P_0\in\mathbf{R}^n$,δ 是一正数,那么 $\mathbf{R}^n$ 中的点集 $U(P_0,\delta)=\{P\mid |P_0P|<\delta,P\in\mathbf{R}^n\}$ 就称为点 P_0 的 δ 邻域.

有了邻域之后,就可以把平面点集中的内点、外点、边界点、聚点、开集、闭集、区域等概念推广到 n 维空间去.

3. 多元函数的概念

(1)二元函数的概念

在很多自然现象以及实际问题中,经常会遇到一个变量依赖于多个变量的关系,下面先看几个例子.

例 8-1-1 正圆锥体的体积 V 和它的高 h 及底面半径 r 之间有关系 $V=\dfrac{1}{3}\pi r^2 h$. 当 r 和 h 在集合 $\{(r,h)\mid r>0,h>0\}$ 内取定一组数时,通过关系式 $V=\dfrac{1}{3}\pi r^2 h$,V 有唯一确定的值与之对应.

例 8-1-2 一定量的理想气体的压强 P、体积 V 和绝对温度 T 之间有关系 $P = \dfrac{RT}{V}$，其中 R 为常数. 当 V,T 在集合 $\{(V,T)|V>0,T>0\}$ 内取定一组数时，通过关系式 $P = \dfrac{RT}{V}$，P 有唯一确定的值与之对应.

上面两个例子，虽然来自不同的实际问题，但都说明，在一定的条件下三个变量之间存在着一种依赖关系，这种关系给出了一个变量与另外两个变量之间的对应法则，依照这个法则，当两个变量在允许的范围内取定一组数时，另一个变量有唯一确定的值与之对应. 由这些共性便可得到以下二元函数的定义.

定义 3：设 D 是平面上的一个点集，如果对于 D 内任意一点 $P(x,y)$，变量 z 按照一定法则总有唯一确定的值与之对应，则称 z 是变量 x,y 的**二元函数**（或称 z 是点 P 的函数），记作 $z = f(x,y),(x,y)\in D$ 或 $z = f(P),P\in D$.

其中点集 D 称为函数的**定义域**，x,y 称为**自变量**，z 称为**因变量**，数集 $\{z|z=f(x,y),(x,y)\in D\}$ 称为该函数的值域. z 是 x,y 的函数也可记为 $z=z(x,y)$.

按照定义，在例 8-1-1 和例 8-1-2 中，V 是 h 和 r 的函数，P 是 V 和 T 的函数，它们的定义域由实际问题来确定. 当二元函数仅用算式表示而未注明定义域时，约定其定义域为使算式有意义的点的集合.

例 8-1-3 求函数 $z = \sqrt{x^2+y^2-1} + \dfrac{1}{\sqrt{4-x^2-y^2}}$ 的定义域 D.

解：要使函数的解析式有意义，必须满足 $\begin{cases} x^2+y^2 \geqslant 1, \\ x^2+y^2 < 4, \end{cases}$

解得 $1 \leqslant x^2+y^2 < 4$，故定义域为 $D = \{(x,y)|1\leqslant x^2+y^2 < 4\}$.

如图 8-4 所示.

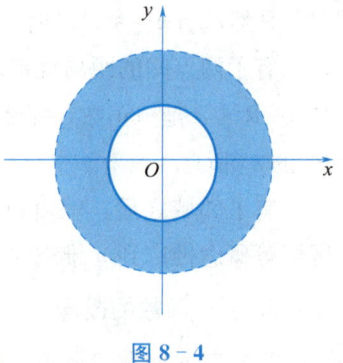

图 8-4

(2) n 元函数的概念

定义 4：设 E 是 $\mathbf{R}^n$ 中的一个点集，如果对于 E 中任意一点 $P(x_1,x_2,\cdots,x_n)$，变量 u 按照一定法则总有唯一确定的值与之对应，则称 u 是定义在 E 上的 **n 元函数**，记作
$$u = f(x_1,x_2,\cdots,x_n),(x_1,x_2,\cdots,x_n)\in E，或 u = f(P),P\in E.$$

点集 E 称为函数的**定义域**，数集 $\{u|u=f(x_1,x_2,\cdots,x_n),(x_1,x_2,\cdots,x_n)\in E\}$ 称为该函数的值域.

在定义中，分别令 $n=2$ 和 $n=3$，便得到二元函数和三元函数的定义，二元及二元以上的函数统称为多元函数.

(3) 二元函数的几何表示

设二元函数 $z = f(x,y)$ 的定义域为 D，对任一点 $(x,y)\in D$，必有唯一的 $z=$

$f(x,y)$ 与之对应. 这样, 以 x 为横坐标, y 为纵坐标, $z = f(x,y)$ 为竖坐标在空间就确定一个点 $P(x,y,z)$. 当 (x,y) 取遍 D 上一切点时, 相应地得到一个空间点集

$$\{(x,y,z) | z = f(x,y), (x,y) \in D\},$$

这个点集称为二元函数 $z = f(x,y)$ 的图形(见图 8-5). 通常 $z = f(x,y)$ 的图形是一张曲面, 函数 $f(x,y)$ 的定义域 D 便是该曲面在 xOy 面上的投影.

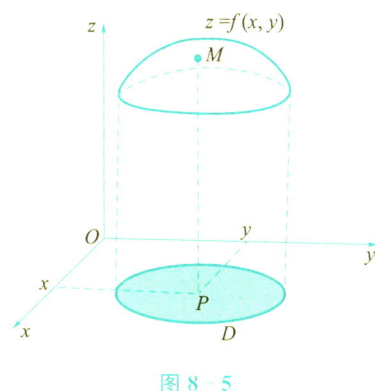

图 8-5

例如, 由空间解析几何知道, $z = ax + by + c$ 的图形是一张平面, $z = \sqrt{1-x^2-y^2}$ 表示球心在原点, 半径为 1 的上半球面, 而函数 $z = x^2 + y^2$ 的图形则是旋转抛物面.

二、二元函数的极限

设二元函数 $z = f(x,y)$ 定义在平面点集 D 上, $P_0(x_0, y_0)$ 为点集 D 的聚点, 我们来讨论当点 $P(x,y) \to P_0(x_0, y_0)$, 即点 $x \to x_0, y \to y_0$ 时函数 $z = f(x,y)$ 的极限.

这里 $P(x,y) \to P_0(x_0, y_0)$ 是指点 P 以任意的方式趋于 P_0, 即两点 P 与 P_0 之间的距离趋于零, 也就是 $|P_0 P| = \sqrt{(x-x_0)^2 + (y-y_0)^2} \to 0$.

与一元函数的极限概念类似, 如果在 $P(x,y) \to P_0(x_0, y_0)$ 的过程中, $P(x,y)$ 所对应的函数值 $f(x,y)$ 无限接近于一个常数 A, 则当 $P(x,y) \to P_0(x_0, y_0)$ 时, 函数 $z = f(x,y)$ 以 A 为极限. 下面用 "$\varepsilon - \delta$" 语言来描述这个极限的概念.

定义 5: 设二元函数 $z = f(x,y)$ 的定义域为 D, $P_0(x_0, y_0)$ 是 D 的聚点, A 是一个常数. 如果对于任意给定的正数 ε, 总存在正数 δ, 使得当 $P(x,y) \in U(P_0, \delta) \cap D$ 时, 恒有 $|f(P) - A| = |f(x,y) - A| < \varepsilon$ 成立, 则称当 $P(x,y) \to P_0(x_0, y_0)$ 时, 函数 $z = f(x,y)$ 以 A 为极限, 记为 $\lim\limits_{(x,y) \to (x_0, y_0)} f(x,y) = A$ 或 $\lim\limits_{\substack{x \to x_0 \\ y \to y_0}} f(x,y) = A$, 也记作 $\lim\limits_{P \to P_0} f(P) = A$.

二元函数的极限也称二重极限.

例 8-1-4 求 $\lim\limits_{(x,y) \to (0,0)} (x+y) \sin \dfrac{1}{x^2 + y^2}$.

解: 因为 $\lim\limits_{(x,y) \to (0,0)} (x+y) = 0$, 而 $\left| \sin \dfrac{1}{x^2 + y^2} \right| \leqslant 1$, 利用有界函数与无穷小的乘

积是无穷小，即知 $\lim\limits_{(x,y)\to(0,0)} (x+y)\sin\dfrac{1}{x^2+y^2} = 0$．

例 8-1-5 求极限 $\lim\limits_{(x,y)\to(0,0)} \dfrac{\tan xy}{x}$．

解： $\lim\limits_{(x,y)\to(0,0)} \dfrac{\tan xy}{x} = \lim\limits_{(x,y)\to(0,0)} \dfrac{xy}{x} = \lim\limits_{(x,y)\to(0,0)} y = 0$．

注： 本题也可以用夹逼定理来求解，但要注意不能将 $\dfrac{\tan xy}{x}$ 转化成 $\dfrac{\sin xy}{xy} \cdot \dfrac{y}{\cos xy}$，因为前者的定义域为 $\{(x,y)|x\neq 0\}$，而后者的定义域为 $\{(x,y)|x\neq 0$ 且 $y\neq 0\}$，如果条件变为 $y\to a(a\neq 0)$，这时就可以利用重要极限求解．

我们必须注意，所谓二重极限存在，是指 $P(x,y)$ 以任何方式趋于 $P_0(x_0,y_0)$ 时，函数 $f(x,y)$ 都无限接近于同一个常数 A．因此，当 P 以某种特殊方式趋近于 P_0，即使函数 $f(x,y)$ 无限接近于某一常数，也不能断定二重极限存在．但当 P 以某种特殊方式趋近于 P_0 时，函数 $f(x,y)$ 的极限不存在，或者当 P 沿两个特殊方式趋近于 P_0 时，函数 $f(x,y)$ 的极限存在但不相等，则可以断定二重极限不存在．

以上关于二元函数极限的有关描述，可相应地推广到一般的 n 元函数 $u=f(P)$，即 $u=f(x_1,x_2,\cdots,x_n)$ 上去．

多元函数极限的性质和运算法则与一元函数相仿，这里不再重复．

三、二元函数的连续

有了二元函数极限的概念，仿照一元函数连续性的定义，不难得出二元函数连续性的定义．

定义 6： 设二元函数 $z=f(x,y)$ 的定义域为 D，$P_0(x_0,y_0)$ 是 D 的聚点，且 $P_0 \in D$，如果 $\lim\limits_{(x,y)\to(x_0,y_0)} f(x,y) = f(x_0,y_0)$，则称二元函数 $z=f(x,y)$ 在点 P_0 处**连续**．

若记 $\Delta x = x - x_0, \Delta y = y - y_0$，则称 $\Delta z = f(x_0+\Delta x, y_0+\Delta y) - f(x_0,y_0)$ 为函数 $f(x,y)$ 在点 $P_0(x_0,y_0)$ 的**全增量**．和一元函数一样，可用增量的形式来描述连续性，即当 $\lim\limits_{(\Delta x, \Delta y)\to(0,0)} \Delta z = \lim\limits_{(\Delta x, \Delta y)\to(0,0)} [f(x_0+\Delta x, y_0+\Delta y) - f(x_0,y_0)] = 0$ 时，$f(x,y)$ 在点 $P_0(x_0,y_0)$ 处连续．

若函数 $f(x,y)$ 在 D 上每一点都连续，则称 $f(x,y)$ 在 D 上**连续**，或称 $f(x,y)$ 是 D 上的**连续函数**．

若 $f(x,y)$ 在点 P_0 处不连续，则称 P_0 是函数 $f(x,y)$ 的**间断点**．

当函数 $f(x,y)$ 在 P_0 点没有定义；或虽有定义，但当 $P\to P_0$ 时函数 $f(x,y)$ 的极限不存在；或极限虽存在，但极限值不等于该点处的函数值，则点 P_0 都是函数 $f(x,y)$ 的间断点．

客观世界的许多现象和事物不仅是运动变化的，而且其运动变化的过程往往是连绵不断的，这些连绵不断发展变化的事物在量的方面的反映就是连续函数，连续函数就是刻画变量连续变化的数学模型.

例 8-1-6 设 $f(x,y) = \begin{cases} \dfrac{xy}{\sqrt{x^2+y^2}}, & x^2+y^2 \neq 0, \\ 0, & x^2+y^2 = 0, \end{cases}$ 试判断 $f(x,y)$ 在点 $(0,0)$ 处的连续性.

解：由于 $0 \leqslant \left|\dfrac{xy}{\sqrt{x^2+y^2}}\right| \leqslant |x|$，且 $\lim\limits_{(x,y)\to(0,0)} |x| = 0$，

所以 $\lim\limits_{(x,y)\to(0,0)} \dfrac{xy}{\sqrt{x^2+y^2}} = 0 = f(0,0)$，故 $f(x,y)$ 在点 $(0,0)$ 处连续.

根据极限的运算法则和多元函数连续性的定义，不难证明多元连续函数的和、差、积、商（分母不等于零）也都是连续函数，多元连续函数的复合函数也是连续函数.

与一元初等函数类似，**多元初等函数**是指可用一个式子表示的多元函数，这个式子是由常数及具有不同自变量的一元基本初等函数经过有限次的四则运算和复合运算得到的. 例如，$\sin(x^2+y^2)$，$\ln(x+y)$ 都是多元初等函数.

根据连续函数的和、差、积、商的连续性以及连续函数的复合函数的连续性，再利用基本初等函数的连续性，我们进一步可以得出如下结论：

多元初等函数在其定义区域内是连续的. 所谓定义区域是指包含在定义域内的区域或闭区域.

由多元初等函数的连续性，如果需求极限 $\lim\limits_{P\to P_0} f(P)$，而 P_0 正是初等函数 $f(P)$ 定义区域内的一点，则 $\lim\limits_{P\to P_0} f(P) = f(P_0)$.

类似于闭区间上一元连续函数的性质，在有界闭区域上的多元连续函数具有以下几个重要性质：

性质 1（最大值、最小值定理）：在有界闭区域上连续的多元函数，在该区域上有最大值与最小值；

性质 2（有界性定理）：在有界闭区域上连续的多元函数，在该区域上有界；

性质 3（介值定理）：在有界闭区域上连续的多元函数，必能取得介于最大值与最小值之间的任何值.

思维培养

在高职高等数学的教学体系中，多元函数基本概念的学习是奠定学生逻辑思维与抽象思维的重要基石. 我们致力于引导学生深入理解多元函数的定义域、值域、连续性及可导性等核心概念，掌握其在解决实际问题中的应用. 通过系统的学习，学生将形成对多元函数性质的全面认识，学会如何根据函数特性分析其结构，理解其在多维空间中的变化规律. 这一系列的教学活动旨在培养学生的抽象思维与逻辑推理能力，使其在面对复杂的多元函数问题时，能够准确识别关键要素，合理构建分析框架，为学生后续的数

学学习及职业生涯奠定坚实的理论基础.

> 实务训练

1. 求下列函数的定义域：

(1) $z = \ln(y^2 - 2x + 3)$；

(2) $z = \dfrac{1}{\sqrt{x+y}} - \dfrac{1}{\sqrt{x-y}}$.

2. 求下列极限：

(1) $\lim\limits_{(x,y) \to (0,1)} \dfrac{1-xy}{x^2+y^2}$；(2) $\lim\limits_{(x,y) \to (0,0)} \dfrac{2-\sqrt{xy+4}}{xy}$；(3) $\lim\limits_{(x,y) \to (2,0)} \dfrac{\tan xy}{y}$.

任务二　偏导数与全微分

> 工作情境

假设我们在设计一个用于加工轴类零件的机床夹具，该零件需要在多个位置进行精确的加工操作，如钻孔、铣削等．由于零件的形状、尺寸以及夹具的设计复杂性，定位误差成为影响加工精度的关键因素之一．为了提高加工精度，我们需要利用全微分法来计算和优化定位误差．

以轴类零件在 V 形块上定位加工为例，我们可以建立以轴心线偏移量为因变量，以 V 形块定位面误差、轴径尺寸误差等为自变量的函数关系式．然后，通过全微分法求出轴心线偏移量对各个误差因素的偏导数，并代入实际误差值进行计算．

具体改进措施如下：

(1) 优化夹具设计：根据全微分法计算结果，对夹具结构进行优化设计，减少定位误差．

(2) 提高元件制造精度：提高夹具中各个元件的制造精度和装配精度，降低因元件制造误差引起的定位误差．

(3) 合理设置夹紧力：合理设置夹具对工件的夹紧力，避免工件因夹紧力过大而产生变形误差．

通过以上步骤和措施，我们可以有效地利用全微分法计算定位误差，并综合考虑多个误差因素，提高机床夹具的设计精度和加工精度．

> 知识准备

一、偏导数

1. 偏导数的概念

在一元函数中，我们通过函数的增量与自变量增量之比的极限引出了导数的概念，这个比值的极限刻画了函数对于自变量的变化率. 对于多元函数同样需要讨论它的变化率,由于多元函数的自变量多于一个,使得变化率问题变得较为复杂. 在这一节里,我们首先考虑多元函数中一个自变量的变化率,即讨论只有一个自变量变化,而其余自变量固定不变(视为常量)时函数的变化率.

定义 7：设函数 $z=f(x,y)$ 在点 (x_0,y_0) 的某邻域内有定义,当 y 固定在 y_0,而 x 在 x_0 处有增量 Δx 时（点 $(x_0+\Delta x, y_0)$ 仍在该邻域中）,相应地函数有增量 $f(x_0+\Delta x, y_0) - f(x_0, y_0)$. 如果极限 $\lim\limits_{\Delta x \to 0} \dfrac{f(x_0+\Delta x, y_0) - f(x_0, y_0)}{\Delta x}$ 存在,则称此极限为函数 $z=f(x,y)$ 在点 (x_0,y_0) 处对 x 的**偏导数**,记作 $f_x(x_0,y_0)$,$z_x(x_0,y_0)$,$\left.\dfrac{\partial f}{\partial x}\right|_{(x_0,y_0)}$ 或 $\left.\dfrac{\partial z}{\partial x}\right|_{(x_0,y_0)}$,

即
$$f_x(x_0,y_0) = \lim_{\Delta x \to 0} \frac{f(x_0+\Delta x, y_0) - f(x_0, y_0)}{\Delta x}. \tag{8-1}$$

类似地,函数 $z=f(x,y)$ 在点 (x_0,y_0) 处对 y 的**偏导数**定义为
$$\lim_{\Delta y \to 0} \frac{f(x_0, y_0+\Delta y) - f(x_0, y_0)}{\Delta y}, \tag{8-2}$$
记作 $f_y(x_0,y_0)$,$z_y(x_0,y_0)$,$\left.\dfrac{\partial f}{\partial y}\right|_{(x_0,y_0)}$ 或 $\left.\dfrac{\partial z}{\partial y}\right|_{(x_0,y_0)}$.

由偏导数的定义可知,二元函数 $z=f(x,y)$ 在点 (x_0,y_0) 处对 x 的偏导数 $f_x(x_0,y_0)$,实际上就是把 y 固定在 y_0 时,一元函数 $f(x,y_0)$ 在点 x_0 的导数 $\left.\dfrac{\mathrm{d}f(x,y_0)}{\mathrm{d}x}\right|_{x=x_0}$；$f_y(x_0,y_0)$ 就是一元函数 $f(x_0,y)$ 在点 y_0 的导数 $\left.\dfrac{\mathrm{d}f(x_0,y)}{\mathrm{d}y}\right|_{y=y_0}$.

如果函数 $z=f(x,y)$ 在区域 D 内每一点 (x,y) 处对 x 的偏导数都存在,那么这个偏导数就是 x,y 的函数,称它为函数 $z=f(x,y)$ 对自变量 x 的**偏导函数**,记作 $f_x(x,y)$,z_x,$\dfrac{\partial f}{\partial x}$ 或 $\dfrac{\partial z}{\partial x}$.

类似地,可以定义函数 $z=f(x,y)$ 对自变量 y 的**偏导函数**,记作 $f_y(x,y)$,z_y,$\dfrac{\partial f}{\partial y}$ 或 $\dfrac{\partial z}{\partial y}$. 偏导函数也简称为偏导数.

显然函数 $z=f(x,y)$ 在点 (x_0,y_0) 处对 x 的偏导数 $f_x(x_0,y_0)$ 就是偏导函数 $f_x(x,y)$ 在点 (x_0,y_0) 处的函数值；$f_y(x_0,y_0)$ 就是偏导函数 $f_y(x,y)$ 在点 (x_0,y_0) 处的函数值.

至于实际求 $z=f(x,y)$ 的偏导数,并不需要用新的方法,因为偏导数的实质就是把一个自变量固定,而将二元函数 $z=f(x,y)$ 看成是另一个自变量的一元函数的导数. 计算 $\dfrac{\partial f}{\partial x}$ 时,只要把 y 看作常数,而对 x 求导数；类似地,计算 $\dfrac{\partial f}{\partial y}$ 时,只要把 x 看作常数,而对 y 求导数.

二元以上的函数的偏导数可类似定义. 例如, 三元函数 $u = f(x,y,z)$ 在点 (x,y,z) 处对 x 的偏导数可定义为 $f_x(x,y,z) = \lim\limits_{\Delta x \to 0} \dfrac{f(x+\Delta x, y, z) - f(x,y,z)}{\Delta x}$, 其中 (x,y,z) 是函数 $u = f(x,y,z)$ 的定义域的内点.

求二元以上函数对某个自变量的偏导数也只需把其余自变量都看作常数而对该自变量求导即可.

在求偏导数时, 假定其他量不变, 视为常数, 这是分析问题的一种方式, 即在分析某一个因素对整个事情的影响时, 固定其他看一个.

例 8 - 2 - 1 求函数 $f(x,y) = (x+2y)e^x$ 在点 $(0,1)$ 处的偏导数.

解: 将 y 看成常数, 对 x 求导得 $f_x(x,y) = (1+x+2y)e^x$,

将 x 看成常数, 对 y 求导得 $f_y(x,y) = 2e^x$,

于是 $\left.\dfrac{\partial f}{\partial x}\right|_{\substack{x=0 \\ y=1}} = 3, \left.\dfrac{\partial f}{\partial y}\right|_{\substack{x=0 \\ y=1}} = 2$.

2. 偏导数的几何意义

在空间直角坐标系中, 二元函数 $z = f(x,y)$ 的图像是一个空间曲面 S. 根据偏导数的定义, $f_x(x_0, y_0)$ 就是把 y 固定在 y_0, 一元函数 $f(x, y_0)$ 在 x_0 点的导数. 而在几何上, 一元函数 $z = f(x, y_0)$ 表示曲面 S 与平面 $y = y_0$ 的交线 $C_1: \begin{cases} z = f(x,y), \\ y = y_0, \end{cases}$ 则由一元函数导数的几何意义知, $f_x(x_0, y_0)$ 就是曲线 C_1 在点 $P_0(x_0, y_0, f(x_0, y_0))$ 处的切线 $P_0 T_x$ 对 x 轴的斜率, 即 $P_0 T_x$ 与 x 轴正向所成倾角的正切 $\tan\alpha$ (见图 8 - 6).

同理, $f_y(x_0, y_0)$ 就是曲面 S 与平面 $x = x_0$ 的交线 $C_2: \begin{cases} z = f(x,y), \\ x = x_0, \end{cases}$ 在点 P_0 处的切线 $P_0 T_y$ 对 y 轴的斜率 $\tan\beta$ (见图 8 - 7).

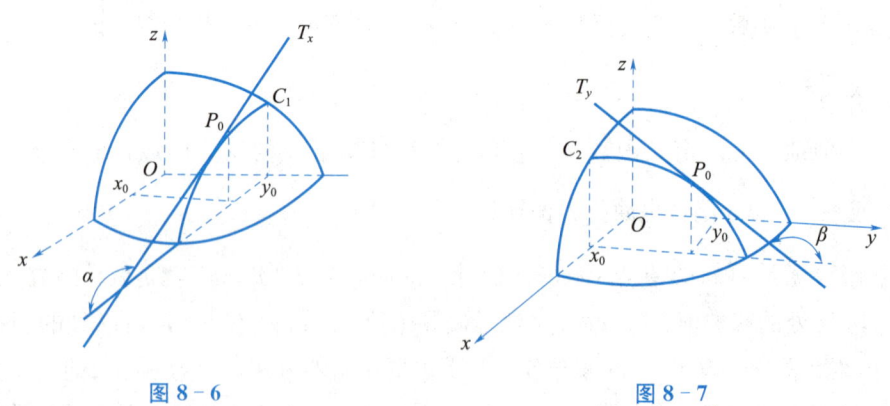

图 8 - 6   图 8 - 7

3. 偏导数与连续的关系

我们知道, 若一元函数 $y = f(x)$ 在点 x_0 处可导, 则 $f(x)$ 必在点 x_0 处连续. 但对于

二元函数 $z=f(x,y)$ 来讲，即使在点 (x_0,y_0) 处的两个偏导数都存在，也不能保证函数 $f(x,y)$ 在点 (x_0,y_0) 处连续. 这是因为偏导数 $f_x(x_0,y_0)$，$f_y(x_0,y_0)$ 存在只能保证一元函数 $z=f(x,y_0)$ 和 $z=f(x_0,y)$ 分别在 x_0 和 y_0 处连续，但不能保证 (x,y) 以任何方式趋于 (x_0,y_0) 时，函数 $f(x,y)$ 都趋于 $f(x_0,y_0)$.

例 8-2-2 求二元函数 $f(x,y)=\begin{cases}\dfrac{xy}{x^2+y^2}, & (x,y)\neq(0,0),\\ 0, & (x,y)=(0,0)\end{cases}$ 在点 $(0,0)$ 处的偏导数，并讨论它在点 $(0,0)$ 处的连续性.

解：点 $(0,0)$ 是函数 $f(x,y)$ 的分界点，类似于一元函数，分段函数分界点处的偏导数要用定义去求. $f_x(0,0)=\lim\limits_{\Delta x\to 0}\dfrac{f(0+\Delta x,0)-f(0,0)}{\Delta x}=\lim\limits_{\Delta x\to 0}\dfrac{0-0}{\Delta x}=0$，又由于函数关于自变量 x，y 是对称的，故 $f_y(0,0)=0$. 但是我们在前面练习中已经证明 $z=f(x,y)$ 在点 $(0,0)$ 处不连续.

所以 $f(x,y)$ 在点 $(0,0)$ 处的偏导数存在，但 $f(x,y)$ 在点 $(0,0)$ 不连续. 当然，$z=f(x,y)$ 在点 (x_0,y_0) 处连续也不能保证 $z=f(x,y)$ 在点 (x_0,y_0) 的偏导数存在.

4. 高阶偏导数

定义 8：设函数 $z=f(x,y)$ 在区域 D 内具有偏导数 $\dfrac{\partial z}{\partial x}=f_x(x,y)$，$\dfrac{\partial z}{\partial y}=f_y(x,y)$，一般来讲，在 D 内 $f_x(x,y)$，$f_y(x,y)$ 仍然是 x,y 的函数，如果 $f_x(x,y)$，$f_y(x,y)$ 关于 x,y 的偏导数也存在，则称 $f_x(x,y)$，$f_y(x,y)$ 的偏导数是函数 $z=f(x,y)$ 的**二阶偏导数**. 按照对两个自变量求导次序不同，二元函数 $z=f(x,y)$ 的二阶偏导数有如下四种情形：

对 x 的二阶偏导数为 $\dfrac{\partial}{\partial x}\left(\dfrac{\partial z}{\partial x}\right)=\dfrac{\partial^2 z}{\partial x^2}=\dfrac{\partial^2 f}{\partial x^2}=f_{xx}(x,y)$，

先对 x 后对 y 的二阶偏导数为 $\dfrac{\partial}{\partial y}\left(\dfrac{\partial z}{\partial x}\right)=\dfrac{\partial^2 z}{\partial x\partial y}=\dfrac{\partial^2 f}{\partial x\partial y}=f_{xy}(x,y)$，

先对 y 后对 x 的二阶偏导数为 $\dfrac{\partial}{\partial x}\left(\dfrac{\partial z}{\partial y}\right)=\dfrac{\partial^2 z}{\partial y\partial x}=\dfrac{\partial^2 f}{\partial y\partial x}=f_{yx}(x,y)$，

对 y 的二阶偏导数为 $\dfrac{\partial}{\partial y}\left(\dfrac{\partial z}{\partial y}\right)=\dfrac{\partial^2 z}{\partial y^2}=\dfrac{\partial^2 f}{\partial y^2}=f_{yy}(x,y)$.

如果二阶偏导数的偏导数存在，就称它们是函数 $f(x,y)$ 的**三阶偏导数**，例如 $\dfrac{\partial}{\partial x}\left(\dfrac{\partial^2 z}{\partial x^2}\right)=\dfrac{\partial^3 z}{\partial x^3}$，$\dfrac{\partial}{\partial y}\left(\dfrac{\partial^2 z}{\partial x^2}\right)=\dfrac{\partial^3 z}{\partial x^2\partial y}$ 等，类似地，我们可以定义四阶、五阶、…、n 阶偏导数. 二阶及二阶以上的偏导数统称为**高阶偏导数**. 如果高阶偏导数中既有对 x 也有对 y 的偏导数，则此高阶偏导数称为**混合偏导数**，例如 $\dfrac{\partial^2 z}{\partial x\partial y}$，$\dfrac{\partial^2 z}{\partial y\partial x}$.

例 8-2-3 求函数 $z=\mathrm{e}^{x+2y}$ 的所有二阶偏导数.

解：由于 $\dfrac{\partial z}{\partial x}=\mathrm{e}^{x+2y}$，$\dfrac{\partial z}{\partial y}=2\mathrm{e}^{x+2y}$，因此有

$$\frac{\partial^2 z}{\partial x^2} = \frac{\partial}{\partial x}\left(\frac{\partial z}{\partial x}\right) = \frac{\partial}{\partial x}(e^{x+2y}) = e^{x+2y},$$

$$\frac{\partial^2 z}{\partial x \partial y} = \frac{\partial}{\partial y}\left(\frac{\partial z}{\partial x}\right) = \frac{\partial}{\partial y}(e^{x+2y}) = 2e^{x+2y},$$

$$\frac{\partial^2 z}{\partial y \partial x} = \frac{\partial}{\partial x}\left(\frac{\partial z}{\partial y}\right) = \frac{\partial}{\partial x}(2e^{x+2y}) = 2e^{x+2y},$$

$$\frac{\partial^2 z}{\partial y^2} = \frac{\partial}{\partial y}\left(\frac{\partial z}{\partial y}\right) = \frac{\partial}{\partial y}(2e^{x+2y}) = 4e^{x+2y}.$$

在此例中,两个二阶混合偏导数相等,即 $\frac{\partial^2 z}{\partial x \partial y} = \frac{\partial^2 z}{\partial y \partial x}$,但这个结论并非对任何函数都成立,只有在满足一定条件时,二阶混合偏导数才与求偏导的次序无关.

定理 1:如果函数 $z = f(x, y)$ 的两个二阶混合偏导数 $\frac{\partial^2 z}{\partial x \partial y}$ 及 $\frac{\partial^2 z}{\partial y \partial x}$ 在区域 D 内连续,那么在该区域内这两个二阶混合偏导数相等.

换句话说,两个二阶混合偏导数在偏导数连续的条件下与求偏导的次序无关.

对于二元以上的函数,我们也可以类似地定义高阶偏导数.而且高阶混合偏导数在偏导数连续的条件下也与求偏导的次序无关.

例 8-2-4 验证函数 $z = \ln\sqrt{x^2 + y^2}$ 满足方程拉普拉斯(Laplace)方程 $\frac{\partial^2 z}{\partial x^2} + \frac{\partial^2 z}{\partial y^2} = 0$.

证明:因为 $z = \ln\sqrt{x^2 + y^2} = \frac{1}{2}\ln(x^2 + y^2)$,所以

$$\frac{\partial z}{\partial x} = \frac{1}{2} \cdot \frac{2x}{x^2 + y^2} = \frac{x}{x^2 + y^2}, \frac{\partial z}{\partial y} = \frac{1}{2} \cdot \frac{2y}{x^2 + y^2} = \frac{y}{x^2 + y^2},$$

所以

$$\frac{\partial^2 z}{\partial x^2} = \frac{1 \cdot (x^2 + y^2) - x \cdot 2x}{(x^2 + y^2)^2} = \frac{y^2 - x^2}{(x^2 + y^2)^2},$$

$$\frac{\partial^2 z}{\partial y^2} = \frac{1 \cdot (x^2 + y^2) - y \cdot 2y}{(x^2 + y^2)^2} = \frac{x^2 - y^2}{(x^2 + y^2)^2},$$

故

$$\frac{\partial^2 z}{\partial x^2} + \frac{\partial^2 z}{\partial y^2} = \frac{y^2 - x^2}{(x^2 + y^2)^2} + \frac{x^2 - y^2}{(x^2 + y^2)^2} = 0.$$

二、全微分

1. 全微分定义

我们知道一元函数 $y = f(x)$ 在点 x_0 可微是指:如果当自变量 x 在 x_0 处有增量 Δx 时,函数增量 Δy 可表示为 $\Delta y = f(x_0 + \Delta x) - f(x_0) = A\Delta x + o(\Delta x)$,其中 A 与 Δx 无关,$o(\Delta x)$ 是 Δx 的高阶无穷小量,则称 $y = f(x)$ 在点 x_0 可微,并称 $A\Delta x$ 为 $f(x)$ 在点 x_0 处的

微分，记为 $dy = A\Delta x$. 对于二元函数，我们也用类似的方法来定义可微性及全微分.

定义 9：设函数 $z = f(x, y)$ 在点 (x_0, y_0) 的某邻域内有定义，点 $(x_0 + \Delta x, y_0 + \Delta y)$ 为该邻域内任意一点，若函数在点 (x_0, y_0) 处的全增量 $\Delta z = f(x_0 + \Delta x, y_0 + \Delta y) - f(x_0, y_0)$ 可表示为 $\Delta z = A\Delta x + B\Delta y + o(\rho)$，其中 A, B 仅与点 (x_0, y_0) 有关，而与 $\Delta x, \Delta y$ 无关，$\rho = \sqrt{(\Delta x)^2 + (\Delta y)^2}$，$o(\rho)$ 是当 $\rho \to 0$ 时较 ρ 高阶的无穷小量，即 $\lim\limits_{\rho \to 0} \dfrac{o(\rho)}{\rho} = 0$，则称函数 $z = f(x, y)$ 在点 (x_0, y_0) 处是可微的，并称 $A\Delta x + B\Delta y$ 为函数 $z = f(x, y)$ 在点 (x_0, y_0) 处的**全微分**，记作 $dz|_{(x_0, y_0)}$，即 $dz|_{(x_0, y_0)} = A\Delta x + B\Delta y$.

2. 可微性条件

定理 2（可微的必要条件）：若 $z = f(x, y)$ 在点 (x_0, y_0) 处可微，则

(1) $f(x, y)$ 在点 (x_0, y_0) 处连续；

(2) $f(x, y)$ 在点 (x_0, y_0) 处的偏导数存在，且 $A = f_x(x_0, y_0)$，$B = f_y(x_0, y_0)$.

根据此定理，$z = f(x, y)$ 在点 (x_0, y_0) 处的全微分可以写成

$$dz|_{(x_0, y_0)} = f_x(x_0, y_0)\Delta x + f_y(x_0, y_0)\Delta y.$$

与一元函数的情形一样，由于自变量的增量等于自变量的微分，即 $\Delta x = dx$，$\Delta y = dy$，所以 $z = f(x, y)$ 在点 (x_0, y_0) 处的全微分又可以写 $dz|_{(x_0, y_0)} = f_x(x_0, y_0)dx + f_y(x_0, y_0)dy$.

如果函数 $z = f(x, y)$ 在区域 D 上每一点都可微，则称函数在区域 D 上可微，且 $z = f(x, y)$ 在 D 上全微分为 $dz = \dfrac{\partial z}{\partial x}dx + \dfrac{\partial z}{\partial y}dy$.

在一元函数中，函数在某点可导与可微是等价的，但对于多元函数来说，情形却不同，函数的偏导数存在，不一定能保证函数可微. 当偏导数存在时虽然在形式上能写出 $f_x(x_0, y_0)\Delta x + f_y(x_0, y_0)\Delta y$，但它与 Δz 的差不一定是当 $\rho \to 0$ 时较 ρ 高阶的无穷小量，只有当 $\Delta z - [f_x(x_0, y_0)\Delta x + f_y(x_0, y_0)\Delta y] = o(\rho)$ 时，即 $\lim\limits_{\rho \to 0} \dfrac{\Delta z - [f_x(x_0, y_0)\Delta x + f_y(x_0, y_0)\Delta y]}{\rho} = 0$ 时，才能说函数在该点可微.

定理 3（可微的充分条件）：若函数 $z = f(x, y)$ 的偏导数在点 (x_0, y_0) 的某邻域内存在，且 $f_x(x, y)$ 与 $f_y(x, y)$ 在点 (x_0, y_0) 处连续，则函数 $f(x, y)$ 在点 (x_0, y_0) 处可微.

3. 全微分的四则运算法则

设函数 $f(x, y), g(x, y)$ 在点 $P(x, y)$ 处可微，则

(1) $f(x, y) \pm g(x, y)$ 在点 $P(x, y)$ 处可微，且 $d[f(x, y) \pm g(x, y)] = d[f(x, y)] \pm d[g(x, y)]$；

(2) 若 k 为常数，$kf(x, y)$ 在点 $P(x, y)$ 处可微，且 $d[kf(x, y)] = kd[f(x, y)]$；

(3) $f(x, y) \cdot g(x, y)$ 在点 $P(x, y)$ 处可微，且

$$d[f(x, y) \cdot g(x, y)] = g(x, y)d[f(x, y)] + f(x, y)d[g(x, y)];$$

(4) 当 $g(x,y) \neq 0$ 时，$\dfrac{f(x,y)}{g(x,y)}$ 在点 $P(x,y)$ 处可微，且

$$d\left[\dfrac{f(x,y)}{g(x,y)}\right] = \dfrac{g(x,y)d[f(x,y)] - f(x,y)d[g(x,y)]}{g^2(x,y)}.$$

例 8-2-5 求 $u = xe^{xy+2z}$ 的全微分．

解一： 因为

$$\dfrac{\partial u}{\partial x} = e^{xy+2z} + xe^{xy+2z} \cdot y = (1+xy)e^{xy+2z},$$

$$\dfrac{\partial u}{\partial y} = xe^{xy+2z} \cdot x = x^2 e^{xy+2z},\ \dfrac{\partial u}{\partial z} = xe^{xy+2z} \cdot 2 = 2xe^{xy+2z},$$

所以
$$du = e^{xy+2z}[(1+xy)dx + x^2 dy + 2x dz].$$

解二： $du = d[xe^{xy+2z}] = e^{xy+2z}dx + xd[e^{xy+2z}] = e^{xy+2z}dx + xe^{xy+2z}d[xy+2z]$

$= e^{xy+2z}dx + xe^{xy+2z}[d(xy)+2z] = e^{xy+2z}[(1+xy)dx + x^2 dy + 2x dz].$

例 8-2-6 要做一个无盖的圆柱形容器，其内半径为 2m，高为 4m，厚度为 0.01m，求需要材料的体积大约是多少？

解： 设圆柱底半径为 r，高为 h，则其体积为 $V = \pi r^2 h$，$\dfrac{\partial V}{\partial r} = 2\pi rh$，$\dfrac{\partial V}{\partial h} = \pi r^2$，

当 r, h 分别有增量 $\Delta r, \Delta h$ 时，$\Delta V \approx dV = 2\pi rh \Delta r + \pi r^2 \Delta h$，

用 $r = 2, h = 4, \Delta r = \Delta h = 0.01$ 代入，得到所求体积的近似值为

$$\Delta V \approx 2\pi \times 2 \times 4 \times 0.01 + \pi \times 2^2 \times 0.01,$$

所以需要材料的体积大约为 0.628m^3．

思维培养

在高职高等数学课程中，偏导数与全微分的求导是锻炼学生逻辑思维与数学分析能力的重要内容．我们致力于引导学生深入理解偏导数的定义与几何意义，掌握其在多元函数极值、方向导数等计算中的应用．同时，通过系统的学习，学生将掌握全微分的概念与计算方法，理解其在函数近似表示与误差分析中的作用．这一系列的教学活动旨在培养学生面对多元函数时，能够准确识别变量关系、灵活运用求导法则、严谨推导计算结果的思维品质，为学生后续的数学学习及职业生涯奠定坚实的数学基础．

实务训练

1. 求下列函数的偏导数：

(1) $z = x^3 y - y^3 x$；

(2) $z = \dfrac{x^2 + y^2}{xy}$；

(3) $z = \sqrt{\ln xy}$；

(4) $z = \sin xy + \cos^2 xy$．

2. 求 $z = x^4 + y^4 - 4x^2 y^2$ 的二阶偏导数．

3. 求下列函数的全微分：

(1) $z = xy + \dfrac{x}{y}$；

(2) $z = e^{\frac{x}{y}}$.

4. 求 $z = \ln(1 + x^2 + y^2)$ 当 $x = 1, y = 2$ 时的全微分.

任务三　多元复合函数和隐函数的求导

工作情境

在机械零件的设计中，零件的应力分布和变形量往往是多个设计参数的多元复合函数．通过求导，可以分析各参数对零件性能的影响，优化设计方案．此外，在机械系统的动态分析中，系统的响应可能隐含在复杂的方程组中，利用隐函数求导法可以求解这些方程组，分析系统的动态特性．这些应用有助于提高机械制造的精度和效率，确保产品的质量和性能.

知识准备

一、多元复合函数的求导法则

在一元函数中，我们介绍了复合函数的求导法则：如果函数 $u = \varphi(x)$ 在点 x 处可导而 $y = f(u)$ 在对应点 $u(u = \varphi(x))$ 处可导，则复合函数 $y = f[\varphi(x)]$ 在点 x 处可导，且有

$$\frac{dy}{dx} = \frac{dy}{du} \cdot \frac{du}{dx} = f'(u) \cdot \varphi'(x).$$

现在将这一元函数微分法则推广到多元复合函数的情形，并按照多元复合函数的不同复合情形，分三种情况讨论.

(1) 复合函数的中间变量均为一元函数的情形

定理 4：设函数 $u = \varphi(t), v = \psi(t)$ 在点 t 处可导，函数 $z = f(u, v)$ 在对应点 (u, v) 处可微，则复合函数 $z = f[\varphi(t), \psi(t)]$ 在点 t 处可导，并且有

$$\frac{dz}{dt} = \frac{\partial z}{\partial u}\frac{du}{dt} + \frac{\partial z}{\partial v}\frac{dv}{dt}. \tag{8-3}$$

为了便于掌握复合函数的求导法则，我们常用函数结构图来表示变量之间的复合关系．如定理 1 的函数结构如图 8-8 所示.

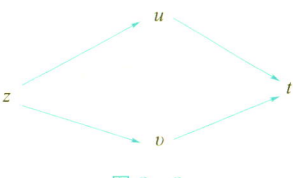

图 8-8

从函数结构图中可以看到：一方面，从 z 引出两个箭头指向中间变量 u, v，表示 z 是 u, v 的函数，同理 u 和 v 都是 t 的函数；另一方面，由 z 出发通过中间变量到达 t 的链有两条，这表示 z 对 t 的导数是两项之和，而每条链由两个箭头组成，表示每项由两个导数相乘而得，如 $z \to u \to t$ 表示

$\frac{\partial z}{\partial u}\frac{du}{dt}$,$z\to v\to t$ 表示 $\frac{\partial z}{\partial v}\frac{dv}{dt}$,因此 $\frac{dz}{dt}=\frac{\partial z}{\partial u}\frac{du}{dt}+\frac{\partial z}{\partial v}\frac{dv}{dt}$.

注意这里 u 和 v 都是 t 的一元函数,u,v 对 t 的导数用记号 $\frac{du}{dt}$,$\frac{dv}{dt}$ 表示,z 是 u,v 的二元函数,其对应的导数是偏导数,用记号 $\frac{\partial z}{\partial u}$,$\frac{\partial z}{\partial v}$ 表示,函数经过复合之后,最终 z 是 t 的一元函数,故 z 对 t 的导数用记号 $\frac{dz}{dt}$ 表示,称 $\frac{dz}{dt}$ 为**全导数**,公式 (8-3) 称为**全导数公式**.

公式 (8-1) 可以推广到复合函数的中间变量多于两个的情形. 例如,由 $z=f(u,v,w)$ $u=\varphi(t)$,$v=\psi(t)$,$w=\omega(t)$ 复合而成的复合函数 $z=f[\varphi(t),\psi(t),\omega(t)]$,在与定理 4 类似的条件下有全导数公式

$$\frac{dz}{dt}=\frac{\partial z}{\partial u}\frac{du}{dt}+\frac{\partial z}{\partial v}\frac{dv}{dt}+\frac{\partial z}{\partial w}\frac{dw}{dt}. \qquad (8-4)$$

它的函数结构如图 8-9 所示.

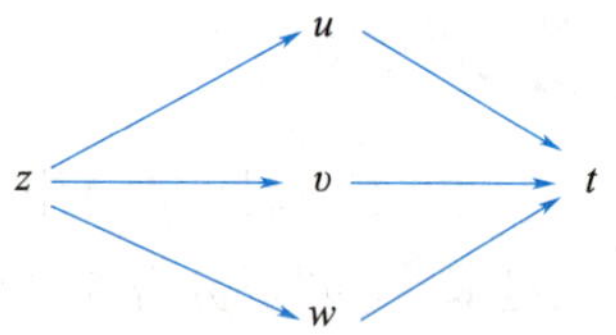

图 8-9

例 8-3-1 设 $z=uv$,$u=e^t$,$v=\cos t$,求 $\frac{dz}{dt}$.

解:由全导数公式 (8-3),有

$$\frac{dz}{dt}=\frac{\partial z}{\partial u}\frac{du}{dt}+\frac{\partial z}{\partial v}\frac{dv}{dt}=ve^t+u(-\sin t)=e^t(\cos t-\sin t).$$

例 8-3-2 设 $u=e^x(y-z)$,$x=t$,$y=\sin t$,$z=\cos t$,求 $\frac{du}{dt}$.

解:由全导数公式 (8-3),有

$$\frac{du}{dt}=\frac{\partial u}{\partial x}\frac{dx}{dt}+\frac{\partial u}{\partial y}\frac{dy}{dt}+\frac{\partial u}{\partial z}\frac{dz}{dt}$$
$$=e^x(y-z)+e^x\cos t+e^x\sin t$$
$$=2e^t\sin t.$$

(2) 复合函数的中间变量均为多元函数的情形

定理 5:若 $u=\varphi(x,y)$,$v=\psi(x,y)$ 在点 (x,y) 处都存在偏导数,$z=f(u,v)$ 在对应点 (u,v) 处可微,则复合函数 $z=f[\varphi(x,y),\psi(x,y)]$ 在点 (x,y) 处存在偏导数,且有

$$\frac{\partial z}{\partial x}=\frac{\partial z}{\partial u}\frac{\partial u}{\partial x}+\frac{\partial z}{\partial v}\frac{\partial v}{\partial x}, \qquad (8-5)$$

$$\frac{\partial z}{\partial y}=\frac{\partial z}{\partial u}\frac{\partial u}{\partial y}+\frac{\partial z}{\partial v}\frac{\partial v}{\partial y}. \qquad (8-6)$$

定理 5 的函数结构如图 8-10 所示.

我们可以借助函数结构图,直接写出公式 (8-5) 和公式 (8-6),如 z 到 x 的链有两条,即 $\frac{\partial z}{\partial x}$ 为两项之和,$z\to u\to x$ 表示 $\frac{\partial z}{\partial u}\frac{\partial u}{\partial x}$,$z\to v\to x$ 表示 $\frac{\partial z}{\partial v}\frac{\partial v}{\partial x}$,因此 $\frac{\partial z}{\partial x}=\frac{\partial z}{\partial u}\frac{\partial u}{\partial x}+\frac{\partial z}{\partial v}\frac{\partial v}{\partial x}$.

公式 (8-5) 和公式 (8-6) 可以推广到中间变量或自变量

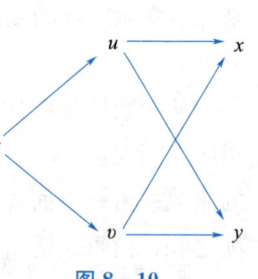

图 8-10

多于两个的情形. 例如, 设 $u=\varphi(x,y), v=\psi(x,y), w=\omega(x,y)$ 在点 (x,y) 处都具有偏导数, 而函数 $z=f(u,v,w)$ 在对应点 (u,v,w) 可微, 则复合函数 $z=f[\varphi(x,y),\psi(x,y),\omega(x,y)]$ 在点 (x,y) 处具有偏导数, 且

$$\frac{\partial z}{\partial x}=\frac{\partial z}{\partial u}\frac{\partial u}{\partial x}+\frac{\partial z}{\partial v}\frac{\partial v}{\partial x}+\frac{\partial z}{\partial w}\frac{\partial w}{\partial x},$$

$$\frac{\partial z}{\partial y}=\frac{\partial z}{\partial u}\frac{\partial u}{\partial y}+\frac{\partial z}{\partial v}\frac{\partial v}{\partial y}+\frac{\partial z}{\partial w}\frac{\partial w}{\partial y}.$$

它的函数结构如图 8-11 所示.

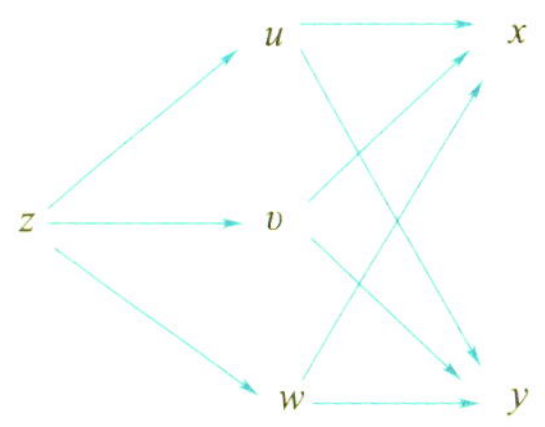

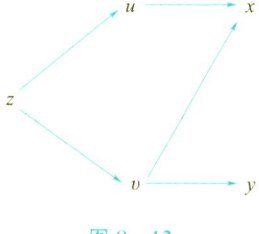

图 8-11

例 8-3-3 设 $z=\mathrm{e}^{xy}\sin(x+y)$, 求 $\frac{\partial z}{\partial x}, \frac{\partial z}{\partial y}$.

解: 令 $u=xy, v=x+y$, 则 $z=\mathrm{e}^u\sin v$, 所以

$$\frac{\partial z}{\partial x}=\frac{\partial z}{\partial u}\frac{\partial u}{\partial x}+\frac{\partial z}{\partial v}\frac{\partial v}{\partial x}=\mathrm{e}^u\sin v\cdot y+\mathrm{e}^u\cos v\cdot 1=\mathrm{e}^{xy}[y\sin(x+y)+\cos(x+y)]$$

$$\frac{\partial z}{\partial y}=\frac{\partial z}{\partial u}\frac{\partial u}{\partial y}+\frac{\partial z}{\partial v}\frac{\partial v}{\partial y}=\mathrm{e}^u\sin v\cdot x+\mathrm{e}^u\cos v\cdot 1=\mathrm{e}^{xy}[x\sin(x+y)+\cos(x+y)].$$

(3) 复合函数的中间变量既有一元函数和又有多元函数的情形

定理 6: 设函数 $u=\varphi(x)$ 在点 x 处可导, $v=\psi(x,y)$ 在点 (x,y) 处存在偏导数, 而 $z=f(u,v)$ 在对应点 (u,v) 处可微, 则复合函数 $z=f[\varphi(x),\psi(x,y)]$ 在点 (x,y) 处存在偏导数, 且有

$$\frac{\partial z}{\partial x}=\frac{\partial z}{\partial u}\frac{\partial u}{\partial x}+\frac{\partial z}{\partial v}\frac{\partial v}{\partial x}, \qquad (8-7)$$

$$\frac{\partial z}{\partial y}=\frac{\partial z}{\partial v}\frac{\partial v}{\partial y}. \qquad (8-8)$$

定理 6 的函数结构如图 8-12 所示.

情形(3)中有一个特殊情形, 复合函数的某些中间变量又是复合函数的自变量.

定理 7: 设 $z=f(u,x,y)$ 具有连续偏导数, 而 $u=\varphi(x,y)$ 具有偏导数, 则复合函数 $z=f[\varphi(x,y),x,y]$ 在点 (x,y) 处存在偏导数, 且有

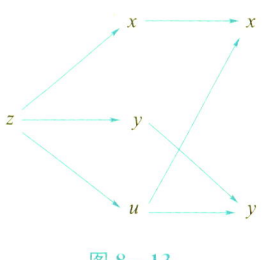

图 8-12

$$\frac{\partial z}{\partial x}=\frac{\partial f}{\partial u}\frac{\partial u}{\partial x}+\frac{\partial f}{\partial x}, \qquad (8-9)$$

$$\frac{\partial z}{\partial y}=\frac{\partial f}{\partial u}\frac{\partial u}{\partial y}+\frac{\partial f}{\partial y}. \qquad (8-10)$$

定理 7 的函数结构如图 8-13 所示.

为了避免混淆, 公式(8-9)和公式(8-10)右端的 z 换成了 f, 要注意 $\frac{\partial z}{\partial x}$ 和 $\frac{\partial f}{\partial x}$ 是不同的, $\frac{\partial f}{\partial x}$ 是把 $f(u,x,y)$ 中的 u 及 y 看成不变而对 x 求偏导数, $\frac{\partial z}{\partial x}$ 是把复合函数 $z=f[\varphi(x,y),x,y]$ 中的 y 看成不变而对 x 求偏导数.

图 8-13

例 8-3-4 设 $u = f(x,y,z) = e^{x^2+y^2+z^2}$，而 $z = x^2 \sin y$，求 $\dfrac{\partial u}{\partial x}, \dfrac{\partial u}{\partial y}$.

解：
$$\frac{\partial u}{\partial x} = \frac{\partial f}{\partial x} + \frac{\partial f}{\partial z}\frac{\partial z}{\partial x} = 2xe^{x^2+y^2+z^2} + 2ze^{x^2+y^2+z^2} \cdot 2x\sin y$$
$$= 2x(1+2x^2\sin^2 y)e^{x^2+y^2+x^4\sin^2 y},$$

$$\frac{\partial u}{\partial y} = \frac{\partial f}{\partial y} + \frac{\partial f}{\partial z}\frac{\partial z}{\partial y} = 2ye^{x^2+y^2+z^2} + 2ze^{x^2+y^2+z^2} \cdot x^2\cos y$$
$$= 2(y+x^4\sin y\cos y)e^{x^2+y^2+x^4\sin^2 y}.$$

我们知道，一元函数的微分具有一阶微分形式的不变性，即不论 x 是自变量还是中间变量，对 $y=f(x)$ 都有 $dy=f'(x)dx$. 多元函数的一阶全微分也具有同样的性质.

设函数 $z=f(u,v)$ 具有连续的偏导数，如果 u,v 是自变量，则全微分为 $dz = \dfrac{\partial z}{\partial u}du + \dfrac{\partial z}{\partial v}dv$. 如果 u,v 是中间变量 $u=\varphi(x,y), v=\psi(x,y)$，且它们具有连续偏导数，则复合函数 $z=f[\varphi(x,y),\psi(x,y)]$ 的全微分为 $dz = \dfrac{\partial z}{\partial x}dx + \dfrac{\partial z}{\partial y}dy$.

将多元复合函数求导公式（8-5）和（8-6）代入上式，则有

$$dz = \left(\frac{\partial z}{\partial u}\frac{\partial u}{\partial x} + \frac{\partial z}{\partial v}\frac{\partial v}{\partial x}\right)dx + \left(\frac{\partial z}{\partial u}\frac{\partial u}{\partial y} + \frac{\partial z}{\partial v}\frac{\partial v}{\partial y}\right)dy \tag{8-11}$$
$$= \frac{\partial z}{\partial u}\left(\frac{\partial u}{\partial x}dx + \frac{\partial u}{\partial y}dy\right) + \frac{\partial z}{\partial v}\left(\frac{\partial v}{\partial x}dx + \frac{\partial v}{\partial y}dy\right).$$

注意到 $u=\varphi(x,y), v=\psi(x,y)$ 具有连续偏导数，则有

$$du = \frac{\partial u}{\partial x}dx + \frac{\partial u}{\partial y}dy, \quad dv = \frac{\partial v}{\partial x}dx + \frac{\partial v}{\partial y}dy. \tag{8-12}$$

将（8-12）代入（8-11）式，得 $dz = \dfrac{\partial z}{\partial u}du + \dfrac{\partial z}{\partial v}dv$.

由此可见，无论 z 是自变量 u,v 的函数还是中间变量 u,v 的函数，其全微分的形式是一样的，这个性质称为**一阶全微分形式的不变性**，类似地可以证明三元及三元以上的函数的全微分也具有这一性质.

例 8-3-5 设 $z=f(u,v)$，求 $z=f(x^2-y^2,e^{xy})$ 对 x 及 y 的偏导数.

解：
$$\frac{\partial z}{\partial x} = 2xf_1(x^2-y^2,e^{xy}) + ye^{xy}f_2(x^2-y^2,e^{xy}),$$
$$\frac{\partial z}{\partial y} = -2yf_1(x^2-y^2,e^{xy}) + xe^{xy}f_2(x^2-y^2,e^{xy}).$$

二、隐函数微分法

1. 一个方程所确定的隐函数的微分法

在前面导数与微分中已经提出了隐函数的概念，并且指出在不经过显式化的情况下，直接由方程 $F(x,y)=0$，求出它所确定的隐函数 $y=f(x)$ 的导数的方法.

项目八　多元函数微分法及其应用

这里，有些问题尚待解决：在什么条件下，方程 $F(x,y)=0$ 可以确定一个隐函数；在什么条件下，方程 $F(x,y)=0$ 所确定的隐函数 $y=f(x)$ 是连续且可导的，下面的定理给出了回答．

定理 8（隐函数存在定理 1）：设函数 $F(x,y)$ 在点 (x_0,y_0) 的某一邻域内具有连续的偏导数 $F_x(x,y),F_y(x,y)$，且 $F(x_0,y_0)=0,F_y(x_0,y_0)\neq 0$，则方程 $F(x,y)=0$ 在点 (x_0,y_0) 的某一邻域内能唯一确定一个单值连续且具有连续导数的函数 $y=f(x)$，它满足条件 $y_0=f(x_0)$，并有

$$\frac{\mathrm{d}y}{\mathrm{d}x}=-\frac{F_x(x,y)}{F_y(x,y)}. \tag{8-13}$$

这就是隐函数的求导公式．

与定理 5 一样，我们同样可以由三元函数 $F(x,y,z)$ 的性质来判断由方程

$$F(x,y,z)=0$$

所确定的二元函数 $z=f(x,y)$ 的存在性及求偏导数的公式，这就是下面的定理．

定理 9（隐函数存在定理 2）：设函数 $F(x,y,z)$ 在点 (x_0,y_0,z_0) 的某一邻域内具有连续的偏导数且 $F(x_0,y_0,z_0)=0,F_z(x_0,y_0,z_0)\neq 0$，则方程 $F(x,y,z)=0$ 在点 (x_0,y_0,z_0) 的某一邻域内能唯一确定一个单值连续且具有连续偏导数的函数 $z=f(x,y)$，它满足条件 $z_0=f(x_0,y_0)$，并有

$$\frac{\partial z}{\partial x}=-\frac{F_x}{F_z},\frac{\partial z}{\partial y}=-\frac{F_y}{F_z}. \tag{8-14}$$

例 8-3-6　设 $z=z(x,y)$ 是由方程 $2x^2+y^2+z^2-2z=0$ 确定的隐函数，求 $\frac{\partial z}{\partial x},\frac{\partial z}{\partial y}$．

解一（公式法）：设 $F(x,y,z)=2x^2+y^2+z^2-2z$，

则 $F_x=4x,F_y=2y,F_z=2z-2$，由公式（12）得

$$\frac{\partial z}{\partial x}=-\frac{F_x}{F_z}=-\frac{4x}{2z-2}=\frac{2x}{1-z},\frac{\partial z}{\partial y}=-\frac{F_y}{F_z}=-\frac{2y}{2z-2}=\frac{y}{1-z}.$$

解二（直接法）：在方程 $2x^2+y^2+z^2-2z=0$ 两边同时对 x,y 求偏导数，将 z 看成是 x,y 的函数，得 $4x+2z\frac{\partial z}{\partial x}-2\frac{\partial z}{\partial x}=0,2y+2z\frac{\partial z}{\partial y}-2\frac{\partial z}{\partial y}=0$，于是 $\frac{\partial z}{\partial x}=\frac{2x}{1-z}$，$\frac{\partial z}{\partial y}=\frac{y}{1-z}$．

解三（全微分法）：利用全微分形式不变性，在方程 $2x^2+y^2+z^2-2z=0$ 两边求全微分得 $4x\mathrm{d}x+2y\mathrm{d}y+2z\mathrm{d}z-2\mathrm{d}z=0$，

即 $\mathrm{d}z=\frac{2x}{1-z}\mathrm{d}x+\frac{y}{1-z}\mathrm{d}y$，于是 $\frac{\partial z}{\partial x}=\frac{2x}{1-z},\frac{\partial z}{\partial y}=\frac{y}{1-z}$．

2. 方程组所确定的隐函数的微分法

下面我们将隐函数存在定理作另一方面的推广，不仅增加方程中变量的个数，而且

增加方程的个数.

定理 10（隐函数存在定理 3）：设函数 $F(x,y,u,v)$，$G(x,y,u,v)$ 在点 (x_0,y_0,u_0,v_0) 的某一邻域内对各个变量具有连续的偏导数，又 $F(x_0,y_0,u_0,v_0)=0$，$G(x_0,y_0,u_0,v_0)=0$，且偏导数所组成的函数行列式（或称雅可比行列式）$J = \dfrac{\partial(F,G)}{\partial(u,v)} = \begin{vmatrix} \dfrac{\partial F}{\partial u} & \dfrac{\partial F}{\partial v} \\ \dfrac{\partial G}{\partial u} & \dfrac{\partial G}{\partial v} \end{vmatrix}$ 在点 (x_0,y_0,u_0,v_0) 不等于零，则方程组 $\begin{cases} F(x,y,u,v)=0, \\ G(x,y,u,v)=0 \end{cases}$ 在点 (x_0,y_0,u_0,v_0) 的某邻域内能唯一确定一组单值连续且具有连续偏导数的函数 $u=u(x,y)$，$v=v(x,y)$，且它们满足条件

$$\frac{\partial u}{\partial x} = -\frac{1}{J} \cdot \frac{\partial(F,G)}{\partial(x,v)}, \quad \frac{\partial v}{\partial x} = -\frac{1}{J} \cdot \frac{\partial(F,G)}{\partial(u,x)}$$

$$\frac{\partial u}{\partial y} = -\frac{1}{J} \cdot \frac{\partial(F,G)}{\partial(y,v)}, \quad \frac{\partial v}{\partial y} = -\frac{1}{J} \cdot \frac{\partial(F,G)}{\partial(u,y)}$$

(8-15)

此处仅对公式 (8-15) 作如下推导.

将 $u=u(x,y)$，$v=v(x,y)$ 代入方程组 $\begin{cases} F(x,y,u,v)=0, \\ G(x,y,u,v)=0, \end{cases}$ 得

$\begin{cases} F(x,y,u(x,y),v(x,y)) \equiv 0, \\ G(x,y,u(x,y),v(x,y)) \equiv 0, \end{cases}$ 应用复合函数求导法则，将恒等式两端分别对 x 求偏导数，得 $\begin{cases} F_x + F_u \dfrac{\partial u}{\partial x} + F_v \dfrac{\partial v}{\partial x} = 0, \\ G_x + G_u \dfrac{\partial u}{\partial x} + G_v \dfrac{\partial v}{\partial x} = 0, \end{cases}$ 或 $\begin{cases} F_u \dfrac{\partial u}{\partial x} + F_v \dfrac{\partial v}{\partial x} = -F_x \\ G_u \dfrac{\partial u}{\partial x} + G_v \dfrac{\partial v}{\partial x} = -G_x \end{cases}$

这是关于 $\dfrac{\partial u}{\partial x}$，$\dfrac{\partial v}{\partial x}$ 的线性方程组，由定理 8 的条件可知在点 (x_0,y_0,u_0,v_0) 的某邻域内系数行列式 $J = \dfrac{\partial(F,G)}{\partial(u,v)} = \begin{vmatrix} \dfrac{\partial F}{\partial u} & \dfrac{\partial F}{\partial v} \\ \dfrac{\partial G}{\partial u} & \dfrac{\partial G}{\partial v} \end{vmatrix} \neq 0$，从而可得到唯一的一组解

$$\frac{\partial u}{\partial x} = \frac{\begin{vmatrix} -F_x & F_v \\ -G_x & G_v \end{vmatrix}}{\begin{vmatrix} F_u & F_v \\ G_u & G_v \end{vmatrix}} = -\frac{\begin{vmatrix} F_x & F_v \\ G_x & G_v \end{vmatrix}}{\begin{vmatrix} F_u & F_v \\ G_u & G_v \end{vmatrix}} = -\frac{1}{J} \cdot \frac{\partial(F,G)}{\partial(x,v)},$$

$$\frac{\partial v}{\partial x} = \frac{\begin{vmatrix} F_u & -F_x \\ G_u & -G_x \end{vmatrix}}{\begin{vmatrix} F_u & F_v \\ G_u & G_v \end{vmatrix}} = -\frac{\begin{vmatrix} F_u & F_x \\ G_u & G_x \end{vmatrix}}{\begin{vmatrix} F_u & F_v \\ G_u & G_v \end{vmatrix}} = -\frac{1}{J} \cdot \frac{\partial(F,G)}{\partial(u,x)}.$$

同理，可求得 $\dfrac{\partial u}{\partial y}$，$\dfrac{\partial v}{\partial y}$.

例 8-3-7 求由方程组 $\begin{cases} x+y+u+v=1, \\ x^2+y^2+u^2+v^2=2 \end{cases}$ 确定的函数的偏导数 $\dfrac{\partial u}{\partial x}$, $\dfrac{\partial v}{\partial x}$.

解：此题可直接利用公式（8-15）求解，但也可依照公式（8-15）的推导公式方法求解. 下面我们用后一种方法.

将所给方程两边同时对 x 求导，得

$$\begin{cases} 1+\dfrac{\partial u}{\partial x}+\dfrac{\partial v}{\partial x}=0, \\ 2x+2u\dfrac{\partial u}{\partial x}+2v\dfrac{\partial v}{\partial x}=0, \end{cases} \text{或} \begin{cases} \dfrac{\partial u}{\partial x}+\dfrac{\partial v}{\partial x}=-1, \\ u\dfrac{\partial u}{\partial x}+v\dfrac{\partial v}{\partial x}=-x, \end{cases}$$

当系数行列式 $J=\begin{vmatrix} 1 & 1 \\ u & v \end{vmatrix}=v-u\neq 0$ 时，可解得 $\dfrac{\partial u}{\partial x}=\dfrac{x-v}{v-u}$, $\dfrac{\partial v}{\partial x}=\dfrac{u-x}{v-u}$.

一般求方程组所确定的隐函数的导数（或偏导数），通常不用隐函数存在定理中的公式求解，而是按照推导公式的过程进行计算，即对各方程的两边同时关于自变量求导（或偏导数），得到所求导数（或偏导数）的方程组，再解出所求量.

▶ 思维培养

在高职高等数学教育中，多元复合函数与隐函数的求导是深化学生逻辑思维与数学运算能力的重要环节. 我们注重引导学生深入理解链式法则与隐函数定理，掌握其在多元函数导数计算中的应用. 通过系统的训练，学生将学会如何根据函数结构特征，准确识别复合关系与隐函数关系，灵活应用导数计算公式. 这一过程不仅锻炼了学生的数学推理能力，更培养了其面对复杂函数求导问题时，能够条理清晰、步骤明确地解决问题的思维习惯，为学生后续的数学学习及职业生涯奠定了坚实的数学基础.

▶ 实务训练

1. 设 $z=u^2+v^2$，而 $u=x+y, v=x-y$，求 $\dfrac{\partial z}{\partial x}$, $\dfrac{\partial z}{\partial y}$.

2. 设 $\sin y+\mathrm{e}^x-xy^2=0$，求 $\dfrac{\mathrm{d}y}{\mathrm{d}x}$.

3. 求由方程组 $\begin{cases} z=x^2+y^2, \\ x^2+2y^2+3z^2=20 \end{cases}$ 所确定的函数的导数 $\dfrac{\mathrm{d}y}{\mathrm{d}x}$ 与 $\dfrac{\mathrm{d}z}{\mathrm{d}x}$.

任务四　多元函数的极值

▶ 工作情境

假设我们是一家汽车制造公司的工程师，需要设计一款新车的油箱. 油箱的形状和尺寸对汽车的燃油效率和制造成本都有显著影响. 为了简化问题, 我们假设油箱的体积 V（单位：升）与其长度 x（单位：米）和宽度 y（单位：米）之间的关系可以通过以下公式给出（注意：这只是一个简化的示例, 实际油箱体积可能涉及更复杂的几何关系）：$V(x,y) = 4xy$. 同时, 考虑到材料成本和制造工艺, 油箱的表面积 S（单位：平方米）也是一个重要的考虑因素, 因为它与所需的材料量直接相关. 表面积 S 可以表示为 $S = 2x^2 + 2y^2 + 4xy$. 我们的目标是找到一个油箱的尺寸（即 x 和 y 的值）, 使得在给定体积下, 表面积最小, 从而降低成本.

> **知识准备**

一、多元函数的极值

引例：（1）观察函数 $z = \dfrac{x^2}{4} + \dfrac{y^2}{9}$ 在点 $(0,0)$ 的某邻域内函数值的变化（见图 8-14）.

（2）观察函数 $z = 4 - x^2 - y^2$ 在点 $(0,0)$ 的某邻域内函数值的变化（见图 8-15）.

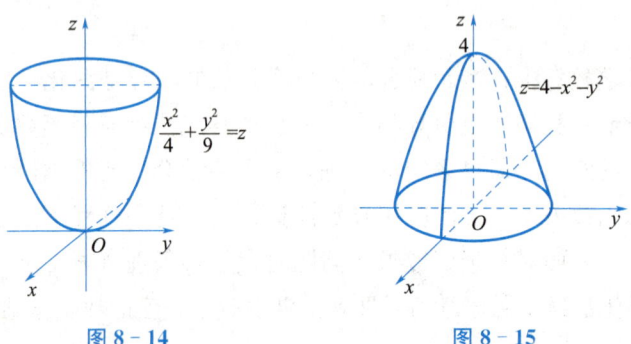

图 8-14   图 8-15

分析：（1）中在点 $(0,0)$ 的某邻域内异于 $(0,0)$ 的点 (x,y), 有 $z(x,y) \geqslant z(0,0) = 0$；

（2）中在点 $(0,0)$ 的某邻域内异于 $(0,0)$ 的点 (x,y), 有 $z(x,y) \leqslant z(0,0) = 4$.

定义 9：设函数 $z = f(x,y)$ 的定义域为 D, 点 $P_0(x_0, y_0)$ 为 D 的内点, 若存在 P_0 的某个邻域 $U(P_0) \subset D$, 使得对于该邻域内异于 P_0 的任何点 (x,y), 都有 $f(x,y) < f(x_0, y_0)$, 则称函数 $f(x,y)$ 在点 (x_0, y_0) 处有**极大值** $f(x_0, y_0)$, 点 (x_0, y_0) 称为函数 $f(x,y)$ 的**极大值点**；若对于该邻域内异于 P_0 的任何点 (x,y), 都有 $f(x,y) > f(x_0, y_0)$, 则称函数 $f(x,y)$ 在点 (x_0, y_0) 有**极小值** $f(x_0, y_0)$, 点 (x_0, y_0) 称为函数 $f(x,y)$ 的**极小值点**. 极大值、极小值统称为**极值**, 使函数取得极值的点 (x_0, y_0) 称为**极值点**.

注意，这里所讨论的极值点只限于定义域的内点.

对于可导的一元函数的极值, 可以用一阶、二阶导数来解决, 类似地, 对于偏导数存在的二元函数的极值问题, 也可以利用偏导数来解决.

定理 11（**极值的必要条件**）：设函数 $z = f(x,y)$ 在点 $P_0(x_0, y_0)$ 处具有偏导数, 且在 $P_0(x_0, y_0)$ 处取得极值, 则必有 $f_x(x_0, y_0) = 0$, $f_y(x_0, y_0) = 0$.

凡使得 $f_x(x,y)=0, f_y(x,y)=0$ 同时成立的点 (x_0,y_0) 称为函数 $f(x,y)$ 的<u>驻点或稳定点</u>. 由定理 11 可知, 偏导数存在的函数的极值点必定是驻点, 但反过来, 驻点未必是极值点. 如函数 $h(x,y)=xy$, 显然有 $h_x(0,0)=0, h_y(0,0)=0$, 即点 $(0,0)$ 为驻点, 但点 $(0,0)$ 却不是极值点. 那么怎样判定一个驻点是不是极值点呢? 下面的定理回答了这个问题.

定理 12（极值的充分条件）: 设函数 $z=f(x,y)$ 在点 $P_0(x_0,y_0)$ 的某邻域内具有二阶连续偏导数, 且 $f_x(x_0,y_0)=0, f_y(x_0,y_0)=0$. 令

$$A=f_{xx}(x_0,y_0), B=f_{xy}(x_0,y_0), C=f_{yy}(x_0,y_0),$$

$$\Delta=\begin{vmatrix} A & B \\ B & C \end{vmatrix}=AC-B^2,$$

则 $f(x,y)$ 在点 $P_0(x_0,y_0)$ 处是否取得极值的条件如下:

(1) 当 $\Delta>0$ 时, 函数 $z=f(x,y)$ 在点 $P_0(x_0,y_0)$ 处有极值, 且当 $A<0$ 时, 有极大值, 当 $A>0$ 时, 有极小值;

(2) 当 $\Delta<0$ 时, 函数 $z=f(x,y)$ 在点 $P_0(x_0,y_0)$ 处没有极值;

(3) 当 $\Delta=0$ 时, 函数 $z=f(x,y)$ 在点 $P_0(x_0,y_0)$ 处可能有极值, 也可能没有极值, 需另作讨论.

综合定理 11 和定理 12 的结果, 可以把具有二阶连续偏导数的函数 $z=f(x,y)$ 的极值求法步骤叙述如下:

第一步: 解方程组 $\begin{cases} f_x(x,y)=0 \\ f_y(x,y)=0 \end{cases}$ 求所有驻点;

第二步: 对于每个驻点 (x_0,y_0), 求出二阶偏导数的值 A, B, C;

第三步: 写出 $\Delta=\begin{vmatrix} A & B \\ B & C \end{vmatrix}=AC-B^2$ 的符号, 按定理 12 判定 $f(x_0,y_0)$ 是否为极值, 是极大值还是极小值, 并算出极值.

例 8-4-1 求函数 $f(x,y)=3xy-x^3-y^3$ 的极值.

解: 先解方程组 $\begin{cases} f_x(x,y)=3y-3x^2=0 \\ f_y(x,y)=3x-3y^2=0 \end{cases}$ 求得驻点为 $(0,0)$ 和 $(1,1)$.

再求函数 $f(x,y)=3xy-x^3-y^3$ 的二阶偏导数:

$f_{xx}(x,y)=-6x, f_{xy}(x,y)=3, f_{yy}(x,y)=-6y,$

在点 $(0,0)$ 处, $A=0, B=3, C=0, \Delta=\begin{vmatrix} A & B \\ B & C \end{vmatrix}=AC-B^2=-9<0,$

所以, 函数在点 $(0,0)$ 处没有极值.

在点 $(1,1)$ 处, $A=-6, B=3, C=-6, \Delta=\begin{vmatrix} A & B \\ B & C \end{vmatrix}=AC-B^2=27>0,$

所以, 函数在点 $(1,1)$ 处有极值, 且由 $A=-6<0$ 知, 函数在点 $(1,1)$ 处有极大值 $f(1,1)=1$.

讨论函数极值问题时，如果函数在所讨论的区域内具有偏导数，则由定理 11 知，极值只可能在驻点取得，此时只需对各个驻点利用定理 12 判断即可；但如果函数在个别点处偏导数不存在，这些点当然不是驻点，但也可能是极值点，例如函数 $f(x,y)=\sqrt{x^2+y^2}$ 在点 $(0,0)$ 处的偏导数不存在，即 $(0,0)$ 点不是驻点，但该函数在点 $(0,0)$ 处有极小值。因此，在考虑函数极值时，除了考虑函数的驻点外，如果有偏导数不存在的点，那么对这些点也应当考虑。

二、多元函数的最值

在本项目任务一中已经指出，如果函数 $z=f(x,y)$ 在有界闭区域 D 上连续，则 $f(x,y)$ 在 D 上必定能取到最大值和最小值。与一元函数的最值问题一样，求函数 $z=f(x,y)$ 在 D 上的最大值与最小值的步骤是：

① 求出函数 $z=f(x,y)$ 在 D 内的所有驻点及偏导数不存在的点处的函数值；

② 求出函数 $z=f(x,y)$ 在 D 的边界上的最大值与最小值；

③ 将上述函数值与边界上的最大值与最小值进行比较，最大者即为最大值，最小者即为最小值。

特别地，如果可微函数 $f(x,y)$ 在 D 内只有唯一的驻点，又根据问题的实际意义知其最大值或最小值存在且在 D 内取得，则该驻点处的函数值就是所求的最大值或最小值。

例 8-4-2 求 $f(x,y)=3x^2+3y^2-2x^3$ 在区域 $D=\{(x,y)|x^2+y^2\leqslant 2\}$ 上的最大值与最小值。

解： 解方程组 $\begin{cases} f_x(x,y)=6x-6x^2=0, \\ f_y(x,y)=6y=0, \end{cases}$

得驻点 $(0,0)$ 与 $(1,0)$，两驻点在 D 的内部，且 $f(0,0)=0, f(1,0)=1$。

下面求函数 $f(x,y)=3x^2+3y^2-2x^3$ 在边界 $x^2+y^2=2$ 上的最大值与最小值。

由方程 $x^2+y^2=2$ 解出 $y^2=2-x^2(-\sqrt{2}\leqslant x\leqslant\sqrt{2})$，代入 $f(x,y)$，可得

$$g(x)=6-2x^3, -\sqrt{2}\leqslant x\leqslant\sqrt{2}.$$

因为 $g'(x)=-6x^2\leqslant 0$，于是 $g(x)=6-2x^3$ 在 $[-\sqrt{2},\sqrt{2}]$ 上单调减少，所以 $g(x)$ 在 $x=-\sqrt{2}$（此时 $y=0$）处有最大值 $g(-\sqrt{2})=6+4\sqrt{2}$，$g(x)$ 在 $x=\sqrt{2}$（此时 $y=0$）处有最小值 $g(\sqrt{2})=6-4\sqrt{2}$，即 $f(x,y)$ 在边界上有最大值 $f(-\sqrt{2},0)=6+4\sqrt{2}$，最小值 $f(\sqrt{2},0)=6-4\sqrt{2}$。

将 $f(x,y)$ 在 D 内驻点处的函数值及边界上的最大值与最小值比较，得 $f(x,y)$ 在区域 D 上的最大值为 $f(-\sqrt{2},0)=6+4\sqrt{2}$，最小值为 $f(0,0)=0$。

例 8-4-3 要设计一个容量为 $2m^3$ 的长方体开口水箱，试问水箱的长、宽、高各为多少时，用料最省？

项目八　多元函数微分法及其应用

解：设水箱的长、宽分别为 x m, y m，则根据已知条件，高为 $\dfrac{2}{xy}$ m.

则表面积为 $S = xy + 2\left(y \cdot \dfrac{2}{xy} + x \cdot \dfrac{2}{xy}\right) = xy + \dfrac{4}{x} + \dfrac{4}{y}\,(x>0, y>0)$.

解方程组 $\begin{cases} S_x = y - \dfrac{4}{x^2} = 0, \\ S_y = x - \dfrac{4}{y^2} = 0, \end{cases}$

求得驻点为 $(\sqrt[3]{4}, \sqrt[3]{4})$. 根据题意，水箱表面积的最小值一定存在，且最小值肯定在区域 $D = \{(x,y) \mid x>0, y>0\}$ 内部取得，而函数在 D 内只有一个驻点 $(\sqrt[3]{4}, \sqrt[3]{4})$，故可判断它就是函数 S 取得最小值的点，即当 $x=y=\sqrt[3]{4}$ m 时，S 取得最小值. 此时，高为 $\dfrac{1}{\sqrt[3]{2}}$ m. 因此，当水箱的长、宽、高分别为 $\sqrt[3]{4}$ m, $\sqrt[3]{4}$ m, $\dfrac{1}{\sqrt[3]{2}}$ m 时，用料最省.

三、条件极值

上面所讨论的极值问题，对于函数的自变量，除了限制在函数的定义域内变化外，并无其他条件，这样的极值问题称为**无条件极值**. 但在实际问题中，有时会遇到对函数的自变量还有附加条件的极值问题. 例如，在例 8-4-3 中，如果设水箱的长、宽、高分别为 x, y, z，则表面积为 $S = xy + 2(xz + yz)$，依题意，上述表面积函数的自变量不仅要符合定义域的要求 $x>0, y>0, z>0$，而且还要满足附加条件 $xyz = 2$. 这种对自变量有附加条件的极值问题称为**条件极值**. 关于条件极值的求法，有以下两种方法.

1. 转化为无条件极值

对一些简单的条件极值问题，往往可以利用附加条件，消去函数中某些自变量，转化为无条件极值. 例如，例 6 中的问题实际上就是求表面积 $S = xy + 2(xz + yz)$ 在附加条件 $xyz = 2$ 下的极值. 在解的过程中，我们是利用条件 $xyz = 2$ 解出 $z = \dfrac{2}{xy}$，并代入 $S = xy + 2(xz + yz)$ 中消去 z，转化为求 $S = xy + \dfrac{4}{x} + \dfrac{4}{y}$ 的无条件极值.

例 8-4-4　要制作一个容积为 2m^3 的有盖圆柱形水箱，问如何选择材料才能使用料最省？

解：设圆柱形水箱的高为 h m，底面半径为 r m，则体积为 $\pi r^2 h = 2$，表面积为 $S = 2\pi r^2 + 2\pi rh$.

所求问题转化为求函数 $S = 2\pi r^2 + 2\pi rh$ 在附加条件 $\pi r^2 h = 2$ 的极小值问题.

此问题的直接做法是消去约束条件，从 $\pi r^2 h = 2$ 中求得 $h = \dfrac{2}{\pi r^2}$.

将此式代入表面积函数中得 $S = 2\pi r^2 + \dfrac{4}{r}$,

这样问题就转化为无条件极值问题. 按照一元函数的求极值方法,令 $S' = 4\pi r - \dfrac{4}{r^2} = 0$,得 $r = \dfrac{1}{\sqrt[3]{\pi}}$ 为唯一驻点. 结合本题实际意义,可知此驻点就是所求最小值点,再代入附加条件得 $h = \dfrac{2}{\sqrt[3]{\pi}}$.

因此,当 $r = \dfrac{1}{\sqrt[3]{\pi}}$ m, $h = \dfrac{2}{\sqrt[3]{\pi}}$ m 时用料最省.

2. 拉格朗日乘数法

但是在很多情况下,将条件极值转化为无条件极值往往比较复杂甚至相当困难. 下面介绍的拉格朗日乘数法是一种直接寻求条件极值的方法.

首先考察二元函数 $z = f(x,y)$ 在条件 $\varphi(x,y) = 0$ 下取得极值的必要条件.

如果 $P_0(x_0, y_0)$ 是函数 $z = f(x,y)$ 在条件 $\varphi(x,y) = 0$ 下的极值点,那么 $P_0(x_0, y_0)$ 首先要满足条件 $\varphi(x,y) = 0$,即 $\varphi(x_0, y_0) = 0$. 假定在 $P_0(x_0, y_0)$ 的某邻域内 $f(x,y)$ 与 $\varphi(x,y)$ 均有连续的一阶偏导数,且 $\varphi_y(x_0, y_0) \neq 0$. 由隐函数存在定理 1 可知,方程 $\varphi(x,y) = 0$ 在点 P_0 的某邻域内能确定一个单值连续且具有连续导数的函数 $y = g(x)$,将它代入函数 $z = f(x,y)$ 中,得 $z = f(x, g(x))$. 由于 $P_0(x_0, y_0)$ 是函数 $z = f(x,y)$ 的极值点,则 $x = x_0$ 必定也是一元函数 $z = f(x, g(x))$ 的极值点. 于是,根据一元可导函数取得极值的必要条件,有

$$\left.\dfrac{\mathrm{d}z}{\mathrm{d}x}\right|_{x=x_0} = f_x(x_0, y_0) + f_y(x_0, y_0) g'(x_0) = 0. \quad (8-16)$$

而另一方面对 $\varphi(x,y) = 0$ 用隐函数求导公式有

$$g'(x_0) = \left.\dfrac{\mathrm{d}y}{\mathrm{d}x}\right|_{x=x_0} = -\dfrac{\varphi_x(x_0, y_0)}{\varphi_y(x_0, y_0)}, \quad (8-17)$$

将 (8-17) 代入 (8-16) 式,得

$$f_x(x_0, y_0) - f_y(x_0, y_0) \dfrac{\varphi_x(x_0, y_0)}{\varphi_y(x_0, y_0)} = 0. \quad (8-18)$$

于是,$\varphi(x_0, y_0) = 0$ 和 (8-18) 式就是函数 $z = f(x,y)$ 在条件 $\varphi(x,y) = 0$ 下在 $P_0(x_0, y_0)$ 取得极值的必要条件.

设 $\lambda_0 = -\dfrac{f_y(x_0, y_0)}{\varphi_y(x_0, y_0)}$,则上述必要条件可改写为

$$\begin{cases} f_x(x_0, y_0) + \lambda_0 \varphi_x(x_0, y_0) = 0, \\ f_y(x_0, y_0) + \lambda_0 \varphi_y(x_0, y_0) = 0, \\ \varphi(x_0, y_0) = 0. \end{cases} \quad (8-19)$$

如果引入辅助变量 λ 和辅助函数 $L(x, y, \lambda) = f(x,y) + \lambda \varphi(x,y)$,则 (8-19) 式就是

$$\begin{cases} L_x(x_0, y_0, \lambda_0) = f_x(x_0, y_0) + \lambda \varphi_x(x_0, y_0) = 0, \\ L_y(x_0, y_0, \lambda_0) = f_y(x_0, y_0) + \lambda \varphi_y(x_0, y_0) = 0, \\ L_\lambda(x_0, y_0, \lambda_0) = \varphi(x_0, y_0) = 0. \end{cases}$$

函数 $L(x,y,\lambda) = f(x,y) + \lambda\varphi(x,y)$ 称为<u>拉格朗日函数</u>，λ 称为<u>拉格朗日乘子</u>．

综上所述，可得到求条件极值的拉格朗日乘数法．

求函数 $z = f(x,y)$ 在条件 $\varphi(x,y) = 0$ 下的可能极值点，按以下方法进行：

① 构造拉格朗日函数 $L(x,y,\lambda) = f(x,y) + \lambda\varphi(x,y)$；

② 将 $L(x,y,\lambda)$ 分别对 x,y,λ 求一阶偏导数，并使之为零得方程组

$$\begin{cases} L_x(x,y,\lambda) = f_x(x,y) + \lambda\varphi_x(x,y) = 0, \\ L_y(x,y,\lambda) = f_y(x,y) + \lambda\varphi_y(x,y) = 0, \\ L_\lambda(x,y,\lambda) = \varphi(x,y) = 0; \end{cases}$$

③ 求出方程组的解 (x,y,λ)，其中 (x,y) 就是函数 $f(x,y)$ 在条件 $\varphi(x,y) = 0$ 下的可能极值点．

例 8-4-5 用拉格朗日乘数法解本节例 8-4-3．

解：实际问题归结为求函数 $S = xy + 2(xz + yz)$ 在条件 $xyz = 2$ 下的最小值．

构造拉格朗日函数 $L(x,y,z,\lambda) = xy + 2(xz + yz) + \lambda(xyz - 2)$．

将 $L(x,y,z,\lambda)$ 分别对 x,y,z,λ 求一阶偏导数，并使之为零，即

$$\begin{cases} L_x = y + 2z + \lambda yz = 0, \\ L_y = x + 2z + \lambda xz = 0, \\ L_z = 2(x + y) + \lambda xy = 0, \\ L_\lambda = xyz - 2 = 0. \end{cases}$$

由于 x,y,z 均为正数，由第 1，2 两个方程消去 λ，得

$x(y + 2z) - y(x + 2z) = 0$，即 $x = y$．

由第 1，3 两个方程消去 λ，得

$x(y + 2z) - z(2x + 2y) = 0$，即 $y = 2z$．

从而有 $x = y = 2z$，将此式代入最后一个方程得 $x = y = \sqrt[3]{4}, z = \dfrac{1}{\sqrt[3]{2}}$，这是唯一的可能极值点．由实际问题知 S 一定存在最小值，所以它也是 S 取得最小值的点．所以当水箱的长、宽、高分别为 $\sqrt[3]{4}, \sqrt[3]{4}, \dfrac{1}{\sqrt[3]{2}}$ 时，用料最省．

例 8-4-6 某公司通过报纸和电视传媒做某种产品的促销广告，根据统计资料，销售收入 R 与报纸广告费 x 及电视广告费 y（单位：万元）之间的关系有如下经验公式：

$$R = 15 + 13x + 31y - 8xy - 2x^2 - 10y^2,$$

在限定广告费为 1.5 万元的情况下，求相应的最优广告策略．

解：构造拉格朗日函数

$$F(x,y,\lambda) = 15 + 13x + 31y - 8xy - 2x^2 - 10y^2 + \lambda(x + y - 1.5).$$

令 $\begin{cases} F_x = 13 - 8y - 4x + \lambda = 0, \\ F_y = 31 - 8x - 20y + \lambda = 0, \\ F_\lambda = x + y - 1.5 = 0, \end{cases}$ 整理得 $\begin{cases} 2x + 6y = 9, \\ x + y = 1.5, \end{cases}$ 解得唯一解 $x = 0, y = 1.5$.

又由题意,存在最优策略,所以将 1.5 万全部投到电视广告的方案最好.

例 8-4-7 形状为球形 $4x^2+y^2+4z^2 \leqslant 16$ 的空气探测器进入地球大气层,其表面开始受热,1 小时后在探测器的点 (x,y,z) 处的温度 $T=8x^2+4yz-16z+600$,求探测器表面最热的点.

解:构造拉格朗日函数
$$L(x,y,z,\lambda)=8x^2+4yz-16z+600+\lambda(4x^2+y^2+4z^2-16).$$
则有 $\begin{cases} L_x=16x+8\lambda x=0, \\ L_y=4z+2\lambda y=0, \\ L_z=4y-16+8\lambda z=0, \\ 4x^2+y^2+4z^2=16, \end{cases}$ 由第 1,2,3 个方程,得到 $y=z=-\dfrac{4}{3}$,将其代入

第 4 个方程,得 $x=\pm\dfrac{4}{3}$,由此得到点 $\left(\pm\dfrac{4}{3},-\dfrac{4}{3},-\dfrac{4}{3}\right)$ 是函数可能的极值点,应用二元函数极值的充分条件可知,点 $\left(\pm\dfrac{4}{3},-\dfrac{4}{3},-\dfrac{4}{3}\right)$ 是极大值点,因此,探测器表面最热的点是 $\left(\pm\dfrac{4}{3},-\dfrac{4}{3},-\dfrac{4}{3}\right)$.

思维培养

在高职高等数学课程中,多元函数极值的学习是培养学生逻辑思维与问题解决能力的关键.我们着重引导学生深入理解多元函数极值的概念,掌握求解极值的基本方法,如拉格朗日乘数法.通过系统的训练,学生将学会如何根据函数特性构建极值条件,合理选取求解路径,精确计算极值点.这一过程不仅锻炼了学生的数学分析能力,更培养了其面对复杂函数时,能够综合运用多种方法、灵活解决问题的思维品质,为学生后续的数学学习及职业生涯奠定了坚实的数学基础.

实务训练

1. 求函数 $f(x,y)=4(x-y)-x^2-y^2$ 的极值.

2. 求函数 $f(x,y)=2x^2+x+y^2-2, D=\{(x,y)\,|\,x^2+y^2 \leqslant 4\}$ 的最值.

3. 用拉格朗日乘数法求下列函数 f 在附加条件下的最大值和最小值:

(1) $f(x,y)=\mathrm{e}^{-xy}, x^2+y^2=1$;

(2) $f(x,y,z,t)=x+y+z+t, x^2+y^2+z^2+t^2=1$.

4. 某厂家生产的一种产品同时在两个市场销售,售价分别为 p_1 和 p_2,销售量分别为 q_1 和 q_2,需求函数分别为 $q_1=24-0.2p_1, q_2=10-0.05p_2$,总成本函数为
$$C=35+40(q_1+q_2).$$
试问:厂家如何确定两个市场的售价,能使其获得的总利润最大?最大总利润为多少?

项目八 多元函数微分法及其应用

> 例题解析

一、选择题

1. 二元函数 $z = \dfrac{\sqrt{4x - y^2}}{\ln(1 - x^2 - y^2)}$ 的定义域是（ ）.

   A. $x^2 + y^2 \leqslant 1, y^2 \leqslant 4x$
   B. $0 < x^2 + y^2 < 1, y^2 \leqslant 4x$
   C. $x^2 + y^2 < 1, y^2 < 4x$
   D. $x^2 + y^2 \neq 1, y^2 \leqslant 4x$

2. 设 $f(x, y) = \dfrac{x}{x^2 + y^2}$，则 $f\left(\dfrac{1}{x}, \dfrac{1}{y}\right) =$ （ ）.

   A. $\dfrac{xy^2}{x^2 + y^2}$ B. $\dfrac{x^2 y}{x^2 + y^2}$ C. $\dfrac{xy}{x^2 + y^2}$ D. $\dfrac{x^2 y^2}{x^2 + y^2}$

3. 设 $z = \arcsin \dfrac{x}{\sqrt{x^2 + y^2}}$，则 $\dfrac{\partial z}{\partial x} =$ （ ）.

   A. $\dfrac{|y|}{x^2 + y^2}$ B. $\dfrac{-y}{x^2 + y^2}$ C. $\dfrac{y}{x^2 + y^2}$ D. $\dfrac{1}{x^2 + y^2}$

4. 设 $z = \arctan \dfrac{y}{x}$，则 $\dfrac{\partial^2 z}{\partial y \partial x} =$ （ ）.

   A. $-\dfrac{2xy}{(x^2 + y^2)^2}$
   B. $-\dfrac{xy}{(x^2 + y^2)^{\frac{3}{2}}}$
   C. $\dfrac{x^2 - y^2}{(x^2 + y^2)^2}$
   D. $-\dfrac{x^2 - y^2}{(x^2 + y^2)^2}$

5. 设 $z = \dfrac{y}{x}$，则当 $x = 2, y = 1, \Delta x = 0.1, \Delta y = 0.2$ 时的全微分 $\mathrm{d}z =$ （ ）.

   A. $\dfrac{1}{4}$ B. $-\dfrac{1}{4}\mathrm{d}x + \dfrac{1}{2}\mathrm{d}y$ C. $\dfrac{3}{40}$ D. $\dfrac{1}{10}$

6. 若函数 $f(x, y)$ 在闭区间 D 上连续，下列关于极值点的叙述正确的是（ ）.

   A. $f(x, y)$ 的极值点一定是 $f(x, y)$ 的驻点
   B. 如果 P_0 是 $f(x, y)$ 的极值点，则在点 P_0 处 $AC - B^2 > 0$
   C. 若 P_0 是可微函数 $f(x, y)$ 的极值点，则在点 P_0 处 $\mathrm{d}f = 0$
   D. $f(x, y)$ 的最大值点一定是极大值点

解：

1. B. 由函数表达式，有 $\begin{cases} 1 - x^2 - y^2 > 0, \\ 1 - x^2 - y^2 \neq 1, \\ 4x - y^2 \geqslant 0, \end{cases}$ 即 $\begin{cases} 0 < x^2 - y^2 < 1, \\ y^2 \leqslant 4x, \end{cases}$ 故选项 B 正确.

2. A. $f\left(\dfrac{1}{x}, \dfrac{1}{y}\right) = \dfrac{\dfrac{1}{x}}{\dfrac{1}{x^2} + \dfrac{1}{y^2}} = \dfrac{xy^2}{x^2 + y^2}$，故选项 A 正确.

3. A. $\dfrac{\partial z}{\partial x} = \dfrac{1}{\sqrt{1-\dfrac{x^2}{x^2+y^2}}} \cdot \dfrac{\sqrt{x^2+y^2}-x\cdot\dfrac{x}{\sqrt{x^2+y^2}}}{x^2+y^2} = \dfrac{1}{\sqrt{\dfrac{y^2}{x^2+y^2}}} \cdot \dfrac{y^2}{(x^2+y^2)^{\frac{3}{2}}} = \dfrac{|y|}{x^2+y^2}$,

故选项 A 正确.

4. D. $\dfrac{\partial z}{\partial x} = \dfrac{1}{1+\dfrac{y^2}{x^2}} \cdot \left(-\dfrac{y}{x^2}\right) = -\dfrac{y}{x^2+y^2}$, $\dfrac{\partial^2 z}{\partial x \partial y} = -\dfrac{x^2+y^2-2y^2}{(x^2+y^2)^2} = -\dfrac{x^2-y^2}{(x^2+y^2)^2}$,

故选项 D 正确.

5. C.

$$\left.\dfrac{\partial z}{\partial x}\right|_{(2,1)} = \left.-\dfrac{y}{x^2}\right|_{(2,1)} = -\dfrac{1}{4}, \quad \left.\dfrac{\partial z}{\partial y}\right|_{(2,1)} = \left.\dfrac{1}{x}\right|_{(2,1)} = \dfrac{1}{2},$$

于是 $dz = -\dfrac{1}{4} \times 0.1 + \dfrac{1}{2} \times 0.2 = -\dfrac{1}{40} + \dfrac{1}{10} = \dfrac{3}{40}$,

故选项 C 正确.

6. C. 极值点不一定是驻点，也可能是偏导数不存在的点，如 $f(x,y) = \sqrt{x^2+y^2}$,$(0,0)$ 为极小值点，但在该点偏导数不存在，故 A 不正确.

$AC - B^2 > 0$ 只是一个充分条件，不是必要条件. 例如 $f(x,y) = x^4 + y^4$, $(0,0)$ 为极小值点，而且 $\dfrac{\partial f}{\partial x} = 4x^3$, $\dfrac{\partial f}{\partial y} = 4y^3$, $\dfrac{\partial^2 f}{\partial x^2} = 12x^2$, $\dfrac{\partial^2 f}{\partial x \partial y} = 0$, $\dfrac{\partial^2 f}{\partial y^2} = 12y^2$,

在 $(0,0)$ 处 $A = B = C = 0, B^2 - AC = 0$, 所以 B 也不正确.

$f(x,y)$ 的最大值点也可以在边界上取得，所以不一定是极大值点，D 也不正确.

若 P_0 是可微函数 $f(x,y)$ 的极值点，则 $f(x,y)$ 在 P_0 点处偏导数存在，故 $f'_x(P_0) = 0, f'_y(P_0) = 0, df|_{P_0} = f'_x(P_0)dx + f'_y(P_0)dy = 0$, 故选项 C 正确.

二、填空题

1. 函数 $z = \sqrt{9-x^2-y^2} - \ln(y^2-2x-3)$ 的定义域是_____.

2. 设 $f(x+y, x-y) = x^2 - y^2$, 则 $f(x,y) = $_____.

3. 设 $f(x,y) = \ln\left(x + \dfrac{y}{2x}\right)$, 则 $f'_y(1,0) = $_____.

4. 设函数 $z = xy + x^3$, 则 $\dfrac{\partial z}{\partial x} + \dfrac{\partial z}{\partial y} = $_____.

5. 设 $z = \ln(x+y^2)$, 则 $dz|_{(1,0)} = $_____.

6. 函数 $f(x,y) = 4(x-y) - x^2 - y^2$ 的极大值点是_____.

解：

1. 由求定义域的原则，有 $\begin{cases} 9-x^2-y^2 \geqslant 0, \\ y^2-2x-3>0, \end{cases}$ 即 $\begin{cases} x^2+y^2 \leqslant 9, \\ y^2>2x+3, \end{cases}$ 故答案为 $\begin{cases} x^2+y^2 \leqslant 9, \\ y^2>2x+3. \end{cases}$

2. $f(x+y,x-y)=x^2-y^2=(x+y)(x-y)$，故答案为 xy.

3. 由 $f(x,y)=\ln\left(x+\dfrac{y}{2x}\right)$，知 $f(1,y)=\ln\left(1+\dfrac{y}{2}\right)$，$f'_y(1,y)=\dfrac{1}{1+\dfrac{y}{2}}\cdot\dfrac{1}{2}$，

所以 $f'_y(1,0)=\dfrac{1}{2}$，故答案为 $\dfrac{1}{2}$.

4. $\dfrac{\partial z}{\partial x}=y+3x^2,\dfrac{\partial z}{\partial y}=x$，所以 $\dfrac{\partial z}{\partial x}+\dfrac{\partial z}{\partial y}=y+3x^2+x$，故答案为 $y+3x^2+x$.

5. $\dfrac{\partial z}{\partial x}=\dfrac{1}{x+y^2},\dfrac{\partial z}{\partial y}=\dfrac{2y}{x+y^2}$，则 $\mathrm{d}z=\dfrac{1}{x+y^2}\mathrm{d}x+\dfrac{2y}{x+y^2}\mathrm{d}y,\mathrm{d}z\big|_{(1,0)}=\mathrm{d}x$，故答案为 $\mathrm{d}x$.

6. 由于 $\dfrac{\partial f}{\partial x}=4-2x,\dfrac{\partial f}{\partial y}=-4-2y$，令 $\begin{cases} \dfrac{\partial f}{\partial x}=4-2x=0, \\ \dfrac{\partial f}{\partial y}=-4-2y=0, \end{cases}$ 得唯一驻点 $(2,-2)$.

又 $\dfrac{\partial^2 f}{\partial x^2}=-2,\dfrac{\partial^2 f}{\partial x \partial y}=0,\dfrac{\partial^2 f}{\partial y^2}=-2$，即 $A=-2,B=0,C=-2,AC-B^2>0,A<0$，

由此可知 $(2,-2)$ 为 $f(x,y)$ 的极大值点，故答案为 $(2,-2)$.

三、解答题

1. 求下列函数的定义域.

(1) $z=\ln(x+y)$；　　　　　　(2) $z=\arcsin(x^2+y^2)$.

解：(1) 要使 $\ln(x+y)$ 有意义，必须有 $x+y>0$，

所以定义域为 $\{(x,y)\,|\,x+y>0\}$. 如图 8-16 所示，这是一个无界开区域.

(2) 要使 $\arcsin(x^2+y^2)$ 有意义，必须有 $|x^2+y^2|\leqslant 1$，

所以定义域为 $\{(x,y)\,|\,x^2+y^2\leqslant 1\}$. 如图 8-17 所示，这是一个有界闭区域.

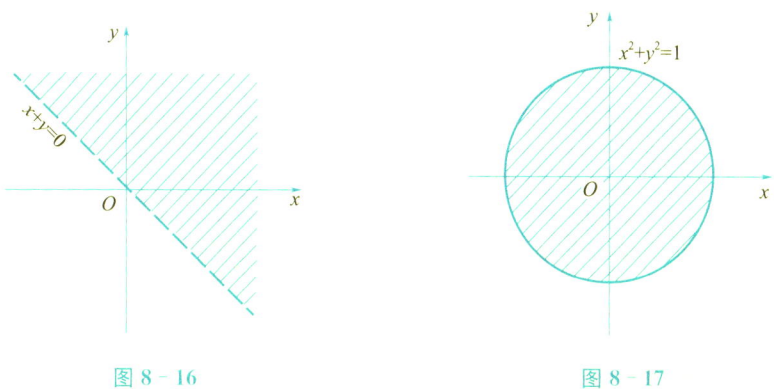

图 8-16　　　　　　　　　　　　图 8-17

2. 讨论 $f(x,y) = \dfrac{xy}{x^2+y^2}$ 当 $(x,y) \to (0,0)$ 时是否存在极限.

解：当点 (x,y) 沿着直线 $y=kx$ 趋于 $(0,0)$ 时，有
$$\lim_{\substack{(x,y)\to(0,0)\\y=kx}} \frac{xy}{x^2+y^2} = \lim_{x\to 0}\frac{kx^2}{x^2+k^2x^2} = \frac{k}{1+k^2}.$$

其值因 k 而异，这与极限定义中当 $P(x,y)$ 以任何方式趋于 $P_0(x_0,y_0)$ 时，函数 $f(x,y)$ 都无限接近于同一个常数 A 的要求相违背，因此当 $(x,y) \to (0,0)$ 时，
$$f(x,y) = \frac{xy}{x^2+y^2}$$
的极限不存在.

3. 求下列二元极限：

(1) $\lim\limits_{(x,y)\to(0,0)} \dfrac{\sin(x^2+y^2)}{x^2+y^2}$.　　(2) 计算 $\lim\limits_{(x,y)\to(0,0)} \dfrac{x^2 y}{x^2+y^2}$.

(3) 求 $\lim\limits_{(x,y)\to(1,2)} \ln(x+y)$.　　(4) 求 $\lim\limits_{(x,y)\to(0,0)} \dfrac{xy}{\sqrt{xy+1}-1}$.

解：(1) 利用变量替换. 令 $u=x^2+y^2$，当 $(x,y) \to (0,0)$ 时，有 $u \to 0$，因此
$$\lim_{(x,y)\to(0,0)} \frac{\sin(x^2+y^2)}{x^2+y^2} = \lim_{u\to 0}\frac{\sin u}{u} = 1.$$

(2) 利用极坐标变换. 令 $x=r\cos\theta, y=r\sin\theta$，当 $(x,y) \to (0,0)$ 时，有 $r\to 0$，因此 $\lim\limits_{(x,y)\to(0,0)}\dfrac{x^2 y}{x^2+y^2} = \lim\limits_{r\to 0}\dfrac{r^3\cos^2\theta\sin\theta}{r^2} = \lim\limits_{r\to 0} r\cos^2\theta\sin\theta = 0.$

(3) 函数 $\ln(x+y)$ 是多元初等函数，它的定义域 $D = \{(x,y) \mid x+y>0\}$ 是一个区域，而点 $(1,2) \in D$，所以 $\lim\limits_{(x,y)\to(1,2)} \ln(x+y) = \ln(1+2) = \ln 3$.

(4) $\lim\limits_{(x,y)\to(0,0)} \dfrac{xy}{\sqrt{xy+1}-1} = \lim\limits_{(x,y)\to(0,0)} \dfrac{xy(\sqrt{xy+1}+1)}{xy+1-1} = \lim\limits_{(x,y)\to(0,0)} \sqrt{xy+1}+1 = 2$

以上运算的最后一步用到了二元函数 $\sqrt{xy+1}+1$ 在点 $(0,0)$ 处的连续性.

4. 讨论函数 $f(x,y) = \begin{cases} \dfrac{xy}{x^2+y^2}, & (x,y)\ne(0,0),\\ 0, & (x,y)=(0,0) \end{cases}$ 在点 $(0,0)$ 处的连续性.

解：在上面的例 2 已经讨论过，当 $(x,y) \to (0,0)$ 时，函数 $f(x,y)$ 的极限不存在，所以 $f(x,y)$ 在点 $(0,0)$ 处不连续，即点 $(0,0)$ 是该函数的一个间断点.

5. 求二元函数 $z = \arctan\dfrac{y}{x}$ 的偏导数.

解：对 x 求偏导数时，把 y 看作常数，则
$$\frac{\partial z}{\partial x} = \frac{1}{1+\left(\dfrac{y}{x}\right)^2} \cdot \left(-\frac{y}{x^2}\right) = -\frac{y}{x^2+y^2}.$$

项目八　多元函数微分法及其应用

对 y 求偏导数时，把 x 看作常数，则 $\dfrac{\partial z}{\partial y} = \dfrac{1}{1+\left(\dfrac{y}{x}\right)^2} \cdot \dfrac{1}{x} = \dfrac{x}{x^2+y^2}$.

6. 设 $f(x,y) = x^3 + 2x^2y - y^3$，求 $f_x(1,3)$，$f_y(1,3)$.

解一：先求出偏导函数 $f_x(x,y)$ 和 $f_y(x,y)$，再求偏导函数在点 $(1,3)$ 的函数值.

$f_x(x,y) = 3x^2 + 4xy$，$f_y(x,y) = 2x^2 - 3y^2$，所以 $f_x(1,3) = 15$，$f_y(1,3) = -25$.

解二：将 $f_x(1,3)$ 转化为当 $y=3$ 时，计算一元函数 $f(x,3)$ 在 $x=1$ 处的导数，

$$f(x,3) = x^3 + 6x^2 - 27,$$

所以 $f_x(1,3) = \dfrac{\mathrm{d}f(x,3)}{\mathrm{d}x}\bigg|_{x=1} = (3x^2 + 12x)\big|_{x=1} = 15.$

将 $f_y(1,3)$ 转化为当 $x=1$ 时，计算一元函数 $f(1,y)$ 在 $y=3$ 处的导数，

$$f(1,y) = 1 + 2y - y^3,$$

所以 $f_y(1,3) = \dfrac{\mathrm{d}f(1,y)}{\mathrm{d}y}\bigg|_{y=3} = (2 - 3y^2)\big|_{y=3} = -25.$

7. 已知理想气体的状态方程是 $PV = RT$（R 是常数），求证 $\dfrac{\partial P}{\partial V} \cdot \dfrac{\partial V}{\partial T} \cdot \dfrac{\partial T}{\partial P} = -1$.

解：$\dfrac{\partial P}{\partial V} = \dfrac{\partial}{\partial V}\left(\dfrac{RT}{V}\right) = -\dfrac{RT}{V^2}$，$\dfrac{\partial V}{\partial T} = \dfrac{\partial}{\partial T}\left(\dfrac{RT}{P}\right) = \dfrac{R}{P}$，$\dfrac{\partial T}{\partial P} = \dfrac{\partial}{\partial P}\left(\dfrac{PV}{R}\right) = \dfrac{V}{R}$，

故 $\dfrac{\partial P}{\partial V} \cdot \dfrac{\partial V}{\partial T} \cdot \dfrac{\partial T}{\partial P} = -\dfrac{RT}{V^2} \cdot \dfrac{R}{P} \cdot \dfrac{V}{R} = -\dfrac{RT}{PV} = -1.$

从例 12 不难说明偏导数的记号 $\dfrac{\partial P}{\partial V}$，$\dfrac{\partial V}{\partial T}$，$\dfrac{\partial T}{\partial P}$ 是一个整体记号，不能像一元函数的导数 $\dfrac{\mathrm{d}y}{\mathrm{d}x}$ 那样看成分子与分母之商，否则将导致 $\dfrac{\partial P}{\partial V} \cdot \dfrac{\partial V}{\partial T} \cdot \dfrac{\partial T}{\partial P} = 1$ 的错误结论.

8. 求函数 $z = \mathrm{e}^{x+2y}$ 的所有二阶偏导数.

解：由于 $\dfrac{\partial z}{\partial x} = \mathrm{e}^{x+2y}$，$\dfrac{\partial z}{\partial y} = 2\mathrm{e}^{x+2y}$，

因此有 $\dfrac{\partial^2 z}{\partial x^2} = \dfrac{\partial}{\partial x}\left(\dfrac{\partial z}{\partial x}\right) = \dfrac{\partial}{\partial x}(\mathrm{e}^{x+2y}) = \mathrm{e}^{x+2y}$，

$\dfrac{\partial^2 z}{\partial x \partial y} = \dfrac{\partial}{\partial y}\left(\dfrac{\partial z}{\partial x}\right) = \dfrac{\partial}{\partial y}(\mathrm{e}^{x+2y}) = 2\mathrm{e}^{x+2y}$，

$\dfrac{\partial^2 z}{\partial y \partial x} = \dfrac{\partial}{\partial x}\left(\dfrac{\partial z}{\partial y}\right) = \dfrac{\partial}{\partial x}(2\mathrm{e}^{x+2y}) = 2\mathrm{e}^{x+2y}$，

$\dfrac{\partial^2 z}{\partial y^2} = \dfrac{\partial}{\partial y}\left(\dfrac{\partial z}{\partial y}\right) = \dfrac{\partial}{\partial y}(2\mathrm{e}^{x+2y}) = 4\mathrm{e}^{x+2y}.$

9. 求函数 $z = 2x^2y + xy^2$ 在点 $(1,2)$ 处的全微分.

解：
$\dfrac{\partial z}{\partial x} = 4xy + y^2$，$\dfrac{\partial z}{\partial x}\bigg|_{(1,2)} = (4xy + y^2)\big|_{(1,2)} = 12$，

$\dfrac{\partial z}{\partial y} = 2x^2 + 2xy$，$\dfrac{\partial z}{\partial y}\bigg|_{(1,2)} = (2x^2 + 2xy)\big|_{(1,2)} = 6$，

由于 $\dfrac{\partial z}{\partial x}, \dfrac{\partial z}{\partial y}$ 在点 $(1,2)$ 处连续，所以函数 $z = 2x^2y + xy^2$ 在点 $(1,2)$ 处可微，且有

$$\mathrm{d}z\big|_{(1,2)} = \dfrac{\partial z}{\partial x}\bigg|_{(1,2)}\mathrm{d}x + \dfrac{\partial z}{\partial y}\bigg|_{(1,2)}\mathrm{d}y = 12\mathrm{d}x + 6\mathrm{d}y.$$

10. 求函数 $u = \mathrm{e}^{xyz} + xy + z^2$ 的全微分.

解：$\dfrac{\partial u}{\partial x} = yz\mathrm{e}^{xyz} + y, \dfrac{\partial u}{\partial y} = xz\mathrm{e}^{xyz} + x, \dfrac{\partial u}{\partial z} = xy\mathrm{e}^{xyz} + 2z.$

由于 $\dfrac{\partial u}{\partial x}, \dfrac{\partial u}{\partial y}, \dfrac{\partial u}{\partial z}$ 连续，所以函数 $u = \mathrm{e}^{xyz} + xy + z^2$ 可微，且有

$$\mathrm{d}u = (yz\mathrm{e}^{xyz} + y)\mathrm{d}x + (xz\mathrm{e}^{xyz} + x)\mathrm{d}y + (xy\mathrm{e}^{xyz} + 2z)\mathrm{d}z.$$

11. 求函数 $z = x^2y^2$ 在点 $(2,-1)$ 处，当 $\Delta x = 0.02, \Delta y = -0.01$ 时的全微分 $\mathrm{d}z$ 和全增量 Δz.

解：$\dfrac{\partial z}{\partial x} = 2xy^2, \dfrac{\partial z}{\partial x}\bigg|_{(2,-1)} = 2xy^2\big|_{(2,-1)} = 4,$

$\dfrac{\partial z}{\partial y} = 2x^2y, \dfrac{\partial z}{\partial y}\bigg|_{(2,-1)} = 2x^2y\big|_{(2,-1)} = -8,$

由于 $\dfrac{\partial z}{\partial x}, \dfrac{\partial z}{\partial y}$ 在点 $(2,-1)$ 处连续，所以函数 $z = x^2y^2$ 在点 $(2,-1)$ 处可微，且

$$\mathrm{d}z\big|_{(2,-1)} = \dfrac{\partial z}{\partial x}\bigg|_{(2,-1)}\Delta x + \dfrac{\partial z}{\partial y}\bigg|_{(2,-1)}\Delta y = 4 \times (0.02) + (-8) \times (-0.01) = 0.16,$$

$\Delta z = (2+0.02)^2 \times (-1-0.01)^2 - 2^2 \times (-1)^2 = 0.1624.$ 此例中 Δz 与 $\mathrm{d}z$ 的差仅为 $0.0024.$

12. 计算 $(1.08)^{3.96}$ 的近似值.

解：把 $(1.08)^{3.96}$ 看作是函数 $f(x,y) = x^y$ 在 $x = 1.08, y = 3.96$ 时的函数值 $f(1.08, 3.96)$.

取 $x_0 = 1, y_0 = 4, \Delta x = 0.08, \Delta y = -0.04.$

由于 $f_x(x,y) = yx^{y-1}, f_x(1,4) = 4, f_y(x,y) = x^y\ln x, f_y(1,4) = 0, f(1,4) = 1,$ 应用近似公式有

$$(1.08)^{3.96} \approx f(1,4) + f_x(1,4) \times 0.08 + f_y(1,4) \times (-0.04)$$
$$= 1 + 4 \times 0.08 + 0 \times (-0.04) = 1.32$$

13. 设 $z = u^2v^2 + \mathrm{e}^t, u = \sin t, v = \cos t,$ 求 $\dfrac{\mathrm{d}z}{\mathrm{d}t}.$

解：函数的结构如图 8-18 所示.

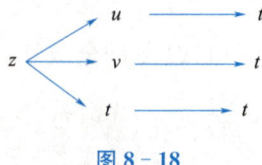

图 8-18

于是

$$\frac{\mathrm{d}z}{\mathrm{d}t}=\frac{\partial z}{\partial u}\frac{\mathrm{d}u}{\mathrm{d}t}+\frac{\partial z}{\partial v}\frac{\mathrm{d}v}{\mathrm{d}t}+\frac{\partial z}{\partial t}\frac{\mathrm{d}t}{\mathrm{d}t}$$

$$=2uv^2\cdot\cos t+2u^2v\cdot(-\sin t)+\mathrm{e}^t\cdot 1$$

$$=2\sin t\cos^3 t-2\sin^3 t\cos t+\mathrm{e}^t$$

$$=\frac{1}{2}\sin 4t+\mathrm{e}^t$$

14. 说明由方程 $x^2+y^2-1=0$ 在点 $(0,1)$ 的某邻域内能确定一个单值的隐函数 $y=f(x)$，并求出 $y=f(x)$ 的一阶导数.

解：函数 $F(x,y)=x^2+y^2-1$ 在点 $(0,1)$ 的某邻域内具有连续的偏导数 $F_x=2x$，$F_y=2y$，且 $F(0,1)=0$，$F_y(0,1)=2\neq 0$，即 $F(x,y)$ 满足隐函数存在定理 1 的条件，所以方程 $F(x,y)=0$ 在点 $(0,1)$ 的某邻域内能确定一个单值的隐函数 $y=f(x)$，由公式 (8-13) 得

$$\frac{\mathrm{d}y}{\mathrm{d}x}=-\frac{F_x(x,y)}{F_y(x,y)}=-\frac{x}{y}.$$

15. 设 $\mathrm{e}^z-z+xy^3=0$，求 $\frac{\partial^2 z}{\partial x^2}$.

解：在方程 $\mathrm{e}^z-z+xy^3=0$ 两边同时对 x 求偏导数，并注意 Z 是 x,y 的函数，得

$$\mathrm{e}^z\cdot\frac{\partial z}{\partial x}-\frac{\partial z}{\partial x}+y^3=0, \qquad (8-20)$$

于是 $\frac{\partial z}{\partial x}=\frac{y^3}{1-\mathrm{e}^z}$，再对 (8-20) 式两边同时对 x 求偏导数，并注意 z 是 x,y 的函数，得

$$\mathrm{e}^z\cdot\left(\frac{\partial z}{\partial x}\right)^2+\mathrm{e}^z\cdot\frac{\partial^2 z}{\partial x^2}-\frac{\partial^2 z}{\partial x^2}=0. \text{ 于是 } \frac{\partial^2 z}{\partial x^2}=\frac{\mathrm{e}^z}{1-\mathrm{e}^z}\cdot\left(\frac{\partial z}{\partial x}\right)^2,$$

将 $\frac{\partial z}{\partial x}$ 的表达式代入上式得 $\frac{\partial^2 z}{\partial x^2}=\frac{y^6\mathrm{e}^z}{(1-\mathrm{e}^z)^3}$.

16. 求函数 $f(x,y)=x^2+3y^2-2xy+4x-8y+5$ 的极值.

解：解方程组 $\begin{cases} f_x(x,y)=2x-2y+4=0, \\ f_y(x,y)=6y-2x-8=0, \end{cases}$ 得驻点 $(-1,1)$.

由于 $A=f_{xx}(x,y)=2$，$B=f_{xy}(x,y)=-2$，$C=f_{yy}(x,y)=6$，

在点 $(-1,1)$ 处，$AC-B^2=8>0$，又由于 $A=2>0$，

所以函数在点 $(-1,1)$ 处取得极小值，极小值为 $f(-1,1)=-1$.

17. 求函数 $f(x,y)=x^2+4y^2-4x+8y+5$ 在闭区域 $D=\{(x,y)|0\leqslant x\leqslant 3,0\leqslant y\leqslant 2\}$ 的最值.

解：解方程组 $\begin{cases} f_x(x,y)=2x-4=0, \\ f_y(x,y)=8y+8=0, \end{cases}$ 得驻点 $(2,-1)$，

该驻点不在闭区域 D 内,所以不考虑它.

检查边界点:闭区域 D 的边界由四段直线组成:$x=0,x=3,y=0,y=2$. 我们需要在这四段直线上分别找到 $f(x,y)$ 的最大值和最小值.

① 在 $x=0$ 上:$f(0,y)=4y^2+8y+5$,这是一个关于 y 的一元二次函数,在 $y=-1$ 时取得最小值 $f(0,-1)=1$(但 $y=-1$ 不在 D 内,所以不考虑),在 $y=2$ 时取得最大值 $f(0,2)=29$;

② 在 $x=3$ 上:$f(3,y)=4y^2+8y+2$,同样这是一个关于 y 的一元二次函数,在 $y=-1$ 时取得最小值(但不在 D 内),在 $y=2$ 时取得最大值 $f(3,2)=34$;

③ 在 $y=0$ 上:$f(x,0)=x^2-4x+5$,这是一个关于 x 的一元二次函数,在 $x=2$ 时取得最小值 $f(2,0)=1$(但 $x=2$ 时,y 可以取 0 到 2 之间的任意值,这里只考虑 $y=0$ 的情况),在 $x=0$ 或 $x=3$ 时取得边界上的最大值(比较两者,$f(0,0)=5$ 更大);

④ 在 $y=2$ 上:$f(x,2)=x^2-4x+37$,这也是一个关于 x 的一元二次函数,在 $x=2$ 时取得最小值(但不在 $y=2$ 上),在 $x=0$ 或 $x=3$ 时取得边界上的最大值(比较两者,$f(3,2)=34$ 更大,与②重复计算,但不影响最终结果).

综合以上分析,函数 $f(x,y)$ 在闭区域 D 上的点 $(2,0)$ 处取得最小值为 1,在点 $(3,2)$ 处取得最大值为 34.

18. 修建一座形状为长方体的仓库,已知仓库顶每平方米造价为 300 元,墙壁每平方米造价为 200 元,地面每平方米造价为 100 元,其他的固定费为 2 万元,现投资 14 万元,问如何设计方能使仓库的容积最大?

解:设仓库的长、宽、高分别为 x,y,z 米,

则仓库体积为 $V=xyz$,

且 $400xy+400xz+400yz+20000=140000$,即 $xy+xz+yz=300$.

建立拉格朗日函数 $F(x,y,z)=xyz+\lambda(xy+xz+yz-300)$.

令 $\begin{cases} F_x=yz+\lambda(y+z)=0, \\ F_y=xz+\lambda(x+z)=0, \\ F_z=xy+\lambda(x+y)=0, \\ F_\lambda=xy+xz+yz-300=0, \end{cases}$

得唯一解 $x=y=z=10$,由于实际问题的最大值一定存在,因此当仓库的长、宽、高度取相同值 10 米时,仓库的容积最大.

练习八

一、选择题

1. 函数 $z=\arcsin\dfrac{x-y}{2}+\ln(y-x)$ 的定义域是（   ）.

    A. $0<y-x\leqslant 1$ B. $0\leqslant y-x\leqslant 2$

C. $0 \leqslant x-y \leqslant 2$ D. $-2 \leqslant x-y < 0$

2. 二元函数 $f(x,y) = \begin{cases} \dfrac{xy}{x^2+y^2}, & (x,y) \neq (0,0), \\ 0, & (x,y) = (0,0) \end{cases}$ 在点 $(0,0)$ 处（　　）.

   A. 连续，偏导数存在 B. 连续，偏导数不存在
   C. 不连续，偏导数存在 D. 不连续，偏导数不存在

3. 设 $u(x,y) = \arctan \dfrac{x}{y}$，$v(x,y) = \ln \sqrt{x^2+y^2}$，则下列等式成立的是（　　）.

   A. $\dfrac{\partial u}{\partial x} = \dfrac{\partial v}{\partial y}$ B. $\dfrac{\partial u}{\partial x} = \dfrac{\partial v}{\partial x}$ C. $\dfrac{\partial u}{\partial y} = \dfrac{\partial v}{\partial x}$ D. $\dfrac{\partial u}{\partial y} = \dfrac{\partial v}{\partial y}$

4. 设 $z = e^x \cos y$，则 $\dfrac{\partial^2 z}{\partial x \partial y} = $（　　）.

   A. $e^x \sin y$ B. $e^x + e^x \sin y$ C. $-\dfrac{1}{x}\cos y$ D. $-e^x \sin y$

5. 函数 $z = \ln \dfrac{y}{x}$ 在点 $(2,2)$ 处的全微分 dz 为（　　）.

   A. $-\dfrac{1}{2}dx + \dfrac{1}{2}dy$ B. $\dfrac{1}{2}dx + \dfrac{1}{2}dy$ C. $\dfrac{1}{2}dx - \dfrac{1}{2}dy$ D. $-\dfrac{1}{2}dx - \dfrac{1}{2}dy$

6. 设函数 $z = f(x,y)$ 在点 (x_0, y_0) 处具有二阶偏导数，且在该点满足 $z''_{xx} \cdot z''_{yy} - (z''_{xy})^2 > 0$，则在该点处函数 $z = f(x,y)$（　　）.

   A. 必有极大值 B. 必有极小值
   C. 无极值 D. 可能取得极值

二、填空题

1. 函数 $z = f(x,y)$ 在点 (x_0, y_0) 处可微的_____条件是 $z = f(x,y)$ 在点 (x_0, y_0) 处的偏导数存在．

2. 函数 $z = f(x,y)$ 在点 (x_0, y_0) 可微是 $z = f(x,y)$ 在点 (x_0, y_0) 处连续的_____条件．

3. 函数 $z = x^y$ 的全微分 $dz = $ _____．

4. 设 $u = e^{xy} \sin x$，$\dfrac{\partial u}{\partial x} = $ _____．

5. 设 $z = \dfrac{x}{y}$，则全微分 $dz = $ _____．

6. 设函数 $z = z(x,y)$ 由方程 $xz^2 + yz = 1$ 所确定，则 $\dfrac{\partial z}{\partial x} = $ _____．

三、解答题

1. 求下列函数的定义域：

   (1) $z = \sqrt{x - \sqrt{y}}$； (2) $u = \arccos \dfrac{z}{\sqrt{x^2+y^2}}$.

2. 求下列各极限：

(1) $\lim\limits_{\substack{x \to 0 \\ y \to 0}} \dfrac{\sin xy}{x}$;

(2) $\lim\limits_{\substack{x \to 0 \\ y \to 0}} \dfrac{xy}{\sqrt{xy+1}-1}$;

(3) $\lim\limits_{\substack{x \to 0 \\ y \to 0}} \dfrac{1-\cos(x^2+y^2)}{(x^2+y^2)x^2y^2}$.

3. 设 $z = x\ln xy$, 求 $\dfrac{\partial^3 z}{\partial x^2 \partial y}$ 及 $\dfrac{\partial^3 z}{\partial x \partial y^2}$.

4. 求下列函数的偏导数：

(1) $z = \arctan \dfrac{y}{x}$；

(2) $z = \sqrt{\ln xy}$；

(3) $u = e^{xy^2 z^3}$.

5. 设 $z = uv^2 + t\cos u$, $u = e^t$, $v = \ln t$, 求全导数 $\dfrac{dz}{dt}$.

6. 设 $u = e^x(y-z)$, $x = t$, $y = \sin t$, $z = \cos t$, 求 $\dfrac{du}{dt}$.

7. 求方程 $\dfrac{x^2}{a^2} + \dfrac{y^2}{b^2} + \dfrac{z^2}{c^2} = 1$ 所确定的函数 z 的偏导数.

8. 设 $z = ye^{2x} + x\sin 2y$, 求所有二阶偏导数.

9. 设 $z = f(x, y)$ 是由方程 $\dfrac{x}{z} = \ln \dfrac{z}{y}$ 确定的隐函数, 求 $\dfrac{\partial z}{\partial x}$, $\dfrac{\partial z}{\partial y}$.

10. 设 $xy + e^y = e^x$, 求 $\dfrac{dy}{dx}$.

11. 设 $z = f(x, y)$ 是由方程 $e^z - z + xy^3 = 0$ 确定的隐函数, 求 $\dfrac{\partial z}{\partial x}$, $\dfrac{\partial z}{\partial y}$, $\dfrac{\partial^2 z}{\partial x \partial y}$.

12. 设 $z = ye^{x^2} + \cos y$, 求全微分 dz.

13. 求函数 $z = \ln(2 + x^2 + y^2)$ 在点 $(1, 2)$ 的全微分.

14. 利用全微分求 $\sqrt{(2.98)^2 + (4.01)^2}$ 的近似值.

15. 求抛物面 $z = x^2 + y^2$ 与抛物柱面 $y = x^2$ 的交线上的点 $P(1,1,2)$ 处的切线方程和平面方程.

16. 求函数 $f(x, y) = e^{2x}(x + y^2 + 2y)$ 的极值.

17. 要建造一个容积为 10 立方米的无盖长方体贮水池, 底面材料单价每平方米 20 元, 侧面材料单价每平方米 8 元. 问应如何设计尺寸, 才能使材料造价最省？

数学史话

数学巨匠——魏尔斯特拉斯

在数学的璀璨星空中, 有这样一位杰出的数学家, 他的光芒在多元函数微分法及其应用领域尤为耀眼, 他就是德国的数学巨匠卡尔·特奥多尔·威廉·魏尔斯特拉斯 (Karl Theodor Wilhelm Weierstrass). 虽然魏尔斯特拉斯最为人所知的贡献在于实分析的严格化, 但他在多元函数微分法领域的研究同样具有里程碑式的意义, 深刻影响了后世数学的发展.

生于 1815 年的魏尔斯特拉斯,生活在一个数学理论亟待深化与拓展的时代.在那个时代,随着科学技术的进步,数学家们开始面对更加复杂多变的问题,其中就包括对多元函数性质的深入研究.魏尔斯特拉斯凭借其卓越的数学才能和坚韧不拔的探索精神,投身于这一充满挑战的领域.

在多元函数微分法方面,魏尔斯特拉斯做出了许多开创性的贡献.他深入研究了多元函数的连续性、可微性及其相互关系,提出了许多深刻而精确的定理和命题.尤为重要的是,他运用了现代分析学的方法,对多元函数的极限、导数等概念进行了严格的定义和证明,为多元函数微分学建立了坚实的理论基础.

魏尔斯特拉斯的工作不仅停留在理论层面,他还积极地将这些理论应用于解决实际问题.在物理学、工程学等领域,多元函数微分法具有广泛的应用价值.魏尔斯特拉斯通过具体案例的分析和计算,展示了多元函数微分法在描述空间变化、优化设计方案等方面的强大威力,进一步凸显了数学与实际应用之间的紧密联系.

魏尔斯特拉斯的成就不仅在于他个人的荣誉和地位,更在于他对数学学科的深远影响.他的研究激励了一代又一代的数学家继续深入探索多元函数微分法及其应用的奥秘,推动了数学与科学的共同发展.魏尔斯特拉斯的名字,也因此成为了多元函数微分法领域的一座不朽丰碑.

回顾魏尔斯特拉斯的传奇人生,我们不禁被他的数学才华和不懈追求所折服.他的故事告诉我们,只有勇于挑战未知、不断探索真理的数学家,才能在数学的海洋中留下深刻的印记.魏尔斯特拉斯的精神,将永远激励着后来的学者在数学的道路上勇往直前,不断攀登新的高峰.

项目九 重积分

学习目标

1. 理解二重积分的几何意义与物理背景,掌握其作为面积、体积及质量分布等计算的数学工具的本质,为后续专业课程的学习奠定坚实基础.
2. 熟练掌握直角坐标系下二重积分的计算方法,理解并应用被积函数、积分区域对称性简化计算过程.
3. 能够根据题目条件准确绘制积分区域,灵活选择适合的坐标系进行积分计算;掌握积分区域的分割与合并策略,以及利用变量替换技术处理复杂积分区域的方法.
4. 能够将二重积分理论知识应用于解决工程、物理及经济等领域的实际问题,如计算不规则图形的面积、立体图形的体积、平面薄片的质量中心等,培养分析问题和解决问题的能力.

湖南省专升本《高等数学》课程考纲

1. 了解二重积分的概念、性质及其几何意义.
2. 掌握二重积分在直角坐标系下的计算方法.

导入案例

在数控加工过程中,了解材料去除量是进行刀具路径规划、切削参数设置以及成本估算的重要依据.特别是在复杂形状零件的加工中,通过计算材料去除量可以优化切削策略,提高加工效率和材料利用率.而重积分作为一种计算空间体积的有效工具,在此类问题中具有重要作用.

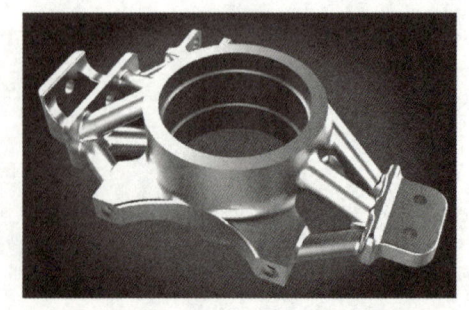

假设我们需要加工一个具有复杂曲面的零件,

项目九 重积分

其外形由多个曲面片组成,且已知各曲面片的数学方程或 CAD 模型.我们需要计算在整个加工过程中,刀具需要去除的材料体积,以便进行后续的加工规划和成本分析.

由于零件形状复杂,传统方法难以准确计算.而重积分可以通过将复杂形状划分为多个简单形状(如微小立方体或四面体),并对每个简单形状进行体积积分,从而得到整个零件的材料去除量.

任务一 二重积分的概念与性质

工作情境

在机械制造与自动化领域,经常需要设计和生产各种形状的机械零件,其中很多零件具有复杂的几何形状,如凸轮、曲轴等.为了精确控制材料用量和加工精度,需要准确计算这些零件的体积.

假设我们正在为一个复杂的凸轮零件进行设计和生产.该凸轮零件具有一个非平面的顶面,其形状由给定的二元函数 $z=f(x,y)$ 描述,底面则是一个规则的圆形区域 D. 在这个问题中,我们可以将凸轮零件看作一个曲顶柱体,其底面是圆形区域 D,顶面是由二元函数 $z=f(x,y)$ 定义的曲面.二重积分的几何意义就是计算这种曲顶柱体的体积.

知识准备

一、二重积分的概念

1. 曲顶柱体的体积

设有一个立体图形,它的底是 xOy 面上的闭区域 D(为简便起见,本章以后除特别说明外,都假定平面闭区域和空间闭区域是有界的,且平面闭区域有有限面积,空间闭区域有有限体积),它的侧面是以 D 的边界曲线为准线而母线平行于 z 轴的柱面,它的顶是曲面 $z=f(x,y)$,这里 $f(x,y) \geqslant 0$ 且在 D 上连续(见图 9-1),这种立体叫做曲顶柱体.现在我们来讨论如何计算上述曲顶柱体的体积 V.

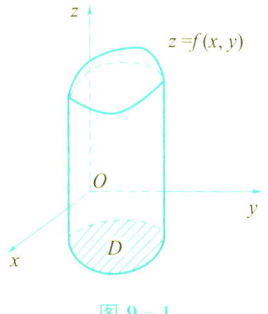

图 9-1

我们知道,平顶柱体的高是不变的,它的体积可以用公式(体积=底面积×高)来定义和计算.关于曲顶柱体,当点 (x,y) 在区域 D 上变动时,高度 $f(x,y)$ 是个变量,因此它的体积不能直接用上式来计算.但如果回忆起定积分中求曲边梯形面积的问题.就不难想到,那里所采用的解决方法,原则上可以用来解决目前的问题.

首先,用一组曲线网把 D 分成 n 个小闭区域 $\Delta\sigma_1,\Delta\sigma_2,\cdots,\Delta\sigma_n$,分别以这些小闭区域的边界曲线为准线,作母线平行于 z 轴的柱面,这些柱面把原来的曲顶柱体分为 n 个细曲顶柱体. 当这些小闭区域的直径(一个闭区域的直径是指区域上任意两点间距离的最大值)很小时,由于 $f(x,y)$ 连续,对同一个小闭区域来说,$f(x,y)$ 变化很小,这时细曲顶柱体可近似地看作平顶柱体. 我们在每个 $\Delta\sigma_i$(这小闭区域的面积也记作 $\Delta\sigma_i$)中任取一点 (ξ_i,η_i),以 $f(\xi_i,\eta_i)$ 为高而底为 $\Delta\sigma_i$ 的平顶柱体(见图 9-2)的体积为 $f(\xi_i,\eta_i)\Delta\sigma_i(i=1,2,\cdots,n)$. 这 n 个平顶柱体体积之和 $\sum_{i=1}^{n}f(\xi_i,\eta_i)\Delta\sigma_i$ 可以认为是整个曲顶柱体体积的近似值. 令 n 个小闭区域的直径中的最大值(记作 λ)趋于零,取上述和的极限,所得的极限便自然地定义为所讨论曲顶柱体的体积 V,即

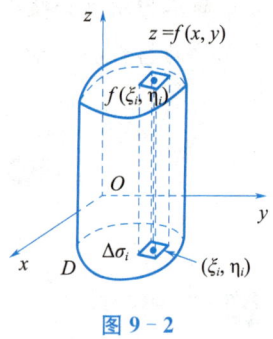

图 9-2

$$V = \lim_{\lambda \to 0} \sum_{i=1}^{n} f(\xi_i,\eta_i)\Delta\sigma_i.$$

2. 平面薄片的质量

设有一平面薄片占有 xOy 面上的闭区域 D,它在点 (x,y) 处的面密度为 $\mu(x,y)$,这里 $\mu(x,y) > 0$ 且在 D 上连续. 现在要计算该薄片的质量 M.

我们知道,如果薄片是均匀的,即面密度是常数,则薄片的质量可以用公式(质量=面密度×面积)来计算. 现在面密度 $\mu(x,y)$ 是变量,薄片的质量就不能直接用上式来计算. 但是前面用来处理曲顶柱体体积问题的方法完全适用于本问题.

由于 $\mu(x,y)$ 连续,把薄片分成许多小块后,只要小块所占的小闭区域 $\Delta\sigma_i$ 的直径很小,这些小块就可以近似地看作均匀薄片. 在 $\Delta\sigma_i$ 上任取一点 (ξ_i,η_i),则

$$\mu(\xi_i,\eta_i)\Delta\sigma_i (i=1,2,\cdots,n)$$

可看作第 i 个小块的质量的近似值(见图 9-3). 通过求和、取极限得出

$$M = \lim_{\lambda \to 0} \sum_{i=1}^{n} \mu(\xi_i,\eta_i)\Delta\sigma_i.$$

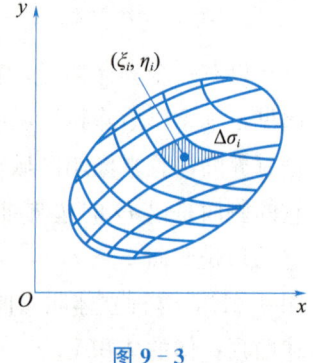

图 9-3

上面两个问题的实际意义虽然不同,但所求量都归结为同一形式的和的极限. 在物理、力学、几何和工程技术中,有许多物理量或几何量都可归结为这一形式的和的极限. 因此,我们有必要研究这种和的极限的一般形式,抽象出下述二重积分的定义.

定义 1 设 $f(x,y)$ 是有界闭区域 D 上的有界函数. 将闭区域 D 任意分成 n 个小闭区域 $\Delta\sigma_1,\Delta\sigma_2,\cdots,\Delta\sigma_n$,其中 $\Delta\sigma_i$ 表示第 i 个小闭区域,也表示它的面积. 在每个 $\Delta\sigma_i$ 上任取一点 (ξ_i,η_i),作乘积 $f(\xi_i,\eta_i)\Delta\sigma_i(i=1,2,\cdots,n)$,并作和 $\sum_{i=1}^{n}f(\xi_i,\eta_i)\Delta\sigma_i$. 如果当每个小

闭区域的直径中的最大值 λ 趋于零时，这和的极限总存在，则称此极限为函数 $f(x,y)$ 在闭区域 D 上的二重积分，记作 $\iint\limits_D f(x,y)\mathrm{d}\sigma$，即

$$\iint\limits_D f(x,y)\mathrm{d}\sigma = \lim_{\lambda \to 0}\sum_{i=1}^{n} f(\xi_i,\eta_i)\Delta\sigma_i, \tag{9-1}$$

其中 $f(x,y)$ 叫做被积函数，$f(x,y)\mathrm{d}\sigma$ 叫做被积表达式，$\mathrm{d}\sigma$ 叫做面积元素，x 与 y 叫做积分变量，D 叫做积分区域，$\sum_{i=1}^{n} f(\xi_i,\eta_i)\Delta\sigma_i$ 叫做积分和．

在二重积分的定义中对闭区域 D 的划分是任意的，如果在直角坐标系中用平行于坐标轴的直线网来划分 D，那么除了包含边界点的一些小闭区域外（求和的极限时，这些小闭区域所对应的项的和的极限为零，因此这些小闭区域可以略去不计），其余的小闭区域都是矩形闭区域．设矩形闭区域 $\Delta\sigma_i$ 的边长为 Δx_j 和 Δy_k，则 $\Delta\sigma_i = \Delta x_j \cdot \Delta y_k$，因此在直角坐标系中，有时也把面积元素 $\mathrm{d}\sigma$ 记作 $\mathrm{d}x\mathrm{d}y$，而把二重积分记作

$$\iint\limits_D f(x,y)\mathrm{d}x\mathrm{d}y,$$

其中 $\mathrm{d}x\mathrm{d}y$ 叫做直角坐标系中的面积元素．

这里我们要指出，当 $f(x,y)$ 在闭区域 D 上连续时，公式 (9-1) 右端的和的极限必定存在，也就是说，函数 $f(x,y)$ 在 D 上的二重积分必定存在．如无特别说明，本章总是假定函数 $f(x,y)$ 在闭区域 D 上连续，所以 $f(x,y)$ 在 D 上的二重积分都是存在的．

由二重积分的定义可知，曲顶柱体的体积是函数 $f(x,y)$ 在闭区域 D 上的二重积分

$$V = \iint\limits_D f(x,y)\mathrm{d}\sigma.$$

平面薄片的质量是它的面密度 $\mu(x,y)$ 在薄片所占闭区域 D 上的二重积分

$$M = \iint\limits_D \mu(x,y)\mathrm{d}\sigma.$$

一般地，如果 $f(x,y) \geqslant 0$，被积函数 $f(x,y)$ 可解释为曲顶柱体的顶在点 (x,y) 处的竖坐标，所以二重积分的几何意义就是曲顶柱体的体积．如果 $f(x,y)$ 是负的，曲顶柱体就在 xOy 面的下方，二重积分的绝对值仍等于曲顶柱体的体积，但二重积分的值是负的．如果 $f(x,y)$ 在 D 的若干部分区域上是正的，而在其他的部分区域上是负的，那么，$f(x,y)$ 在 D 上的二重积分就等于 xOy 面上的曲顶柱体体积减去 xOy 面下方的曲顶柱体体积所得之差．

> 二重积分的概念是通过"分割-近似代替-求和-取极限"四个步骤建立起来的，其核心思想体现的是哲学中曲直替代的辩证观．

二、二重积分的性质

比较定积分与二重积分的定义可以想到，二重积分与定积分有类似的性质，叙述如下：

> **类比思想**
>
> 把两个（或两类）不同的数学对象进行比较，如果发现它们在某些方面有相同或类似之处，那么就推断它们在其他方面也可能有相同或类似之处．

性质 1：设 α,β 为常数，则
$$\iint_D [\alpha f(x,y)+\beta g(x,y)]d\sigma = \alpha\iint_D f(x,y)d\sigma + \beta\iint_D g(x,y)d\sigma.$$

性质 2：如果闭区域 D 被有限条分段光滑曲线分为有限个部分闭区域，则在 D 上的二重积分等于在各个部分闭区域上的二重积分的和．

例如，将 D 为两个闭区域 D_1 与 D_2，则
$$\iint_D f(x,y)d\sigma = \iint_{D_1} f(x,y)d\sigma + \iint_{D_2} f(x,y)d\sigma.$$

该性质表示二重积分对于积分区域具有可加性．

性质 3：如果在 D 上，$f(x,y)=1$，σ 为 D 的面积，则
$$\sigma = \iint_D 1 d\sigma = \iint_D d\sigma.$$

该性质表明被积函数为 1 的二重积分在数值上就等于积分区域 D 的面积．

性质 4：如果在 D 上，$f(x,y) \leqslant \varphi(x,y)$，则有
$$\iint_D f(x,y)d\sigma \leqslant \iint_D \varphi(x,y)d\sigma.$$

特殊地，由于 $-|f(x,y)| \leqslant f(x,y) \leqslant |f(x,y)|$ 又有
$$\left|\iint_D f(x,y)d\sigma\right| \leqslant \iint_D |f(x,y)|d\sigma.$$

性质 5：设 M,m 分别是 $f(x,y)$ 在闭区域 D 上的最大值和最小值，σ 是 D 的面积，则有
$$m\sigma \leqslant \iint_D f(x,y)d\sigma \leqslant M\sigma.$$

上述不等式是对于二重积分估值的不等式．因为 $m \leqslant f(x,y) \leqslant M$，所以由性质 4 有
$$\iint_D m d\sigma \leqslant \iint_D f(x,y)d\sigma \leqslant \iint_D M d\sigma,$$
再应用性质 1 和性质 3，便得此估值不等式．

性质 6（二重积分的中值定理）：设函数 $f(x,y)$ 在闭区域 D 上连续，σ 是 D 的面积，则在 D 上至少存在一点 (ξ,η)，使得 $\iint_D f(x,y)d\sigma = f(\xi,\eta)\sigma$．

例 9-1-1 不作计算，估计 $I = \iint_D e^{x^2+y^2}d\sigma$ 的值，其中 D 是椭圆闭区域 $\dfrac{x^2}{a^2}+\dfrac{y^2}{b^2}=1(0<b<a)$．

解：区域 D 的面积 $\sigma = \pi ab$，在 D 上

因为 $0 \leqslant x^2+y^2 \leqslant a^2$，所以 $1 = e^0 \leqslant e^{x^2+y^2} \leqslant e^{a^2}$，

于是 $\sigma \leqslant \iint\limits_{D} e^{x^2+y^2} d\sigma \leqslant \sigma \cdot e^{a^2}$，

所以 $\pi ab \leqslant \iint\limits_{D} e^{x^2+y^2} d\sigma \leqslant \pi ab \cdot e^{a^2}$.

例 9-1-2 估计 $I = \iint\limits_{D} \dfrac{d\sigma}{\sqrt{x^2+y^2+2xy+16}}$ 的值，其中 $D:0 \leqslant x \leqslant 1, 0 \leqslant y \leqslant 2$.

解：因为 $f(x,y) = \dfrac{1}{\sqrt{(x+y)^2+16}}$，区域面积 $\sigma = 2$，

在 D 上 $f(x,y)$ 的最大值 $M = \dfrac{1}{4}(x=y=0)$，最小值 $m = \dfrac{1}{\sqrt{3^2+4^2}} = \dfrac{1}{5}(x=1, y=2)$，

故 $\dfrac{2}{5} \leqslant I \leqslant \dfrac{2}{4}$，即 $0.4 \leqslant I \leqslant 0.5$.

例 9-1-3 判断 $\iint\limits_{r \leqslant |x|+|y| \leqslant 1} \ln(x^2+y^2) dxdy$ 的符号．

解：当 $r \leqslant |x|+|y| \leqslant 1$ 时，$0 \leqslant x^2+y^2 \leqslant (|x|+|y|)^2 \leqslant 1$，
故 $\ln(x^2+y^2) \leqslant 0$.

又当 $|x|+|y| \leqslant 1$ 时，$\ln(x^2+y^2) < 0$，

于是 $\iint\limits_{r \leqslant |x|+|y| \leqslant 1} \ln(x^2+y^2) dxdy < 0$.

例 9-1-4 比较积分 $\iint\limits_{D} \ln(x+y) d\sigma$ 与 $\iint\limits_{D} [\ln(x+y)]^2 d\sigma$ 的大小，其中 D 是三角形闭区域，三个顶点分别为 $(1,0), (1,1), (2,0)$.

解：区域 D 如图 9-4 所示，且 $\begin{cases} 1 \leqslant x \leqslant 2, \\ 0 \leqslant y \leqslant 1. \end{cases}$ 三角形斜边所在直线的方程为 $x+y=2$，

在 D 内有 $1 \leqslant x+y \leqslant 2 < e$，
故 $0 \leqslant \ln(x+y) < 1$.
于是 $\ln(x+y) > [\ln(x+y)]^2$，
因此 $\iint\limits_{D} \ln(x+y) d\sigma > \iint\limits_{D} [\ln(x+y)]^2 d\sigma$.

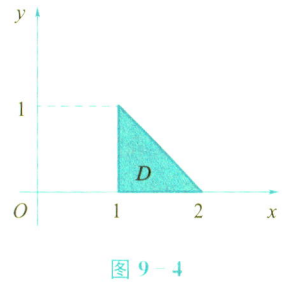

图 9-4

> **思维培养**

在高职高等数学的教学体系中，二重积分的概念与性质是提升学生逻辑思维与抽象思维能力的核心内容．我们致力于引导学生深入理解二重积分的定义，掌握其作为面积、体积及物理量计算的数学工具的重要性．通过系统的学习，学生将掌握二重积分的基本

性质，如线性性、积分区域的可加性、积分顺序的可交换性等，以及它们在解决实际问题中的应用．这一系列的教学活动旨在培养学生从具体到抽象、从静态到动态的思维方式，提升其解决复杂数学问题的能力，为学生后续的数学学习及职业生涯奠定坚实的理论基础．

实务训练

1. 根据二重积分的几何意义，确定积分 $\iint\limits_D \sqrt{a^2-x^2-y^2}\,d\sigma$ 的值，其中 D 为 $x^2+y^2 \leqslant a^2$．

2. 根据二重积分的性质，比较下列积分的大小：

(1) $\iint\limits_D (x+y)^2 d\sigma$ 与 $\iint\limits_D (x+y)^3 d\sigma$，其中 D 为 $(x-2)^2+(y-2)^2 \leqslant 1$；

(2) $\iint\limits_D \ln(x+y)\,d\sigma$ 与 $\iint\limits_D [\ln(x+y)]^2 d\sigma$，其中 D 为矩形区域：$3 \leqslant x \leqslant 5, 0 \leqslant y \leqslant 1$．

3. 利用二重积分的性质估计二重积分 $I = \iint\limits_D (x+2y)\,dA$ 的值，其中积分区域 D 是由 $0 \leqslant x \leqslant 1, 0 \leqslant y \leqslant 1$ 围成的矩形．

任务二　二重积分的计算方法

工作情境

在数控加工的工作情境中，虽然直接涉及二重积分的计算可能不是数控加工操作员或程序员的日常核心任务，但二重积分作为数学工具，在理解和计算与数控加工相关的某些复杂几何形状、体积或面积时，可能具有间接的应用．

在数控加工中，对于需要精确控制质量分布的零件（如航空发动机叶片等），可能需要计算零件上不同位置的质量密度，并通过二重积分来估算整个零件的质量分布．虽然这通常涉及更复杂的物理和数学模型，但二重积分可以作为其中一部分计算的基础．虽然二重积分在数控加工的直接操作中可能不是核心任务，但在处理与几何形状、体积、面积或质量分布相关的复杂计算时，它仍然是一种有力的数学工具．

知识准备

按照二重积分的定义来计算二重积分，对少数特别简单的被积函数和积分区域来说是可行的，但对一般的函数和区域来说，这种方法不是最优方法，有时甚至行不通．为此，本节介绍一种将二重积分化为二次积分（即二次定积分）的计算方法，即利用直角坐标计算二重积分.

下面用几何观点来讨论二重积分 $\iint\limits_{D} f(x,y)\mathrm{d}x\mathrm{d}y$ 的计算问题. 在讨论中假定 $f(x,y) \geqslant 0$.

设积分区域 D 可以用不等式：$\varphi_1(x) \leqslant y \leqslant \varphi_2(x), a \leqslant x \leqslant b$ 来表示（见图 9-5），其中函数 $\varphi_1(x), \varphi_2(x)$ 在区间 $[a,b]$ 上连续.

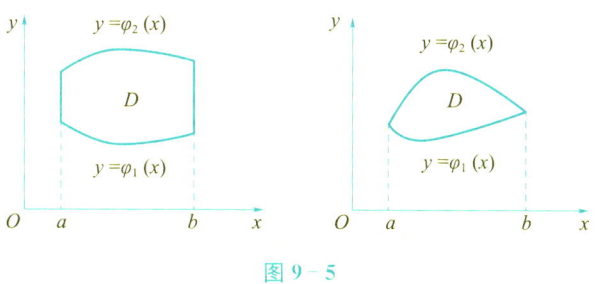

图 9-5

按照二重积分的几何意义，$\iint\limits_{D} f(x,y)\mathrm{d}x\mathrm{d}y$ 的值等于以 D 为底，以曲面 $z = f(x,y)$ 为顶的曲顶柱体（见图 9-6）的体积. 下面我们应用定积分知识中计算"平行截面面积为已知的立体的体积"的方法，来计算这个曲顶柱体的体积.

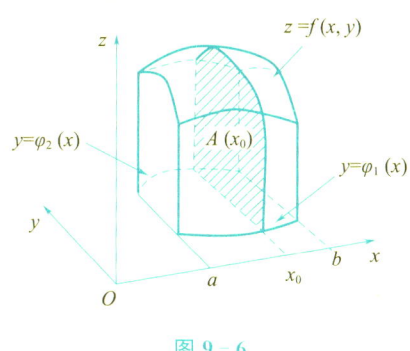

图 9-6

先计算截面面积. 为此，在区间 $[a,b]$ 上任意取定一点 x_0，作平行于 yOz 面的平面 $x = x_0$. 这平面截曲顶柱体所得的截面是一个以区间 $[\varphi_1(x_0), \varphi_2(x_0)]$ 为底、曲线 $z = f(x_0,y)$ 为曲边的曲边梯形（如图 9-6 中阴影部分），所以这截面的面积为

$$A(x_0) = \int_{\varphi_1(x_0)}^{\varphi_2(x_0)} f(x_0,y)\mathrm{d}y.$$

一般地，过区间 $[a,b]$ 上任一点 x 且平行于 yOz 面的平面截曲顶柱体所得截面的面积为

$$A(x) = \int_{\varphi_1(x_0)}^{\varphi_2(x_0)} f(x,y)\mathrm{d}y.$$

再计算曲顶柱体的体积. 应用计算平行截面面积为已知的立体体积的方法，得曲顶柱体体积为

$$V = \int_a^b A(x)\mathrm{d}x = \int_a^b \left[\int_{\varphi_1(x_0)}^{\varphi_2(x_0)} f(x,y)\mathrm{d}y\right]\mathrm{d}x.$$

这个体积也就是所求二重积分的值，从而有等式

$$\iint_D f(x,y)\mathrm{d}x\mathrm{d}y = \int_a^b \left[\int_{\varphi_1(x_0)}^{\varphi_2(x_0)} f(x,y)\mathrm{d}y\right]\mathrm{d}x. \qquad (9-2)$$

上式右端的积分叫做先对 y、后对 x 的二次积分，就是说，先把 x 看作常数，把 $f(x,y)$ 只看作 y 的函数，并对 y 计算从 $\varphi_1(x)$ 到 $\varphi_2(x)$ 的定积分；然后把算得的结果（是 x 的函数）再对 x 计算在区间 $[a,b]$ 上的定积分，这个先对 y、后对 x 的二次积分也常记作

$$\int_a^b \mathrm{d}x \int_{\varphi_1(x)}^{\varphi_2(x)} f(x,y)\mathrm{d}y.$$

因此，二重积分也写成

$$\iint_D f(x,y)\mathrm{d}x\mathrm{d}y = \int_a^b \mathrm{d}x \int_{\varphi_1(x)}^{\varphi_2(x)} f(x,y)\mathrm{d}y \qquad (9-3)$$

这就是把二重积分化为先对 y、后对 x 的二次积分的公式.

在上述讨论中，我们假定 $f(x,y) \geqslant 0$，但实际上公式（9-2）的成立并不受此条件限制.

类似地，如果积分区域 D 可以用不等式 $\varphi_1(y) \leqslant x \leqslant \varphi_2(y), c \leqslant y \leqslant d$ 来表示（见图 9-7），其中函数 $\varphi_1(y), \varphi_2(y)$ 在区间 $[c,d]$ 上连续，则有

$$\iint_D f(x,y)\mathrm{d}x\mathrm{d}y = \int_c^d \left[\int_{\varphi_1(x_0)}^{\varphi_2(x_0)} f(x,y)\mathrm{d}x\right]\mathrm{d}y$$

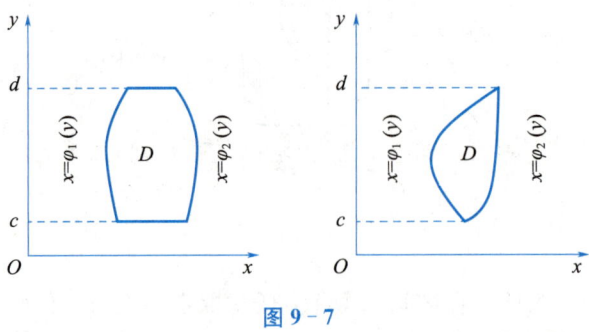

图 9-7

上式右端的积分叫做先对 x、后对 y 的二次积分，这个积分也常记作

$$\int_c^d \mathrm{d}y \int_{\varphi_1(y)}^{\varphi_2(y)} f(x,y)\mathrm{d}x \qquad (9-4)$$

因此，等式（9-4）也可写成

$$\iint_D f(x,y)\mathrm{d}\sigma = \int_c^d \mathrm{d}y \int_{\varphi_1(y)}^{\varphi_2(y)} f(x,y)\mathrm{d}x \qquad (9-5)$$

这就是把二重积分化为先对 x、后对 y 的二次积分的公式.

以后我们称图 9-5 所示的积分区域为 X-型区域，图 9-7 所示的积分区域为 Y-型区域，应用公式（9-2）时，积分区域必须是 X-型区域，X-型区域 D 的特点是：穿过 D 内部且平行于 y 轴的直线与 D 的边界相交不多于两点；而用公式（9-3）时，积分区

域必须是 Y-型区域, Y-型区域 D 的特点是: 穿过 D 内部且平行于 x 轴的直线与 D 的边界相交不多于两点. 如果积分区域 D 如图 9-7 那样, 既有一部分, 使穿过 D 内部且平行于 y 轴的直线与 D 的边界相交多于两点; 又有一部分, 使穿过 D 内部且平行于 x 轴的直线与 D 的边界相交多于两点, 即 D 既不是 X-型区域, 又不是 Y-型区域. 对于这种情形, 我们可以把 D 分成几部分, 使每个部分是 X-型区域或是 Y-型区域. 例如, 在图 9-8 中, 把 D 分成三个部分, 它们都是 X-型区域, 从而在这三部分上的二重积分都可应用公式 (9-2). 各部分上的二重积分求得后, 根据二重积分的性质 2, 它们的和就是在 D 上的二重积分.

如果积分区域 D 既是 X-型的, 又是 Y-型的, 既可用不等式 $\varphi_1(x) \leqslant y \leqslant \varphi_2(x)$, $a \leqslant x \leqslant b$ 表示, 又可用不等式 $\Psi_1(y) \leqslant x \leqslant \Psi_2(y), c \leqslant y \leqslant d$ 表示 (见图 9-9), 则由公式 (9-3) 及式 (9-5) 就得

$$\int_a^b dx \int_{\varphi_1(x)}^{\varphi_2(x)} f(x,y)dy = \int_c^d dy \int_{\Psi_1(y)}^{\Psi_2(y)} f(x,y)dx \qquad (9-6)$$

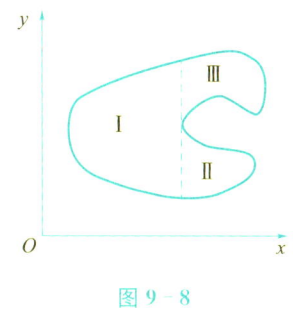

图 9-8

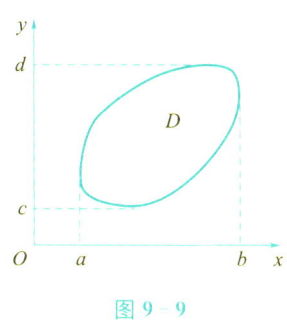

图 9-9

上式表明, 这两个不同次序的二次积分相等, 因为它们都等于同一个二重积分.

例 9-2-1 计算积分 $\iint_D \dfrac{y}{x^2} dxdy$, 其中 D 是正方形区域: $1 \leqslant x \leqslant 2, 0 \leqslant y \leqslant 1$.

解:
$$\iint_D \frac{y}{x^2} dxdy = \int_1^2 dx \int_0^1 \frac{y}{x^2} dy = \frac{1}{2} \int_1^2 \frac{1}{x^2} dx = \frac{1}{4}.$$

例 9-2-2 计算 $\iint_D y\sqrt{1+x^2-y^2} d\sigma$, 其中 D 是由直线 $y=x, x=-1$ 和 $y=1$ 所围成的闭区域.

解: 画出积分区域 D (见图 9-10), 若把 D 看成 X-型, 则利用公式 (9-2) 得

$$\iint_D y\sqrt{1+x^2-y^2} d\sigma = \int_{-1}^1 dx \int_x^1 y\sqrt{1+x^2-y^2} dy = -\frac{1}{3}\int_{-1}^1 \left[(1+x^2-y^2)^{\frac{3}{2}}\right]_x^1 dx$$

$$= -\frac{1}{3}\int_{-1}^1 (|x|^3 - 1)dx = -\frac{2}{3}\int_0^1 (x^3 - 1)dx = \frac{1}{2}.$$

若把 D 看成 Y-型 (见图 9-11), 则利用公式 (9-4) 得

$$\iint_D y\sqrt{1+x^2-y^2} d\sigma = \int_{-1}^1 ydy \int_{-1}^y \sqrt{1+x^2-y^2} dx$$

其中关于 x 的积分计算比较麻烦，所以这里用公式（9-2）计算较为方便．

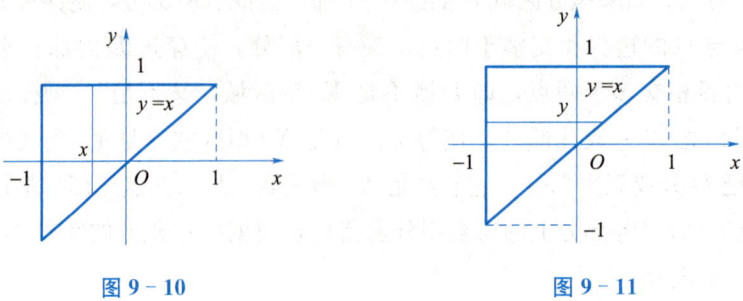

图 9-10　　　　　　　　　　图 9-11

例 9-2-3　计算 $\iint\limits_{D} xy \mathrm{d}\sigma$，其中 D 是由抛物线 $y^2 = x$ 及直线 $y = x - 2$ 所围成的闭区域．

解：画出积分区域 D（见图 9-12），若把 D 看成 Y-型，则利用公式（9-4）得

$$\iint\limits_{D} xy \mathrm{d}\sigma = \int_{-1}^{2} \mathrm{d}y \int_{y^2}^{y+2} xy \mathrm{d}x = \int_{-1}^{2} \left[\frac{x^2}{2} y \right]_{y^2}^{y+2} \mathrm{d}y$$

$$= \frac{1}{2} \int_{-1}^{2} \left[y(y+2)^2 - y^5 \right] \mathrm{d}y$$

$$= \frac{1}{2} \left[\frac{y^4}{4} + \frac{4}{3} y^3 + 2y^2 - \frac{y^6}{6} \right]_{-1}^{2} = \frac{45}{8}.$$

若把 D 看成 X-型利用公式（9-2），则在区间 $[0,1]$ 及 $[1,4]$ 上表示 $\varphi_1(x)$ 的式子不同，要用经过交点 $(1,-1)$ 且平行于 y 轴的直线 $x = 1$ 把区域 D 分成 D_1 和 D_2 两部分（见图 9-13），其中

$$D_1 = \{(x,y) \mid -\sqrt{x} \leqslant y \leqslant \sqrt{x}, 0 \leqslant x \leqslant 1\},$$

$$D_2 = \{(x,y) \mid x - 2 \leqslant y \leqslant \sqrt{x}, 1 \leqslant x \leqslant 4\}.$$

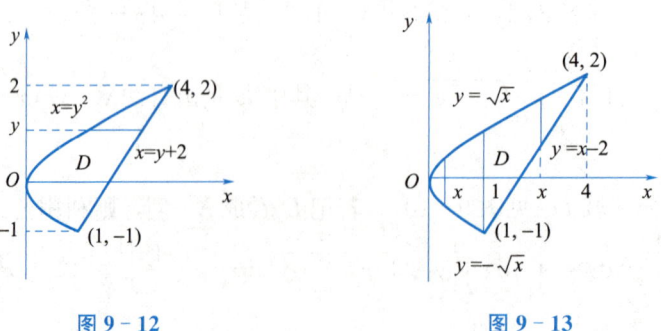

图 9-12　　　　　　　　　　图 9-13

因此，根据二重积分的性质 2，就有

$$\iint\limits_{D} xy \mathrm{d}\sigma = \iint\limits_{D_1} xy \mathrm{d}\sigma + \iint\limits_{D_2} xy \mathrm{d}\sigma$$

$$= \int_0^1 \mathrm{d}x \int_{-\sqrt{x}}^{\sqrt{x}} xy\,\mathrm{d}y + \int_1^4 \mathrm{d}x \int_{x-2}^{\sqrt{x}} xy\,\mathrm{d}y.$$

由此可见，这里用公式（9-2）来计算比较麻烦．

例 9-2-4 求 $\int_0^1 \mathrm{d}y \int_y^1 \dfrac{\sin x}{x}\,\mathrm{d}x$.

解：由不定积分可知，因为 $\int \dfrac{\sin x}{x}\,\mathrm{d}x$ 的被积函数 $\dfrac{\sin x}{x}$ 的原函数不能用初等函数表示，因此依题中所给积分次序不能计算出二重积分．对此类问题考虑采用交换积分次序的方法来解决，计算如下：

$$\int_0^1 \mathrm{d}y \int_y^1 \frac{\sin x}{x}\,\mathrm{d}x = \int_0^1 \mathrm{d}x \int_0^x \frac{\sin x}{x}\,\mathrm{d}y = \int_0^1 \frac{\sin x}{x}\,\mathrm{d}x \int_0^x \mathrm{d}y = \int_0^1 \frac{\sin x}{x} \cdot x\,\mathrm{d}x = 1 - \cos 1.$$

交换积分次序的一般步骤为：

① 先依给定的二次积分限，写出积分区域 D 的范围，并依此作出 D 的图形；

② 再依区域 D 的图形确定出另一种积分次序的积分限．

上述几个例子说明，在化二重积分为二次积分时，为了计算简便，需要选择恰当的二次积分的次序．这时，既要考虑积分区域 D 的形状，又要考虑被积函数 $f(x,y)$ 的特性．

例 9-2-5 求两个底圆半径都等于 R 的直交圆柱面所围成的立体的体积．

解：设这两个圆柱面的方程分别为 $x^2 + y^2 = R^2$ 及 $x^2 + z^2 = R^2$. 利用立体关于坐标平面的对称性，只需算出它在第一卦限部分（见图 9-14（a））的体积 V_1，然后再乘以 8 就行了．

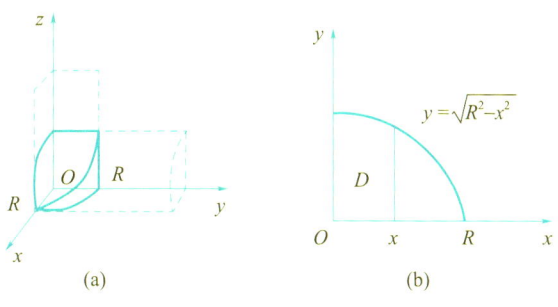

图 9-14

所求立体在第一卦限部分可以看成是一个曲顶柱体，它的底为

$$D = \{(x,y) \mid 0 \leqslant y \leqslant \sqrt{R^2 - x^2},\ 0 \leqslant x \leqslant R\}$$

如图 9-14（b）所示，它的顶是柱面 $z = \sqrt{R^2 - x^2}$. 于是

$$V_1 = \iint_D \sqrt{R^2 - x^2}\,\mathrm{d}\sigma = \iint_D \sqrt{R^2 - x^2}\,\mathrm{d}\sigma = \int_0^R \mathrm{d}x \int_0^{\sqrt{R^2 - x^2}} \sqrt{R^2 - x^2}\,\mathrm{d}y$$

$$= \int_0^R \left[y\sqrt{R^2 - x^2} \right]_0^{\sqrt{R^2 - x^2}} \mathrm{d}x = \int_0^R (R^2 - x^2)\,\mathrm{d}x = \frac{2}{3}R^3.$$

从而所求立体的体积为 $V = 8V_1 = \dfrac{16}{3}R^3$.

> 牟合方盖是由我国古代数学家刘徽首先发现并采用的一种用于计算球体体积的方法,求内切球的体积转化为求牟合方盖的体积.刘徽:观立方之内,合盖之外,虽衰杀有渐,而多少不掩判合总结,方圆相缠,浓纤诡互,不可等正.欲陋形措意,惧失正理敢不阙疑,以俟能言者.刘徽提出,"牟合方盖"的体积跟内接球体体积的比为 $4:\pi$,只要有方法找出"牟合方盖"的体积便可.直至二百多年后,祖冲之和他的儿子祖暅承袭了刘徽的想法,利用"牟合方盖"彻底地解决了球体体积公式的问题,他们的方法是将原来的"牟合方盖"平均分为八份,取它的八分之一来研究.

思维培养

在高职高等数学课程中,二重积分的计算是锻炼学生逻辑思维与空间想象能力的关键环节.我们注重引导学生深入理解二重积分的几何意义与物理背景,掌握直角坐标系下二重积分的计算方法.通过系统的训练,学生将学会如何根据积分区域的特点选择合适的坐标系,合理划分积分区间,准确求解被积函数.这一教学过程不仅强化了学生的数学运算能力,更培养了其面对复杂积分区域时,能够灵活转换视角、巧妙分解问题的解题思维,为学生后续的专业学习及职业生涯奠定了坚实的数学基础.

实务训练

计算下列二重积分:

(1) $\iint\limits_{D} x\sin y\,d\sigma, D = \left\{(x,y) \mid 1 \leqslant x \leqslant 2, 0 \leqslant y \leqslant \dfrac{\pi}{2}\right\}$;

(2) $\iint\limits_{D} (xy^2 + e^{x+2y})\,d\sigma, D = \{(x,y) \mid -1 \leqslant x \leqslant 1, 0 \leqslant y \leqslant 1\}$;

(3) $\iint\limits_{D} xy e^{xy^2}\,d\sigma, D = \{(x,y) \mid 0 \leqslant x \leqslant 1, 0 \leqslant y \leqslant 1\}$;

(4) $\iint\limits_{D} x^2 y\sin xy^2\,d\sigma, D = \left\{(x,y) \mid 0 \leqslant x \leqslant \dfrac{\pi}{2}, 0 \leqslant y \leqslant 2\right\}$;

(5) $\iint\limits_{D} x\,d\sigma, D = \{(x,y) \mid x^2 + y^2 \geqslant 2, x^2 + y^2 \leqslant 2x\}$.

例题解析

一、选择题

1. 设 $D_1: x+y \leqslant 1, x, y \geqslant 0, D_2: |x|+|y| \leqslant 1, I_k = \iint\limits_{D_k} e^{|x|+|y|}\,dxdy\,(k=1,2)$,则( ).

A. $I_1 = I_2$ B. $2I_1 = I_2$ C. $I_1 = 2I_2$ D. $4I_1 = I_2$

2. 设 D 是平面上以 $(1,1)$，$(-1,1)$ 和 $(-1,-1)$ 为顶点的三角形，D_1 是它在第一象限部分，则 $\iint_D (xy + \cos x \sin y) dx dy = ($ $)$.

A. $2\iint_{D_1} \cos x \sin y\, dx dy$　　　　　B. $2\iint_{D_1} xy\, dx dy$

C. $4\iint_{D_1} (xy + \cos x \sin y) dx dy$　　　D. 0

3. 二重积分 $\iint_D d\sigma = 1$，则区域 D 为（　　）.

A. $D: 0 \leqslant x \leqslant 1, 0 \leqslant y \leqslant 1$　　　B. $D: 0 \leqslant x \leqslant \dfrac{1}{2}, 0 \leqslant y \leqslant \dfrac{1}{2}$

C. $D: -1 \leqslant x \leqslant 1, -1 \leqslant y \leqslant 1$　　D. $D: 0 \leqslant x \leqslant 1, 0 \leqslant y \leqslant x$

4. 改变积分次序，则 $\int_0^1 dx \int_0^{1-x} f(x,y) dy = ($ $)$.

A. $\int_0^1 dy \int_0^{1-x} f(x,y) dx$　　　　B. $\int_0^{1-x} dy \int_0^1 f(x,y) dx$

C. $\int_0^1 dy \int_0^{1-y} f(x,y) dx$　　　　D. $\int_0^1 dy \int_0^1 f(x,y) dx$

5. 设区域 D 是由 x 轴，y 轴及直线 $x+y=1$ 围成的三角形区域，则 $\iint_D xy\, dx dy = ($ $)$.

A. $\dfrac{1}{4}$　　　B. $\dfrac{1}{8}$　　　C. $\dfrac{1}{12}$　　　D. $\dfrac{1}{24}$

6. 设 $D_1: 3 \leqslant x \leqslant 4, 0 \leqslant y \leqslant 2$，则二重积分 $\iint_D \dfrac{dx dy}{(x+y)^2}$ 的值为（　　）.

A. $\ln \dfrac{10}{9}$　　B. $\ln \dfrac{16}{9}$　　C. $\ln \dfrac{5}{4}$　　D. $\ln \dfrac{25}{16}$

解：

1. D. 因为被积函数 $f(x,y) = e^{|x|+|y|}$ 为 x, y 的偶函数，而 D_1 正好是 D_2 的 $\dfrac{1}{4}$.

2. A. [分析] 看起来，这是一道考查被积函数的奇偶性与积分区域的对称性在计算二重积分中的应用的题目. D 关于 x, y 轴不对称，但添加辅助线可变成分块有对称性的情形. 见图 9-15，连 BO，把 D 分成 $D_1' \cup D_2'$，D_1' 即 $\triangle AOB$，D_2' 即三角形 $\triangle COB$，则 $\iint_D xy\, d\sigma = \iint_{D_1'} xy\, d\sigma + \iint_{D_2'} xy\, d\sigma = 0$（因为 D_1' 关于 y 轴对称，被积函数 xy 对 x 为奇函数，D_2' 关于 x 轴对称，xy 对 y 为奇函数）.

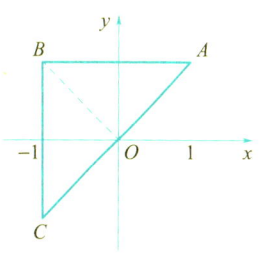

图 9-15

类似地 $\iint_D \cos x \sin y\, d\sigma = \iint_{D_1'} \cos x \sin y\, d\sigma + \iint_{D_2'} \cos x \sin y\, d\sigma = 2$

$\iint\limits_{D_1}\cos x\sin y\mathrm{d}\sigma$. 故选 A.

3. A. 由于 $\iint\limits_{D}\mathrm{d}\sigma=$ 区域 D 的面积, 当 D 为 $0\leqslant x\leqslant 1,0\leqslant y\leqslant 1$ 时面积为 1.

4. C. 由已给的二重积分知积分区域 D 可以表示为 $0\leqslant x\leqslant 1,0\leqslant y\leqslant 1-x$, 也可以表示为 $0\leqslant y\leqslant 1,0\leqslant x\leqslant 1-y$, 则 $\int_0^1\mathrm{d}x\int_0^{1-x}f(x,y)\mathrm{d}y=\int_0^1\mathrm{d}y\int_0^{1-y}f(x,y)\mathrm{d}x$.

5. D. 由于积分区域 D 为 $0\leqslant x\leqslant 1,0\leqslant y\leqslant 1-x$, 所以

$$\iint\limits_{D}xy\mathrm{d}x\mathrm{d}y=\int_0^1\mathrm{d}x\int_0^{1-x}xy\mathrm{d}y=\int_0^1\frac{1}{2}xy^2\Big|_0^{1-x}\mathrm{d}x=\frac{1}{2}\int_0^1 x(1-2x+x^2)\mathrm{d}x$$
$$=\frac{1}{2}\left(\frac{1}{2}x^2-\frac{2}{3}x^3+\frac{1}{4}x^4\right)\Big|_0^1=\frac{1}{24}.$$

6. A. $\iint\limits_{D}\frac{\mathrm{d}x\mathrm{d}y}{(x+y)^2}=\int_3^4\mathrm{d}x\int_0^2\frac{\mathrm{d}y}{(x+y)^2}=\int_3^4\left(\frac{1}{x}-\frac{1}{x+2}\right)\mathrm{d}x=\left(\ln\frac{x}{x+2}\right)\Big|_3^4=\ln\frac{10}{9}$.

二、填空题

1. 设 D 是矩形区域 $\{(x,y)\mid 0\leqslant x\leqslant 1,0\leqslant y\leqslant 3\}$, 则 $\iint\limits_{D}\mathrm{d}x\mathrm{d}y=$ _____ .

2. 交换积分次序 $\int_0^1\mathrm{d}y\int_{\sqrt{y}}^{\sqrt{2-y^2}}f(x,y)\mathrm{d}x=$ _____ .

3. 交换积分次序 $\int_0^1\mathrm{d}y\int_{e^y}^{e}f(x,y)\mathrm{d}x=$ _____ .

4. 积分 $\int_0^2\mathrm{d}x\int_x^2 e^{-y^2}\mathrm{d}y$ 的值等于 _____ .

解: 1. 由于 $\iint\limits_{D}\mathrm{d}\sigma=$ 区域 D 的面积, 所以 $\iint\limits_{D}\mathrm{d}x\mathrm{d}y=3$.

2. 积分区域 D 由 $y=0,y=1,x=\sqrt{y},x=\sqrt{2-y^2}$ 所围成, 因此

$$\int_0^1\mathrm{d}y\int_{\sqrt{y}}^{\sqrt{2-y^2}}f(x,y)\mathrm{d}x=\int_0^1\mathrm{d}x\int_0^{x^2}f(x,y)\mathrm{d}y+\int_1^{\sqrt{2}}\mathrm{d}x\int_0^{\sqrt{2-x^2}}f(x,y)\mathrm{d}y.$$

3. $\int_1^e\mathrm{d}x\int_0^{\ln x}f(x,y)\mathrm{d}y$.

4. 积分区域由 $x=0,x=2,y=x,y=2$ 所围成, 交换积分次序

$$\int_0^2\mathrm{d}x\int_x^2 e^{-y^2}\mathrm{d}y=\int_0^2\mathrm{d}y\int_0^y e^{-y^2}\mathrm{d}x=\int_0^2\left[e^{-y^2}\cdot x\Big|_0^y\right]\mathrm{d}y=\int_0^2 e^{-y^2}\cdot y\mathrm{d}y$$
$$=-\frac{1}{2}e^{-y^2}\Big|_0^2=\frac{1}{2}(1-e^{-4}).$$

三、解答题

1. 利用二重积分的性质估计下列积分的值:

(1) $I = \iint\limits_{D} xy(x+y)\mathrm{d}\sigma$, 其中 $D = \{(x,y) \mid 0 \leqslant x \leqslant 1, 0 \leqslant y \leqslant 1\}$;

(2) $I = \iint\limits_{D} (x^2 + 4y^2 + 9)\mathrm{d}\sigma$, 其中 $D = \{(x,y) \mid x^2 + y^2 \leqslant 4\}$.

解: (1) 在积分区域 D 上, $0 \leqslant x \leqslant 1, 0 \leqslant y \leqslant 1$, 从而 $0 \leqslant xy(x+y) \leqslant 2$, 又 D 的面积等于 1, 因此 $0 \leqslant \iint\limits_{D} xy(x+y)\mathrm{d}\sigma \leqslant 2$.

(2) 因为在积分区域 D 上有 $x^2 + y^2 \leqslant 4$, 所以有

$9 \leqslant x^2 + 4y^2 + 9 \leqslant 4(x^2 + y^2) + 9 \leqslant 25$, 又 D 的面积等于 4π,

因此 $36\pi \leqslant \iint\limits_{D} (x^2 + 4y^2 + 9)\mathrm{d}\sigma \leqslant 100\pi$.

2. 交换下列积分的次序:

(1) $\int_0^2 \mathrm{d}y \int_{y^2}^{2y} f(x,y)\mathrm{d}x$;   (2) $\int_0^1 \mathrm{d}y \int_{-\sqrt{1-y^2}}^{\sqrt{1-y^2}} f(x,y)\mathrm{d}x$.

解: 所给二次积分等于二重积分 $\iint\limits_{D} f(x,y)\mathrm{d}\sigma$.

(1) 其中 $D = \{(x,y) \mid y^2 \leqslant x \leqslant 2y, 0 \leqslant y \leqslant 2\}$. D 可改写为

$$\left\{(x,y) \mid 0 \leqslant x \leqslant 4, \frac{x}{2} \leqslant y \leqslant \sqrt{x}\right\},$$

因此, $\int_0^2 \mathrm{d}y \int_{y^2}^{2y} f(x,y)\mathrm{d}x = \int_0^4 \mathrm{d}x \int_{\frac{x}{2}}^{\sqrt{x}} f(x,y)\mathrm{d}y$.

(2) 由于 $D = \{(x,y) \mid -\sqrt{1-y^2} \leqslant x \leqslant \sqrt{1-y^2}, 0 \leqslant y \leqslant 1\}$.

又 D 可表示为 $\{(x,y) \mid 0 \leqslant y \leqslant \sqrt{1-x^2}, -1 \leqslant x \leqslant 1\}$,

因此, $\int_0^1 \mathrm{d}y \int_{-\sqrt{1-y^2}}^{\sqrt{1-y^2}} f(x,y)\mathrm{d}x = \int_{-1}^1 \mathrm{d}x \int_0^{\sqrt{1-x^2}} f(x,y)\mathrm{d}y$.

3. 用直角坐标求下列二重积分:

(1) $\iint\limits_{D} (x^2 + y^2)\mathrm{d}\sigma$, 其中 $D = \{(x,y) \mid |x| \leqslant 1, |y| \leqslant 1\}$;

(2) $\iint\limits_{D} (3x + 2y)\mathrm{d}\sigma$, 其中 D 是由两坐标轴及直线 $x + y = 2$ 所围成的闭区域;

(3) $\iint\limits_{D} (x^3 + 3x^2y + y^3)\mathrm{d}\sigma$, 其中 $D = \{(x,y) \mid 0 \leqslant x \leqslant 1, 0 \leqslant y \leqslant 1\}$;

(4) $\iint\limits_{D} x\cos(x+y)\mathrm{d}\sigma$, 其中 D 是顶点分别为 $(0,0), (\pi, 0)$ 和 (π, π) 的三角形闭区域.

解: (1) $\iint\limits_{D} (x^2 + y^2)\mathrm{d}\sigma = \int_{-1}^1 \mathrm{d}x \int_{-1}^1 (x^2 + y^2)\mathrm{d}y$

$= \int_{-1}^1 \left[x^2 y + \frac{y^3}{3}\right]_{-1}^1 \mathrm{d}x = \int_{-1}^1 \left(2x^2 + \frac{2}{3}\right)\mathrm{d}x = \frac{8}{3}$.

(2) D 可用不等式表示为 $0 \leqslant y \leqslant 2 - x, 0 \leqslant x \leqslant 2$, 于是

$$\iint\limits_{D}(3x+2y)\mathrm{d}\sigma = \int_{0}^{2}\mathrm{d}x\int_{0}^{2-x}(3x+2y)\mathrm{d}y$$
$$= \int_{0}^{2}\left[3xy+y^{2}\right]_{0}^{2-x}\mathrm{d}x = \int_{-1}^{1}(4+2x-2x^{2})\mathrm{d}x = \frac{20}{3}.$$

(3) $\iint\limits_{D}(x^{3}+3x^{2}y+y^{3})\mathrm{d}\sigma = \int_{0}^{1}\mathrm{d}y\int_{0}^{1}(x^{3}+3x^{2}y+y^{3})\mathrm{d}x$

$$= \int_{0}^{1}\left[\frac{x^{4}}{4}+x^{3}y+y^{3}x\right]_{0}^{1}\mathrm{d}y = \int_{0}^{1}\left(\frac{1}{4}+y+y^{3}\right)\mathrm{d}y = 1.$$

(4) D 可用不等式表示为：$0 \leqslant y \leqslant x, 0 \leqslant x \leqslant \pi$，于是

$$\iint\limits_{D}x\cos(x+y)\mathrm{d}\sigma = \int_{0}^{\pi}x\mathrm{d}x\int_{0}^{x}\cos(x+y)\mathrm{d}y = \int_{0}^{\pi}x\mathrm{d}\left(\cos x - \frac{1}{2}\cos 2x\right)$$
$$= \left[x\left(\cos x - \frac{1}{2}\cos 2x\right)\right]_{0}^{\pi} - \int_{0}^{\pi}\left(\cos x - \frac{1}{2}\cos 2x\right)\mathrm{d}x = \pi\left(-1-\frac{1}{2}\right)-0 = -\frac{3}{2}\pi.$$

4. 化二重积分 $I = \iint\limits_{D}f(x,y)\mathrm{d}\sigma$ 为二次积分，其中积分区域 D 是：

(1) 由直线 $y = x$ 及抛物线 $y^{2} = 4x$ 所围成的区域；

(2) 由直线 $y = x, x = 2$ 及双曲线 $y = \frac{1}{x}$ 所围成的闭区域.

解：(1) 直线 $y = x$ 及抛物线 $y^{2} = 4x$ 的交点为 $(0,0)$ 和 $(4,4)$，于是

$$I = \iint\limits_{D}f(x,y)\mathrm{d}\sigma = \int_{0}^{4}\mathrm{d}x\int_{x}^{\sqrt{4x}}f(x,y)\mathrm{d}y,$$

或 $I = \int_{0}^{4}\mathrm{d}y\int_{\frac{y^{2}}{4}}^{y}f(x,y)\mathrm{d}x.$

(2) 三条边界两两相交，先求得 3 个交点为 $(1,1), \left(2,\frac{1}{2}\right), (2,2)$. 于是

$$I = \int_{1}^{2}\mathrm{d}x\int_{\frac{1}{x}}^{x}f(x,y)\mathrm{d}y,$$

或 $I = \int_{\frac{1}{2}}^{1}\mathrm{d}y\int_{\frac{1}{y}}^{2}f(x,y)\mathrm{d}x + \int_{1}^{2}\mathrm{d}y\int_{y}^{2}f(x,y)\mathrm{d}x.$

▶ **练习九** ◀

一、选择题

1. 设 D 由 $y = \sqrt{x}$ 和 $y = x^{2}$ 围成，则积分 $\iint\limits_{D}x\sqrt{y}\mathrm{d}\sigma = $ （　　）.

    A. 23   B. 12   C. $\frac{6}{55}$ D. $\frac{35}{2}$

2. 二次积分 $\int_{0}^{1}\mathrm{d}y\int_{y}^{1}\mathrm{e}^{-x^{2}}\mathrm{d}x$ 的积分值为 （　　）.

    A. $\frac{1}{2}\left(1-\frac{1}{\mathrm{e}}\right)$ B. $\frac{1}{2}\left(\frac{1}{\mathrm{e}}-1\right)$ C. $2\left(1-\frac{1}{\mathrm{e}}\right)$ D. $2\left(\frac{1}{\mathrm{e}}-1\right)$

3. 已知 $I = \iint_D (x+y+1)d\sigma$，其中 $D = \{(x,y) | 0 \leqslant x \leqslant 1, 0 \leqslant y \leqslant 2\}$，则（　　）．

　　A. $2 \leqslant \iint_D (x+y+1)d\sigma \leqslant 8$　　　　B. $3 \leqslant \iint_D (x+y+1)d\sigma \leqslant 8$

　　C. $3 \leqslant \iint_D (x+y+1)d\sigma \leqslant 5$　　　　D. $2 \leqslant \iint_D (x+y+1)d\sigma \leqslant 5$

4. 积分 $\iint_D \ln(x+y)d\sigma$ 与 $\iint_D [\ln(x+y)]^2 d\sigma$ 的大小关系是（　　），其中 $D = \{(x,y) | 3 \leqslant x \leqslant 5, 0 \leqslant y \leqslant 1\}$．

　　A. $\iint_D [\ln(x+y)]^2 d\sigma \leqslant \iint_D \ln(x+y)d\sigma$　　B. $\iint_D [\ln(x+y)]^2 d\sigma \geqslant \iint_D \ln(x+y)d\sigma$

　　C. $\iint_D [\ln(x+y)]^2 d\sigma > \iint_D \ln(x+y)d\sigma$　　D. $\iint_D [\ln(x+y)]^2 d\sigma < \iint_D \ln(x+y)d\sigma$

5. 设 D 是由直线 $y=x$，$y=1$ 及 $x=0$ 所围成的闭区域，二重积分 $\iint_D \cos x \, dx dy$ 的值为（　　）．

　　A. $1-\cos 1$　　　B. $\cos 1 - 1$　　　C. $1-\sin 1$　　　D. $\sin 1 - 1$

6. 设积分区域 D 是由直线 $y=x$，$y=0$ 及 $x=\dfrac{\pi}{2}$ 所围成的闭区域，二重积分 $\iint_D \sin x \, dx dy$ 的值为（　　）．

　　A. 0　　　B. 1　　　C. 2　　　D. 3

二、填空题

1. 设 D 是由直线 $y=x-1$，$x=1$ 及 $y=2$ 所围成的闭区域，则二重积分 $\iint_D e^y dx dy$ 等于_____．

2. 交换积分次序 $\int_0^1 dx \int_x^1 f(x,y) dy = $_____．

3. 交换积分次序 $\int_0^2 dx \int_x^{2x} f(x,y) dy = $_____．

4. 交换积分次序 $\int_0^1 dy \int_0^{2y} f(x,y) dx + \int_1^3 dy \int_0^{3-y} f(x,y) dx = $_____．

5. 交换积分次序 $\int_0^1 dx \int_{x^2}^{2-x} f(x,y) dy = $_____．

6. $\iint_D dx dy = $_____，其中 D 为以点 $O(0,0)$，$A(1,0)$，$B(0,2)$ 为顶点的三角形区域．

三、解答题

1. 计算二重积分 $I = \iint\limits_{D}(xy+e^{1+x^2+y^2})dxdy$，其中积分区域 $D=\{(x,y)\,|\,x^2+y^2\leqslant 1\}$.

2. 交换二次积分 $\int_0^1 dy\int_y^1 e^{\frac{x^2}{2}}dx$ 的次序，并计算其值.

3. 计算 $\iint\limits_{D} \sin y^2 dxdy$，$D$ 是 $x=1$，$y=2$，$y=x-1$ 围成的区域.

4. 计算二重积分 $\iint\limits_{D} \dfrac{\sin y}{y}dxdy$，其中 D 由曲线 $y=x$ 及 $y^2=x$ 所围成.

5. 计算二重积分 $\iint\limits_{D} x^2 dxdy$，其中 D 是由曲线 $y=\dfrac{1}{x}$，直线 $y=x$，$x=2$ 及 $y=0$ 所围成的平面区域.

6. 计算二重积分 $\iint\limits_{D} x dxdy$，其中 D 是由曲线 $x=\sqrt{1-y^2}$，直线 $y=x$ 及 x 轴所围成的闭区域.

数学史话

"数学探索者"——亚历山大·维尔金斯基（Alexander Verkinsky）

在数学的宏伟殿堂中，有一位数学巨匠的名字与重积分理论紧密相连，他就是俄国数学家帕维尔·谢尔盖耶维奇·科西（Pavel Sergeyevich Kochin）. 然而，值得注意的是，在重积分这一具体领域，更为人熟知的先驱是众多数学大师如牛顿、莱布尼茨以及后来的欧拉、拉格朗日等，下面将以一位虚构的、融合了这些大师精神的"数学探索者"——亚历山大·维尔金斯基（Alexander Verkinsky）为主角，来编织一段与重积分有关的动人故事.

亚历山大·维尔金斯基，生活在19世纪末至20世纪初的欧洲，那是一个科学技术迅猛发展、数学理论不断深化的时代. 维尔金斯基自幼对数学抱有浓厚的兴趣，尤其对微积分这一描述自然界变化规律的强大工具充满了好奇与敬畏. 在深入研究了牛顿和莱布尼茨创立的一元微积分之后，他的目光自然而然地转向了更为复杂而深邃的重积分领域.

重积分，作为微积分学的一个重要分支，它不仅是求解立体体积、曲面面积等几何问题的有力工具，更是物理学、工程学等领域进行复杂计算和分析的基础. 维尔金斯基深知重积分的重要性，于是他全身心地投入到了这一领域的研究之中.

面对重积分计算中的种种挑战，维尔金斯基展现出了非凡的智慧和毅力. 他巧妙地运用了极坐标、柱坐标、球坐标等变换技巧，将复杂的重积分问题转化为更为简单的一元或二元积分问题. 同时，他还深入研究了重积分的性质、存在条件以及计算方法，提出了许多具有创新性的见解和定理.

维尔金斯基的研究不仅仅停留在理论层面，他还积极地将重积分理论应用于解决实际问题. 在物理学中，他利用重积分计算了电磁场中的能量分布；在工程学中，他借助重积分分析了复杂结构的受力情况. 这些应用不仅验证了重积分理论的正确性，也进一步凸显了数学在科学技术中的重要作用.

维尔金斯基的成就得到了国际数学界的广泛认可，他被誉为"重积分领域的探索者". 他的故事激励着后来的数学家们继续深入探索重积分的奥秘，推动了数学与科学的共同进步. 而维尔金斯基本人，也以其卓越的贡献和不懈的追求，成为了数学史上一位璀璨夺目的明星.

虽然维尔金斯基是一个虚构的人物，但他所代表的精神却是真实而伟大的. 在数学的长河中，正是有了这样一群勇于探索、不懈追求的数学家们，才使得数学这门学科得以不断发展、繁荣昌盛.

项目十 无穷级数

学习目标

1. 学生能够清晰阐述无穷级数的定义，理解部分和、收敛级数、发散级数等基本概念，并明确它们之间的区别与联系．
2. 学生能够熟练掌握按项的性质、收敛速度或结构特点对无穷级数进行分类，如常数项级数、函数项级数（包括幂级数）、傅里叶级数等．
3. 学生能够熟练运用各种收敛性判别法（如比较判别法、比值判别法、柯西审敛法、积分判别法等）来判断级数的收敛性．
4. 学生能够掌握求和无穷级数的基本方法（如等比级数求和、裂项相消法等），并能灵活运用这些方法解决具体问题．
5. 深入理解幂级数的性质，包括收敛域、和函数、导数、积分等性质，并能应用这些性质进行相关计算．
6. 通过实际案例分析，加深学生对级数理论的理解，培养其运用级数知识解决实际工程问题的能力．

湖南省专升本《高等数学》课程考纲

1. 了解数项级数收敛、发散的概念；掌握收敛级数的基本性质及收敛的必要条件．
2. 掌握几何级数与 p 级数的敛散性．
3. 掌握正项级数收敛性的比较判别法和比值判别法；掌握交错级数收敛性的莱布尼茨判别法．
4. 了解任意项级数绝对收敛与条件收敛的概念．
5. 理解幂级数的概念，会求幂级数的收敛半径、收敛区间和收敛域，掌握幂级数在其收敛区间内的性质（和、差、逐项求导与逐项积分），会求幂级数的和函数．

导入案例

数控机床是现代制造业中不可或缺的重要设备，其动态性能直接影响到加工精度和加工效率. 为了优化机床的性能, 工程师们需要对其进行动态性能分析, 这包括振动特性分析、稳定性评估等.

在数控机床的设计阶段, 工程师可能需要对其在加工过程中的振动情况进行预测和分析. 这涉及求解机床结构的振动模态, 即机床在特定频率下的振动形态. 无穷级数（如傅里叶级数）在这里可以发挥重要作用. 通过将机床的振动信号表示为傅里叶级数的形式, 可以分析出各阶振动模态的频率、振幅和相位等参数, 从而了解机床的振动特性. 基于这些分析结果, 工程师可以对机床的结构进行优化设计, 以减小振动幅度, 提高加工精度.

任务一　常数项级数的概念与性质

工作情境

在数控编程中, 尤其是涉及复杂曲面或高精度加工时, 编程指令的微小误差可能会在加工过程中逐渐累积, 最终影响加工精度. 这种误差累积现象可以通过数学分析进行预测和评估.

数控编程人员可以基于加工过程中的各种影响因素（如机床精度、刀具磨损、材料变形等）, 建立一个误差累积的数学模型. 这个模型可能包含多个常数项级数, 用于描述不同因素对误差累积的贡献.

例如, 机床的重复定位精度、刀具的几何误差、切削力引起的变形等都可以表示为常数项级数或由其推导出的函数形式.

知识准备

一、常数项级数的概念

定义 1：一般的, 给定一个数列 $u_1, u_2, u_3, \cdots, u_n, \cdots$, 则由这数列构成的表达式 $u_1 + u_2 + u_3 + \cdots + u_n + \cdots$ 叫做（常数项）**无穷级数**, 简称（常数项）**级数**, 记为 $\sum_{n=1}^{\infty} u_n$, 即 $\sum_{n=1}^{\infty} u_n = u_1 + u_2 + u_3 + \cdots + u_n + \cdots$, 其中第 n 项 u_n 叫做级数的一般项.

作级数 $\sum_{n=1}^{\infty} u_n$ 的前 n 项和 $s_n = \sum_{i=1}^{n} u_i = u_1 + u_2 + u_3 + \cdots + u_n$ 称为级数 $\sum_{n=1}^{\infty} u_n$ 的部分和. 当 n 依次取 1, 2, 3…时, 它们构成一个新的数列 $s_1 = u_1, s_2 = u_1 + u_2, s_3 = u_1 + u_2 + u_3, \cdots, s_n = u_1 + u_2 + \cdots + u_n, \cdots$

根据这个数列有没有极限, 我们引进无穷级数的收敛与发散的概念.

定义 2：如果级数 $\sum_{n=1}^{\infty} u_n$ 的部分和数列 $\{s_n\}$ 有极限 s，即 $\lim_{n \to \infty} s_n = s$，则称无穷级数 $\sum_{n=1}^{\infty} u_n$ **收敛**，这时极限 s 叫做该级数的和，并写成 $s = \sum_{n=1}^{\infty} u_n = u_1 + u_2 + u_3 + \cdots + u_n + \cdots$；如果 $\{s_n\}$ 没有极限，则称无穷级数 $\sum_{n=1}^{\infty} u_n$ **发散**。

当级数 $\sum_{n=1}^{\infty} u_n$ 收敛时，其部分和 s_n 是级数 $\sum_{n=1}^{\infty} u_n$ 的和 s 的近似值，它们之间的差值 $r_n = s - s_n = u_{n+1} + u_{n+2} + \cdots$ 叫做级数 $\sum_{n=1}^{\infty} u_n$ 的**余项**。

例 10-1-1 讨论等比级数（几何级数）$\sum_{n=0}^{\infty} aq^n \ (a \neq 0)$ 的敛散性。

解：如果 $q \neq 1$，则部分和 $s_n = a + aq + aq^2 + \cdots + aq^{n-1} = \dfrac{a - aq^n}{1-q} = \dfrac{a}{1-q} - \dfrac{aq^n}{1-q}$。

当 $|q| < 1$ 时，因为 $\lim_{n \to \infty} s_n = \dfrac{a}{1-q}$，所以此时级数 $\sum_{n=0}^{\infty} aq^n$ 收敛，其和为 $\dfrac{a}{1-q}$。

当 $|q| > 1$ 时，因为 $\lim_{n \to \infty} s_n = \infty$，所以此时级数 $\sum_{n=0}^{\infty} aq^n$ 发散。

如果 $|q| = 1$，则当 $q = 1$ 时，$s_n = na \to \infty$，因此级数 $\sum_{n=0}^{\infty} aq^n$ 发散；

当 $q = -1$ 时，级数 $\sum_{n=0}^{\infty} aq^n$ 成为 $a - a + a - a + \cdots$，

因为 s_n 随着 n 为奇数或偶数而等于 a 或零，所以 s_n 的极限不存在，从而这时级数 $\sum_{n=0}^{\infty} aq^n$ 发散。

综上所述，如果 $|q| < 1$，则级数 $\sum_{n=0}^{\infty} aq^n$ 收敛，其和为 $\dfrac{a}{1-q}$；如果 $|q| \geq 1$，则级数 $\sum_{n=0}^{\infty} aq^n$ 发散。

例 10-1-2 判别无穷级数 $\sum_{n=1}^{\infty} \ln\left(1 + \dfrac{1}{n}\right)$ 的收敛性。

解：由于 $u_n = \ln\left(1 + \dfrac{1}{n}\right) = \ln(n+1) - \ln n$，

因此 $s_n = (\ln 2 - \ln 1) + (\ln 3 - \ln 2) + (\ln 4 - \ln 3) + \cdots + [\ln(n+1) - \ln n] = \ln(n+1)$，而 $\lim_{n \to \infty} s_n = \infty$，故该级数发散。

例 10-1-3 判别无穷级数 $\sum_{n=1}^{\infty} \dfrac{1}{n(n+1)}$ 的收敛性。

解：因为 $u_n = \dfrac{1}{n(n+1)} = \dfrac{1}{n} - \dfrac{1}{n+1}$，所以

$$s_n = \dfrac{1}{1 \times 2} + \dfrac{1}{2 \times 3} + \dfrac{1}{3 \times 4} + \cdots + \dfrac{1}{n(n+1)}$$

$$= \left(1 - \frac{1}{2}\right) + \left(\frac{1}{2} - \frac{1}{3}\right) + \cdots + \left(\frac{1}{n} - \frac{1}{n+1}\right)$$

$$= 1 - \frac{1}{n+1},$$

从而 $\lim\limits_{n\to\infty} s_n = \lim\limits_{n\to\infty}\left(1 - \frac{1}{n+1}\right) = 1$,所以这级数收敛,它的和是 1.

例 10-1-4 已知级数 $\sum\limits_{n=1}^{\infty} u_n$ 的部分和 $s_n = \frac{2n}{n+1}$,作出此级数,并求其和.

解: $u_n = s_n - s_{n-1} = \frac{2n}{n+1} - \frac{2(n-1)}{n} = \frac{2}{n(n+1)}$,

所以,所求级数 $\sum\limits_{n=1}^{\infty} u_n = \sum\limits_{n=1}^{\infty} \frac{2}{n(n+1)}$.

因为 $\lim\limits_{n\to\infty} s_n = \lim\limits_{n\to\infty} \frac{2n}{n+1} = 2$,所以 $s = \sum\limits_{n=1}^{\infty} \frac{2}{n(n+1)} = 2$,

即 $1 + \frac{1}{3} + \frac{1}{6} + \frac{1}{10} + \cdots = 2$.

二、常数项级数的性质

性质 1: 若级数 $\sum\limits_{n=1}^{\infty} u_n$ 收敛于和 S,k 为任意常数,则 $\sum\limits_{n=1}^{\infty} k u_n$ 也收敛,且其和为 kS.

需要指出,若级数 $\sum\limits_{n=1}^{\infty} u_n$ 发散,即 $\{S_n\}$ 无极限,且 k 为非零常数,那么 $\{S_n^*\}$ 也不可能存在极限,即 $\lim k u_n$ 也发散.因此可以得出如下结论:级数的每一项同乘以一个不为零的常数后,其敛散性不变.

上述性质的结果可以改写为 $\lim\limits_{n\to\infty} k u_n = k \sum\limits_{n=1}^{\infty} u_n$($k \neq 0$ 为常数),即**收敛级数满足分配律**.

性质 2: 若级数 $\sum\limits_{n=1}^{\infty} u_n$,$\sum\limits_{n=1}^{\infty} v_n$ 分别收敛于 S_1,S_2,则级数 $\sum\limits_{n=1}^{\infty} (u_n \pm v_n)$ 也收敛,且其和为 $S_1 \pm S_2$.

可以利用数列极限的运算法则给出证明.

性质 2 的结果表明:两个收敛级数可以逐项相加或逐项相减.

性质 3: 在级数中去掉、增加或改变有限项,不会改变级数的敛散性.

类似地,可以得到改变级数前面的有限项或在级数的前面加上有限项,不会改变级数的敛散性.比如,

级数 $\frac{1}{1 \times 2} + \frac{1}{2 \times 3} + \frac{1}{3 \times 4} + \cdots + \frac{1}{n(n+1)} + \cdots$ 是收敛的;

级数 $10000 + \frac{1}{1 \times 2} + \frac{1}{2 \times 3} + \frac{1}{3 \times 4} + \cdots + \frac{1}{n(n+1)} + \cdots$ 也是收敛的;

级数 $\dfrac{1}{3\times 4}+\dfrac{1}{4\times 5}+\cdots+\dfrac{1}{n(n+1)}+\cdots$ 也是收敛的.

性质 4：收敛级数加括弧后所成的级数仍收敛，且其和不变.

注意：若加括弧后所成的级数收敛，则不能断定原来的级数也收敛.

例如，$(1-1)+(1-1)+\cdots$ 收敛于零，但级数 $\sum\limits_{i=1}^{n}(-1)^{n-1}=1-1+1-1+\cdots$ 却是发散的.

推论：若加括弧后所成的级数发散，则原来的级数也发散.

性质 5（级数收敛的必要条件）：若级数 $\sum\limits_{n=1}^{\infty}u_n$ 收敛，则它的一般项 u_n 趋于零，即 $\lim\limits_{n\to\infty}u_n=0$.

由性质 5 可知，若 $n\to\infty$ 时级数的一般项不趋于零，则该级数必定发散. 例如，级数

$$\sum_{n=1}^{\infty}\frac{n}{3n+1}=\frac{1}{4}+\frac{2}{7}+\frac{3}{10}+\cdots+\frac{n}{3n+1}+\cdots$$

的一般项 $u_n=\dfrac{n}{3n+1}$ 当 $n\to\infty$ 时，不趋于零，因此该级数是发散的.

注意：级数的一般项趋于零并不是级数收敛的充分条件.

例如，调和级数 $\sum\limits_{n=1}^{\infty}\dfrac{1}{n}$，虽然它的一般项 $u_n=\dfrac{1}{n}\to 0(n\to\infty)$，但它是发散的.

例 10-1-5 判别 $\sum\limits_{n=1}^{\infty}\left(1+\dfrac{1}{n}\right)^n$ 的敛散性.

解：因为 $\lim\limits_{n\to\infty}u_n=\lim\limits_{n\to\infty}\left(1+\dfrac{1}{n}\right)^n=e\neq 0$，所以级数发散.

例 10-1-6 证明调和级数 $\sum\limits_{n=1}^{\infty}\dfrac{1}{n}=1+\dfrac{1}{2}+\dfrac{1}{3}+\cdots+\dfrac{1}{n}+\cdots$ 是发散的.

证明：假设级数 $\sum\limits_{n=1}^{\infty}\dfrac{1}{n}$ 收敛且其和为 s，s_n 是它的部分和.

显然有 $\lim\limits_{n\to\infty}s_n=s$ 及 $\lim\limits_{n\to\infty}s_{2n}=s$，于是 $\lim\limits_{n\to\infty}(s_{2n}-s_n)=0$.

但另一方面，$s_{2n}-s_n=\dfrac{1}{n+1}+\dfrac{1}{n+2}+\cdots+\dfrac{1}{2n}>\dfrac{1}{2n}+\dfrac{1}{2n}+\cdots+\dfrac{1}{2n}=\dfrac{1}{2}$，

故 $\lim\limits_{n\to\infty}(s_{2n}-s_n)\neq 0$，矛盾. 这矛盾说明级数 $\sum\limits_{n=1}^{\infty}\dfrac{1}{n}$ 必定发散.

思维培养

在高职高等数学教学中，常数项级数的概念与性质是培养学生逻辑思维与抽象能力的重要内容. 我们着重引导学生深入理解级数的定义，掌握有限和与无限和的区别，以及级数收敛与发散的判别标准. 通过系统的学习，学生将掌握常数项级数的基本性质，如加法、乘法、交换律与结合律的应用条件，以及部分和序列与级数收敛性的关

系．这一系列的教学活动旨在培养学生从具体到抽象、从简单到复杂的思维模式，提升其处理复杂数学问题的能力，为学生后续的数学学习及职业生涯奠定坚实的理论基础．

实务训练

1. 写出下列级数的一般项：

(1) $\dfrac{1}{2}+\dfrac{3}{4}+\dfrac{5}{6}+\dfrac{7}{8}+\cdots$；(2) $\dfrac{1}{2}+\dfrac{1}{3}+\dfrac{1}{4}+\dfrac{1}{9}+\dfrac{1}{8}+\dfrac{1}{27}+\cdots$；(3) $2-\dfrac{3}{2}+\dfrac{4}{3}-\dfrac{5}{4}+\dfrac{6}{5}-\cdots$．

2. 求级数 $\sum\limits_{n=1}^{\infty}\left(\dfrac{1}{2^n}+\dfrac{3}{n(n+1)}\right)$ 的和．

3. 判断下列级数的敛散性：

(1) $0.001+\sqrt{0.001}+\sqrt[3]{0.001}+\cdots+\sqrt[n]{0.001}+\cdots$；

(2) $\dfrac{1}{2}+\dfrac{2}{3}+\dfrac{3}{4}+\dfrac{4}{5}+\cdots$；

(3) $\sum\limits_{n=1}^{\infty}\dfrac{(-1)^n\cdot n}{2n+1}$．

4. 已知级数 $\sum\limits_{n=1}^{\infty}u_n$ 的前 n 项的部分和 $S_n=\dfrac{8^n-1}{7\times 8^{n-1}}$，求这个级数．

任务二　常数项级数的收敛法则

工作情境

考虑一个简支梁，在跨中受到集中荷载 P 的作用．为了简化分析，我们可以使用结构力学中的挠度方程（这本身是一个连续函数，但可以通过级数展开来近似）来估算跨中的最大位移，并进一步评估结构的稳定性．

首先，建立简支梁的力学模型，确定其边界条件（两端简支，无转动和位移）．对于简支梁，在集中荷载作用下的挠度方程通常是一个四阶微分方程的解．这个解可以通过级数（如傅立叶级数或多项式级数）来近似．然而，为了简化，我们通常会使用解析解或数值方法（如有限元分析）直接求解．在这里，我们可以假设已经得到了一个近似的挠度方程，它可能包含一系列的常数项和变量的幂次项．

虽然直接应用常数项级数来计算结构位移、应力和稳定性的案例可能不多见，但级数的概念在结构力学中扮演着重要角色．通过级数展开和收敛性分析，可以深入理解结构的力学行为，评估其稳定性和安全性．

> 知识准备

一、正项级数及其收敛法则

定义 3：现在我们讨论各项都是正数或零的级数，这种级数称为**正项级数**。

设级数

$$u_1 + u_2 + u_3 + \cdots + u_n + \cdots \tag{1}$$

是一个正项级数，它的部分和为 s_n. 显然，数列 $\{s_n\}$ 是一个单调增加数列，即 $s_1 \leqslant s_2 \leqslant \cdots \leqslant s_n \leqslant \cdots$.

如果数列 $\{s_n\}$ 有界，即 s_n 总不大于某一常数 M，根据单调有界的数列必有极限的准则，级数（1）必收敛于和 s，且 $s_n \leqslant s \leqslant M$. 反之，如果正项级数（1）收敛于和 s. 根据有极限的数列是有界数列的性质可知，数列 $\{s_n\}$ 有界。因此，有如下重要结论：

定理 1：正项级数 $\sum_{n=1}^{\infty} u_n$ 收敛的充分必要条件是它的部分和数列 $\{s_n\}$ 有界。

定理 2（比较审敛法）：设 $\sum_{n=1}^{\infty} u_n$ 和 $\sum_{n=1}^{\infty} v_n$ 都是正项级数，且 $u_n \leqslant v_n$ $(n=1,2,\cdots)$. 若级数 $\sum_{n=1}^{\infty} v_n$ 收敛，则级数 $\sum_{n=1}^{\infty} u_n$ 收敛；反之，若级数 $\sum_{n=1}^{\infty} u_n$ 发散，则级数 $\sum_{n=1}^{\infty} v_n$ 发散。

推论：设 $\sum_{n=1}^{\infty} u_n$ 和 $\sum_{n=1}^{\infty} v_n$ 都是正项级数，如果级数 $\sum_{n=1}^{\infty} v_n$ 收敛，且存在自然数 N，使当 $n \geqslant N$ 时有 $u_n \leqslant kv_n (k>0)$ 成立，则级数 $\sum_{n=1}^{\infty} u_n$ 收敛；如果级数 $\sum_{n=1}^{\infty} v_n$ 发散，且当 $n \geqslant N$ 时有 $u_n \geqslant kv_n (k>0)$ 成立，则级数 $\sum_{n=1}^{\infty} u_n$ 发散。

例 10-2-1 讨论 p-级数 $\sum_{n=1}^{\infty} \frac{1}{n^p} = 1 + \frac{1}{2^p} + \frac{1}{3^p} + \frac{1}{4^p} + \cdots + \frac{1}{n^p} + \cdots$ 的收敛性，其中常数 $p > 0$.

解：设 $p \leqslant 1$. 这时 $\frac{1}{n^p} \geqslant \frac{1}{n}$，而调和级数 $\sum_{n=1}^{\infty} \frac{1}{n}$ 发散，

由比较审敛法知，当 $p \leqslant 1$ 时级数 $\sum_{n=1}^{\infty} \frac{1}{n^p}$ 发散。

设 $p > 1$. 此时有 $\frac{1}{n^p} = \int_{n-1}^{n} \frac{1}{n^p} dx \leqslant \int_{n-1}^{n} \frac{1}{x^p} dx = \frac{1}{p-1} \left[\frac{1}{(n-1)^{p-1}} - \frac{1}{n^{p-1}} \right] (n=2,3,\cdots)$.

对于级数 $\sum_{n=2}^{\infty} \left[\frac{1}{(n-1)^{p-1}} - \frac{1}{n^{p-1}} \right]$，其部分和

$$s_n = \left(1 - \frac{1}{2^{p-1}}\right) + \left(\frac{1}{2^{p-1}} - \frac{1}{3^{p-1}}\right) + \cdots + \left(\frac{1}{n^{p-1}} - \frac{1}{(n+1)^{p-1}}\right) = 1 - \frac{1}{(n+1)^{p-1}}.$$

因为 $\lim\limits_{n\to\infty}s_n = \lim\limits_{n\to\infty}\left[1-\dfrac{1}{(n+1)^{p-1}}\right]=1$. 所以级数 $\sum\limits_{n=2}^{\infty}\left[\dfrac{1}{(n-1)^{p-1}}-\dfrac{1}{n^{p-1}}\right]$ 收敛. 从而根据比较审敛法的推论 1 可知, 级数 $\sum\limits_{n=1}^{\infty}\dfrac{1}{n^p}$ 当 $p>1$ 时收敛.

综上所述, p-级数 $\sum\limits_{n=1}^{\infty}\dfrac{1}{n^p}$ 当 $p>1$ 时收敛, 当 $p\leqslant 1$ 时发散.

例 10-2-2 证明级数 $\sum\limits_{n=1}^{\infty}\dfrac{1}{\sqrt{n(n+1)}}$ 是发散的.

证明: 因为 $\dfrac{1}{\sqrt{n(n+1)}}>\dfrac{1}{\sqrt{(n+1)^2}}=\dfrac{1}{n+1}$, 而级数 $\sum\limits_{n=1}^{\infty}\dfrac{1}{n+1}=\dfrac{1}{2}+\dfrac{1}{3}+\cdots+\dfrac{1}{n+1}+\cdots$ 是发散的, 根据比较审敛法可知所给级数也是发散的.

定理 3 (比较审敛法的极限形式): 设 $\sum\limits_{n=1}^{\infty}u_n$ 和 $\sum\limits_{n=1}^{\infty}v_n$ 都是正项级数, 如果 $\lim\limits_{n\to\infty}\dfrac{u_n}{v_n}=l(0<l<+\infty)$, 则级数 $\sum\limits_{n=1}^{\infty}u_n$ 和级数 $\sum\limits_{n=1}^{\infty}v_n$ 同时收敛或同时发散.

例 10-2-3 判别级数 $\sum\limits_{n=1}^{\infty}\sin\dfrac{1}{n}$ 的收敛性.

解: 因为 $\lim\limits_{n\to\infty}\dfrac{\sin\dfrac{1}{n}}{\dfrac{1}{n}}=1$, 而级数 $\sum\limits_{n=1}^{\infty}\dfrac{1}{n}$ 发散, 根据比较审敛法的极限形式, 级数 $\sum\limits_{n=1}^{\infty}\sin\dfrac{1}{n}$ 发散.

用比较审敛法审敛时, 需要适当地选取一个已知其收敛性的级数 $\sum\limits_{n=1}^{\infty}v_n$ 作为比较的基准. 最常选用做基准级数的是等比级数和 p-级数.

定理 4 (比值审敛法, 达朗贝尔判别法): 若正项级数 $\sum\limits_{n=1}^{\infty}u_n$ 的后项与前项之比值的极限等于 ρ, 即 $\lim\limits_{n\to\infty}\dfrac{u_{n+1}}{u_n}=\rho$, 则当 $\rho<1$ 时级数收敛; 当 $\rho>1$ $\left(\text{或}\lim\limits_{n\to\infty}\dfrac{u_{n+1}}{u_n}=\infty\right)$ 时级数发散; 当 $\rho=1$ 时级数可能收敛也可能发散.

例 10-2-4 判别级数 $\sum\limits_{n=1}^{\infty}\dfrac{1}{n!}$ 收敛性.

解: 因为 $\lim\limits_{n\to\infty}\dfrac{u_{n+1}}{u_n}=\lim\limits_{n\to\infty}\dfrac{\dfrac{1}{(n+1)!}}{\dfrac{1}{n!}}=\lim\limits_{n\to\infty}\dfrac{1}{n+1}=0<1$,

根据比值审敛法可知, 所给级数收敛.

例 10-2-5 判别级数 $\sum\limits_{n=1}^{\infty}\dfrac{n!}{3^n}$ 的收敛性.

解：因为 $\lim\limits_{n\to\infty}\dfrac{u_{n+1}}{u_n} = \lim\limits_{n\to\infty}\dfrac{\frac{(n+1)!}{3^{n+1}}}{\frac{n!}{3^n}} = \lim\limits_{n\to\infty}\dfrac{n+1}{3} = +\infty$，

根据比值审敛法可知，所给级数发散．

定理 5（根值审敛法，柯西判别法）：设 $\sum\limits_{n=1}^{\infty}u_n$ 是正项级数，如果它的一般项 u_n 的 n 次根的极限等于 ρ，即 $\lim\limits_{n\to\infty}\sqrt[n]{u_n} = \rho$，则当 $\rho < 1$ 时级数收敛；当 $\rho > 1$（或 $\lim\limits_{n\to\infty}\sqrt[n]{u_n} = +\infty$）时级数发散；当 $\rho = 1$ 时级数可能收敛也可能发散．

定理 6（极限审敛法）：设 $\sum\limits_{n=1}^{\infty}u_n$ 为正项级数，

(1) 如果 $\lim\limits_{n\to\infty}nu_n = l > 0$（或 $\lim\limits_{n\to\infty}nu_n = +\infty$），则级数 $\sum\limits_{n=1}^{\infty}u_n$ 发散；

(2) 如果 $p > 1$，而 $\lim\limits_{n\to\infty}n^p u_n = l$（$0 \leqslant l < +\infty$），则级数 $\sum\limits_{n=1}^{\infty}u_n$ 收敛．

例 10-2-6 判定级数 $\sum\limits_{n=1}^{\infty}\ln\left(1+\dfrac{1}{n^2}\right)$ 的收敛性．

解：因 $\ln\left(1+\dfrac{1}{n^2}\right) \sim \dfrac{1}{n^2}$（$n\to+\infty$），故 $\lim\limits_{n\to\infty}n^2 u_n = \lim\limits_{n\to\infty}n^2\ln\left(1+\dfrac{1}{n^2}\right) = \lim\limits_{n\to\infty}n^2 \cdot \dfrac{1}{n^2} = 1$，

根据极限审敛法，知所给级数收敛．

二、交错级数及其审敛法则

定义 4：下列形式的级数 $u_1 - u_2 + u_3 - u_4\cdots$ 称为**交错级数**．交错级数的一般形式为 $\sum\limits_{n=1}^{\infty}(-1)^{n-1}u_n$，其中 $u_n > 0$．

定理 7（莱布尼茨定理）：如果交错级数 $\sum\limits_{n=1}^{\infty}(-1)^{n-1}u_n$ 满足条件：

① $u_n \geqslant u_{n+1}$（$n = 1, 2, 3, \cdots$）；

② $\lim\limits_{n\to\infty}u_n = 0$，

则级数收敛，且其和 $s \leqslant u_1$，其余项 r_n 的绝对值 $|r_n| \leqslant u_{n+1}$．

三、绝对收敛与条件收敛

对于一般的级数：$u_1 + u_2 + \cdots + u_n + \cdots$，若级数 $\sum\limits_{n=1}^{\infty}|u_n|$ 收敛，则称级数 $\sum\limits_{n=1}^{\infty}u_n$ **绝对收敛**；若级数 $\sum\limits_{n=1}^{\infty}u_n$ 收敛，而级数 $\sum\limits_{n=1}^{\infty}|u_n|$ 发散，则称级数 $\sum\limits_{n=1}^{\infty}u_n$ **条件收敛**．

级数绝对收敛与级数收敛有如下关系：

定理 8：如果级数 $\sum_{n=1}^{\infty} u_n$ 绝对收敛，则级数 $\sum_{n=1}^{\infty} u_n$ 必定收敛.

定理 8 表明，对于一般的级数 $\sum_{n=1}^{\infty} u_n$，如果我们用正项级数的审敛法判定级数 $\sum_{n=1}^{\infty} |u_n|$ 收敛，则此级数收敛. 这就使得一大类级数的收敛性判定问题，转化成为正项级数的收敛性判定问题.

一般来说，如果级数 $\sum_{n=1}^{\infty} |u_n|$ 发散，我们不能断定级数 $\sum_{n=1}^{\infty} u_n$ 也发散. 但是，如果我们用比值法或根值法判定级数 $\sum_{n=1}^{\infty} |u_n|$ 发散，则我们可以断定级数 $\sum_{n=1}^{\infty} u_n$ 必定发散. 这是因为，此时 $|u_n|$ 不趋向于零，从而 u_n 也不趋向于零，因此级数 $\sum_{n=1}^{\infty} u_n$ 也是发散的.

例 10-2-7 判别级数 $\sum_{n=1}^{\infty} \frac{\sin na}{n^2}$ 的收敛性.

解：因为 $\left|\frac{\sin na}{n^2}\right| \leqslant \frac{1}{n^2}$，而级数 $\sum_{n=1}^{\infty} \frac{1}{n^2}$ 是收敛的，所以级数 $\sum_{n=1}^{\infty} \left|\frac{\sin na}{n^2}\right|$ 也收敛，从而级数 $\sum_{n=1}^{\infty} \frac{\sin na}{n^2}$ 绝对收敛.

例 10-2-8 判别级数 $\sum_{n=1}^{\infty} \frac{a^n}{n^3}$（$a$ 为常数）的收敛性.

解：因为 $\frac{|u_{n+1}|}{|u_n|} = \frac{|a|^{n+1} n^3}{|a|^n (n+1)^3} = \left(\frac{n}{n+1}\right)^3 |a| \to |a|$ （$n \to \infty$），

所以当 $a = \pm 1$ 时，级数 $\sum_{n=1}^{\infty} \frac{(\pm 1)^n}{n^3}$ 均收敛；当 $|a| \leqslant 1$ 时，级数 $\sum_{n=1}^{\infty} \frac{a^n}{n^3}$ 绝对收敛；当 $|a| > 1$ 时，级数 $\sum_{n=1}^{\infty} \frac{a^n}{n^3}$ 发散.

思维培养

在高职高等数学的教学体系中，常数项级数的收敛法不仅是重要的理论知识，更是培养学生严谨逻辑思维与问题解决能力的关键环节. 我们致力于引导学生深入理解级数收敛的各类判别法，如比较判别法、比值判别法等，以及它们在判断具体级数收敛性中的应用. 通过系统的训练，学生将学会如何根据级数的特性选择合适的判别法，进行精确的计算与推理. 这一过程不仅锻炼了学生的数学分析能力，更培养了其面对复杂问题时，能够条分缕析、逐步推进的解题思维，为学生后续的数学学习及职业生涯奠定了坚实的数学基础.

实务训练

1. 判定以下正项级数的敛散性：

(1) $\sum_{n=1}^{\infty} \frac{n!}{100^n}$; (2) $\sum_{n=1}^{\infty} \frac{n^e}{e^n}$; (3) $\sum_{n=1}^{\infty} \sqrt{\frac{n+1}{2n}}$; (4) $\sum_{n=1}^{\infty} \frac{2n+3}{n(n+3)}$.

2. 求以下任意项级数的敛散性,收敛时要说明条件收敛或绝对收敛:

(1) $\sum_{n=1}^{\infty} (-1)^{n-1} \frac{n}{2^{n-1}}$; (2) $\sum_{n=2}^{\infty} (-1)^n \frac{1}{\ln n}$;

(3) $1.1 - 1.01 + 1.001 - 1.0001 + \cdots$; (4) $\frac{1}{2} - \frac{2}{2^2+1} + \frac{3}{3^2+1} - \frac{4}{4^2+1} + \cdots$.

任务三 幂级数

工作情境

分析非线性系统产生的谐波失真

在信号处理中,当信号通过一个非线性系统时,会产生谐波失真.这些失真可以通过幂级数来分析和表示.假设我们有一个非线性系统,其输入输出关系可以用幂级数模型来近似,例如:

$$y(t) = a_1 x(t) + a_2 x^2(t) + a_3 x^3(t) + \cdots$$

其中,$x(t)$ 是输入信号,$y(t)$ 是输出信号,a_n 是幂级数的系数.

假设输入信号是一个单频正弦波,即 $x(t) = A\cos\omega t$,将输入信号代入幂级数模型中,我们可以得到输出信号的表达式.这个表达式将包含基频分量(与输入信号频率相同)以及由非线性产生的谐波分量(频率为基频的整数倍).通过对输出信号进行傅里叶变换,我们可以得到其频谱.频谱中将显示基频分量和各个谐波分量的幅度和相位.再通过比较基频分量和各谐波分量的幅度,可以评估非线性系统产生的谐波失真程度.

知识准备

一、函数项级数的概念

定义 5:给定一个定义在区间 I 上的函数列 $\{u_n(x)\}$,由这函数列构成的表达式

$$u_1(x) + u_2(x) + u_3(x) + \cdots + u_n(x) + \cdots,$$

称为定义在区间 I 上的(函数项)级数,记为 $\sum_{n=1}^{\infty} u_n(x)$.

对于区间 I 内的一定点 x_0,若常数项级数 $\sum_{n=1}^{\infty} u_n(x_0)$ 收敛,则称点 x_0 是级数 $\sum_{n=1}^{\infty} u_n(x)$ 的收敛点.若常数项级数 $\sum_{n=1}^{\infty} u_n(x_0)$ 发散,则称点 x_0 是级数 $\sum_{n=1}^{\infty} u_n(x)$ 的发散点.

函数项级数 $\sum\limits_{n=1}^{\infty}u_n(x)$ 的所有收敛点的全体称为它的收敛域,所有发散点的全体称为它的发散域.

在收敛域上,函数项级数 $\sum\limits_{n=1}^{\infty}u_n(x)$ 的和是 x 的函数 $s(x)$,$s(x)$ 称为函数项级数 $\sum\limits_{n=1}^{\infty}u_n(x)$ 的和函数,并写成 $s(x)=\sum\limits_{n=1}^{\infty}u_n(x)$. 函数项级数 $\sum u_n(x)$ 的前 n 项的部分和记作 $S_n(x)$,即

$$s_n(x)=u_1(x)+u_2(x)+u_3(x)+\cdots+u_n(x).$$

在收敛域上有 $\lim\limits_{n\to\infty}s_n(x)=s(x)$.

函数项级数 $\sum\limits_{n=1}^{\infty}u_n(x)$ 的和函数 $s(x)$ 与部分和 $s_n(x)$ 的差 $r_n(x)=s(x)-s_n(x)$ 叫做函数项级数 $\sum\limits_{n=1}^{\infty}u_n(x)$ 的余项. 并有 $\lim\limits_{n\to\infty}r_n(x)=0$.

二、幂级数及其收敛性

定义 6:函数项级数中简单而常见的一类级数就是各项都是幂函数的函数项级数,这种形式的级数称为幂级数,它的形式是 $\sum\limits_{n=0}^{\infty}a_nx^n=a_0+a_1x+a_2x^2+\cdots+a_nx^n+\cdots$,其中常数 $a_0,a_1,a_2,\cdots,a_n,\cdots$ 叫做幂级数的系数.

定理 9(阿贝尔定理):对于级数 $\sum\limits_{n=0}^{\infty}a_nx^n$,当 $x=x_0(x_0\neq0)$ 时收敛,则适合不等式 $|x|<|x_0|$ 的一切 x 使这幂级数绝对收敛. 反之,如果级数 $\sum\limits_{n=0}^{\infty}a_nx^n$ 当 $x=x_0$ 时发散,则适合不等式 $|x|>|x_0|$ 的一切 x 使这幂级数发散.

推论:如果级数 $\sum\limits_{n=0}^{\infty}a_nx^n$ 不是仅在点 $x=0$ 一点收敛,也不是在整个数轴上都收敛,则必有一个完全确定的正数 R 存在,使得当 $|x|<R$ 时,幂级数绝对收敛;当 $|x|>R$ 时,幂级数发散;当 $x=R$ 与 $x=-R$ 时,幂级数可能收敛也可能发散.

正数 R 通常叫做幂级数 $\sum\limits_{n=0}^{\infty}a_nx^n$ 的收敛半径. 开区间 $(-R,R)$ 叫做幂级数 $\sum\limits_{n=0}^{\infty}a_nx^n$ 的收敛区间. 再由幂级数在 $x=\pm R$ 处的收敛性就可以决定它的收敛域. 幂级数 $\sum\limits_{n=0}^{\infty}a_nx^n$ 的收敛域是 $(-R,R)$,$[-R,R)$,$(-R,R]$ 或 $[-R,R]$ 之一.

若幂级数 $\sum\limits_{n=0}^{\infty}a_nx^n$ 只在 $x=0$ 收敛,则规定收敛半径 $R=0$,若幂级数 $\sum\limits_{n=0}^{\infty}a_nx^n$ 对一切 x 都收敛,则规定收敛半径 $R=+\infty$,这时收敛域为 $(-\infty,+\infty)$.

定理 10:如果 $\lim\limits_{n\to\infty}\left|\dfrac{a_{n+1}}{a_n}\right|=\rho$,其中 a_n,a_{n+1} 是幂级数 $\sum\limits_{n=0}^{\infty}a_nx^n$ 的相邻两项的系数,则

这幂级数的收敛半径 $R = \begin{cases} +\infty, & \rho = 0, \\ \dfrac{1}{\rho}, & \rho \neq 0, \\ 0, & \rho = +\infty. \end{cases}$

例 10-3-1 求幂级数 $\sum\limits_{n=1}^{\infty} \dfrac{x^n}{n^2}$ 的收敛半径与收敛域.

解：因为 $\rho = \lim\limits_{n \to \infty} \left| \dfrac{a_{n+1}}{a_n} \right| = \lim\limits_{n \to \infty} \dfrac{n^2}{(n+1)^2} = 1$,

所以收敛半径为 $R = \dfrac{1}{\rho} = 1$,即收敛区间为 $(-1,1)$.

当 $x = \pm 1$ 时,有 $\left| \dfrac{(\pm 1)^n}{n^2} \right| = \dfrac{1}{n^2}$,由于级数 $\sum\limits_{n=1}^{\infty} \dfrac{1}{n^2}$ 收敛,所以级数 $\sum\limits_{n=1}^{\infty} \dfrac{x^n}{n^2}$ 在 $x = \pm 1$ 时也收敛. 因此,收敛域为 $[-1,1]$.

例 10-3-2 求幂级数 $\sum\limits_{n=0}^{\infty} \dfrac{1}{n!} x^n = 1 + x + \dfrac{1}{2!} x^2 + \dfrac{1}{3!} x^3 + \cdots + \dfrac{1}{n!} x^n + \cdots$ 的收敛域.

解：因为 $\rho = \lim\limits_{n \to \infty} \left| \dfrac{a_{n+1}}{a_n} \right| = \lim\limits_{n \to \infty} \dfrac{\dfrac{1}{(n+1)!}}{\dfrac{1}{n!}} = \lim\limits_{n \to \infty} \dfrac{n!}{(n+1)!} = 0$,

所以收敛半径为 $R = +\infty$,从而收敛域为 $(-\infty, +\infty)$.

例 10-3-3 求幂级数 $\sum\limits_{n=0}^{\infty} n! x^n$ 的收敛半径.

解：因为 $\rho = \lim\limits_{n \to \infty} \left| \dfrac{a_{n+1}}{a_n} \right| = \lim\limits_{n \to \infty} \dfrac{(n+1)!}{n!} = +\infty$,

所以收敛半径为 $R = 0$,即级数仅在 $x = 0$ 处收敛.

例 10-3-4 求幂级数 $\sum\limits_{n=0}^{\infty} \dfrac{(2n)!}{(n!)^2} x^{2n}$ 的收敛半径.

解：级数缺少奇次幂的项,定理 2 不能应用. 可根据比值审敛法来求收敛半径.

幂级数的一般项记为 $u_n(x) = \dfrac{(2n)!}{(n!)^2} x^{2n}$. 因为 $\lim\limits_{n \to \infty} \left| \dfrac{u_{n+1}(x)}{u_n(x)} \right| = 4|x|^2$,

当 $4|x|^2 < 1$ 即 $|x| < \dfrac{1}{2}$ 时级数收敛;当 $4|x|^2 > 1$ 即 $|x| > \dfrac{1}{2}$ 时级数发散,所以收敛半径为 $R = \dfrac{1}{2}$.

三、幂级数的运算

设幂级数 $\sum\limits_{n=0}^{\infty} a_n x^n$ 及 $\sum\limits_{n=0}^{\infty} b_n x^n$ 分别在区间 $(-R, R)$ 及 $(-R', R')$ 内收敛,则在 $(-R, R)$ 与 $(-R', R')$ 中较小的区间内有

加法：$\sum\limits_{n=0}^{\infty} a_n x^n + \sum\limits_{n=0}^{\infty} b_n x^n = \sum\limits_{n=0}^{\infty} (a_n + b_n) x^n$.

减法：$\sum_{n=0}^{\infty} a_n x^n - \sum_{n=0}^{\infty} b_n x^n = \sum_{n=0}^{\infty} (a_n - b_n) x^n$.

乘法：$\left(\sum_{n=0}^{\infty} a_n x^n\right) \cdot \left(\sum_{n=0}^{\infty} b_n x^n\right) = a_0 b_0 + (a_0 b_1 + a_1 b_0) x + (a_0 b_2 + a_1 b_1 + a_2 b_0) x^2 + \cdots + (a_0 b_n + a_1 b_{n-1} + \cdots + a_n b_0) x^n + \cdots$.

除法：$\dfrac{a_0 + a_1 x + a_2 x^2 + \cdots + a_n x^n + \cdots}{b_0 + b_1 x + b_2 x^2 + \cdots + b_n x^n + \cdots} = c_0 + c_1 x + c_2 x^2 + \cdots + c_n x^n + \cdots$

关于幂级数的和函数有下列重要性质：

性质 1：幂级数 $\sum_{n=0}^{\infty} a_n x^n$ 的和函数 $s(x)$ 在其收敛域 I 上连续.

性质 2：幂级数 $\sum_{n=0}^{\infty} a_n x^n$ 的和函数 $s(x)$ 在其收敛域 I 上可积，并且有逐项积分公式

$$\int_0^x s(x) dx = \int_0^x \left(\sum_{n=0}^{\infty} a_n x^n\right) dx = \sum_{n=0}^{\infty} \int_0^x a_n x^n dx = \sum_{n=0}^{\infty} \frac{a_n}{n+1} x^{n+1} \quad (x \in I),$$

逐项积分后所得到的幂级数和原级数有相同的收敛半径.

性质 3：幂级数 $\sum_{n=0}^{\infty} a_n x^n$ 的和函数 $s(x)$ 在其收敛区间 $(-R, R)$ 内可导，并且有逐项求导公式

$$s'(x) = \left(\sum_{n=0}^{\infty} a_n x^n\right)' = \sum_{n=0}^{\infty} (a_n x^n)' = \sum_{n=1}^{\infty} n a_n x^{n-1} \quad (|x| < R),$$

逐项求导后所得到的幂级数和原级数有相同的收敛半径.

例 10-3-5 求幂级数 $\sum_{n=0}^{\infty} \dfrac{1}{n+1} x^n$ 的和函数.

解：求得幂级数的收敛域为 $[-1, 1)$. 设和函数为 $s(x)$，即

$$s(x) = \sum_{n=0}^{\infty} \frac{1}{n+1} x^n, \quad x \in [-1, 1).$$

显然 $s(0) = 1$. 在 $xs(x) = \sum_{n=0}^{\infty} \dfrac{1}{n+1} x^{n+1}$ 的两边同时求导得

$$[xs(x)]' = \sum_{n=0}^{\infty} \left(\frac{1}{n+1} x^{n+1}\right)' = \sum_{n=0}^{\infty} x^n = \frac{1}{1-x}.$$

对上式从 0 到 x 积分，得 $xs(x) = \int_0^x \dfrac{1}{1-x} dx = -\ln(1-x)$.

于是，当 $x \neq 0$ 时，有 $s(x) = -\dfrac{1}{x} \ln(1-x)$. 从而

$$s(x) = \begin{cases} -\dfrac{1}{x} \ln(1-x), & x \in [-1, 0) \cup (0, 1), \\ 1, & x = 0. \end{cases}$$

提示：应用公式 $\int_0^x F'(x) dx = F(x) - F(0)$，即 $F(x) = F(0) + \int_0^x F'(x) dx$.

$$\frac{1}{1-x} = 1 + x + x^2 + x^3 + \cdots + x^n + \cdots.$$

> 思维培养

在高职高等数学教学中，幂级数的学习是深化学生数学思维与解决问题能力的关键一环．我们着重于培养学生对幂级数概念的深刻理解，掌握幂级数的基本性质与运算规则，以及其在函数逼近、求解微分方程等方面的广泛应用．通过严格的推导与证明，学生将学会如何将复杂函数表示为幂级数的形式，进而利用幂级数的性质简化问题求解过程．这一教学过程不仅强化了学生的数学分析能力，更促进了其从抽象到具体、从局部到整体的思维方式转变，为学生未来在数学及其他相关领域的深入学习奠定了坚实的基础．

> 实务训练

1. 求以下幂级数的收敛半径和收敛区间：

(1) $\sum_{n=1}^{\infty} \frac{3^n}{\sqrt{n}} x^n$； (2) $\sum_{n=1}^{\infty} (-1)^n \frac{x^n}{n^n}$； (3) $\sum_{n=1}^{\infty} n! x^n$；

(4) $\sum_{n=1}^{\infty} \frac{1}{2^n n} (x-1)^n$； (5) $\sum_{n=1}^{\infty} \frac{1}{2^{n-1}} x^{2n+1}$； (6) $\sum_{n=1}^{\infty} \frac{n^2}{3^n} x^n$.

2. 求以下级数的和函数：

(1) $\sum_{n=1}^{\infty} n x^{n-1}$； (2) $\sum_{n=1}^{\infty} \frac{1}{2n+1} x^{2n+1}$.

任务四 函数展开成幂级数

> 工作情境

凸轮机构是一种常见的机械传动装置，广泛应用于各种自动机械中，如内燃机、纺织机械等．凸轮的形状直接决定了从动件（如推杆）的运动规律，因此凸轮的设计是机械制造中的关键环节．

假设需要设计一个凸轮机构，使得从动件（推杆）能够按照特定的运动规律（如等加速、等速、等减速）进行往复运动．为了精确实现这一运动规律，需要首先确定凸轮的理论轮廓曲线，该曲线可以通过一个复杂的函数来描述．

首先，根据从动件的运动规律，推导出凸轮轮廓曲线的数学表达式．这个表达式可能是一个复杂的函数，包含多个变量和参数．为了便于分析和设计，可以将这个复杂的函数在其工作区间内展开成幂级数．通过选择合适的项数和截断误差，可以得到一个足够精确的幂级数近似表达式．利用幂级数近似表达式，可以更方便地进行凸轮轮廓曲线的分析和设计．例如，可以计算凸轮在不同位置时的轮廓坐标，绘制凸轮的理论轮廓图；可以分析凸轮与从动件之间的接触应力，优化凸轮的形状和尺寸；还可以进行运动学仿真，验证从动件的运动规律是否符合设计要求．最后，根据设计结果制造凸轮机构，并进行实际测试．通过对比测试结果与理论预测，可以进一步验证幂级数展开在凸轮机构设计中的应用效果．

知识准备

一、函数展开成幂级数

给定函数 $f(x)$，要考虑它是否能在某个区间内"展开成幂级数"，就是说，是否能找到这样一个幂级数，它在某区间内收敛，且其和恰好就是给定的函数 $f(x)$．如果能找到这样的幂级数，我们就说，函数 $f(x)$ 能展开成幂级数，而该级数在收敛区间内就表达了函数 $f(x)$．

如果 $f(x)$ 在点 x_0 的某邻域内具有各阶导数 $f'(x), f''(x), \cdots f^{(n)}(x), \cdots$，则当 $n \to \infty$ 时，$f(x)$ 在点 x_0 的泰勒多项式

$$p_n(x) = f(x_0) + f'(x_0)(x-x_0) + \frac{f''(x_0)}{2!}(x-x_0)^2 + \cdots + \frac{f^{(n)}(x_0)}{n!}(x-x_0)^n$$

成为幂级数 $f(x_0) + f'(x_0)(x-x_0) + \frac{f''(x_0)}{2!}(x-x_0)^2 + \cdots + \frac{f^{(n)}(x_0)}{n!}(x-x_0)^n + \cdots$，这一幂级数称为函数 $f(x)$ 的 泰勒级数．

显然，当 $x = x_0$ 时，$f(x)$ 的泰勒级数收敛于 $f(x_0)$．

需要解决的问题：除了 $x = x_0$ 外，$f(x)$ 的泰勒级数是否收敛？如果收敛，它是否一定收敛于 $f(x)$？

定理 11：设函数 $f(x)$ 在点 x_0 的某一邻域 $U(x_0)$ 内具有各阶导数，则 $f(x)$ 在该邻域内能展开成泰勒级数的充分必要条件是 $f(x)$ 的泰勒公式中的余项 $R_n(x)$ 当 $n \to \infty$ 时的极限为零，即 $\lim_{n \to \infty} R_n(x) = 0, x \in U(x_0)$．

在泰勒级数中取 $x_0 = 0$，得 $f(0) + f'(0)x + \frac{f''(0)}{2!}x^2 + \cdots + \frac{f^{(n)}(0)}{n!}x^n + \cdots$，此级数称为 $f(x)$ 的 麦克劳林级数．

要把函数 $f(x)$ 展开成 x 的幂级数，可以按照下列步骤进行：

第一步：求出 $f(x)$ 的各阶导数：$f'(x), f''(x), f'''(x), \cdots, f^{(n)}(x), \cdots$．

第二步：求函数及其各阶导数在 $x_0 = 0$ 处的值：$f'(0), f''(0), f'''(0), \cdots, f^{(n)}(0), \cdots$．

第三步：写出幂级数 $f(0) + f'(0)x + \frac{f''(0)}{2!}x^2 + \cdots + \frac{f^{(n)}(0)}{n!}x^n + \cdots$，并求出收敛半径 R．

第四步：考察在区间 $(-R, R)$ 内时是否有 $R_n(x) \to 0 (n \to \infty)$．

$$\lim_{n\to\infty} R_n(x) = \lim_{n\to\infty} \frac{f^{(n+1)}(\xi)}{(n+1)!} x^{n+1}$$

是否为零. 如果 $R_n(x) \to 0 (n \to \infty)$，则 $f(x)$ 在 $(-R, R)$ 内有展开式

$$f(x) = f(0) + f'(0)x + \frac{f''(0)}{2!}x^2 + \cdots + \frac{f^{(n)}(0)}{n!}x^n + \cdots \quad (-R < x < R).$$

例 10-4-1 试将函数 $f(x) = e^x$ 展开成 x 的幂级数.

解：所给函数的各阶导数为 $f^{(n)}(x) = e^x (n = 1, 2, \cdots)$，因此 $f^{(n)}(0) = 1 (n = 1, 2, \cdots)$. 得到幂级数 $1 + x + \frac{1}{2!}x^2 + \cdots \frac{1}{n!}x^n + \cdots$，该幂级数的收敛半径 $R = +\infty$.

由于对于任何有限的数 x, ξ（ξ 介于 0 与 x 之间），有 $|R_n(x)| = \left|\frac{e^\xi}{(n+1)!}x^{n+1}\right| < e^{|x|} \cdot \frac{|x|^{n+1}}{(n+1)!}$，

而 $\lim\limits_{n\to\infty} \frac{|x|^{n+1}}{(n+1)!} = 0$，所以 $\lim\limits_{n\to\infty} |R_n(x)| = 0$，从而有展开式

$$e^x = 1 + x + \frac{1}{2!}x^2 + \cdots \frac{1}{n!}x^n + \cdots \quad (-\infty < x < +\infty).$$

例 10-4-2 将函数 $f(x) = \sin x$ 展开成 x 的幂级数.

解：因为 $f^{(n)}(x) = \sin\left(x + n \cdot \frac{\pi}{2}\right) (n = 1, 2, \cdots)$，

所以 $f^{(n)}(0)$ 顺序循环地取 $0, 1, 0, -1, \cdots (n = 0, 1, 2, 3, \cdots)$，于是得级数

$$x - \frac{x^3}{3!} + \frac{x^5}{5!} - \cdots + (-1)^{n-1}\frac{x^{2n-1}}{(2n-1)!} + \cdots,$$

它的收敛半径为 $R = +\infty$. 对于任何有限的数 x, ξ（ξ 介于 0 与 x 之间），有

$$|R_n(x)| = \left|\frac{\sin\left(\xi + \frac{(n+1)\pi}{2}\right)}{(n+1)!}x^{n+1}\right| \leqslant \frac{|x|^{n+1}}{(n+1)!} \to 0, n \to \infty.$$

因此得展开式

$$\sin x = x - \frac{x^3}{3!} + \frac{x^5}{5!} - \cdots + (-1)^{n-1}\frac{x^{2n-1}}{(2n-1)!} + \cdots (-\infty < x < +\infty).$$

例 10-4-3 将函数 $f(x) = (1+x)^m$ 展开成 x 的幂级数，其中 m 为任意常数.

解：$f(x)$ 的各阶导数为

$$f'(x) = m(1+x)^{m-1}$$
$$f''(x) = m(m-1)(1+x)^{m-2}.$$
$$\cdots$$
$$f^{(n)}(x) = m(m-1)(m-2)\cdots(m-n+1)(1+x)^{m-n}.$$
$$\cdots$$

所以 $f(0) = 1, f'(0) = m, f''(0) = m(m-1), \cdots, f^{(n)}(0) = m(m-1)(m-2)\cdots(m-n+1), \cdots$

且 $R_n(x) \to 0$ 于是得幂级数 $1 + mx + \frac{m(m-1)}{2!}x^2 + \cdots + \frac{m(m-1)\cdots(m-n+1)}{n!}x^n + \cdots$.

以上例题是直接按照公式计算幂级数的系数,最后考察余项是否趋于零.这种直接展开的方法计算量较大,而且研究余项即使在初等函数中也不是一件容易的事.下面介绍间接展开的方法,也就是利用一些已知的函数展开式,通过幂级数的运算以及变量代换等,将所给函数展开成幂级数.这样做不但计算简单,而且可以避免研究余项.

例 10-4-4 将函数 $f(x) = \ln(1+x)$ 展开成 x 的幂级数.

解:因为 $f'(x) = \frac{1}{1+x}$,而 $\frac{1}{1+x}$ 是收敛的等比级数 $\sum_{n=0}^{\infty}(-1)^n x^n \ (-1 < x < 1)$ 的和函数

$$\frac{1}{1+x} = 1 - x + x^2 - x^3 + \cdots + (-1)^n x^n + \cdots.$$

所以将上式从 0 到 x 逐项积分,得

$$\begin{aligned} f(x) = \ln(1+x) &= \int_0^x [\ln(1+x)]' dx = \int_0^x \frac{1}{1+x} dx \\ &= \int_0^x \left[\sum_{n=0}^{\infty}(-1)^n x^n\right] dx \\ &= \sum_{n=0}^{\infty}(-1)^n \frac{x^{n+1}}{n+1} \quad (-1 < x \leq 1). \end{aligned}$$

上述展开式对 $x = 1$ 也成立,这是因为上式右端的幂级数当 $x = 1$ 时收敛,而 $\ln(1+x)$ 在 $x = 1$ 处有定义且连续.

常用展开式小结:

$\frac{1}{1-x} = 1 + x + x^2 + \cdots + x^n + \cdots \quad (-1 < x < 1),$

$e^x = 1 + x + \frac{1}{2!}x^2 + \cdots \frac{1}{n!}x^n + \cdots \quad (-\infty < x < +\infty),$

$\sin x = x - \frac{x^3}{3!} + \frac{x^5}{5!} - \cdots + (-1)^{n-1}\frac{x^{2n-1}}{(2n-1)!} + \cdots \quad (-\infty < x < +\infty),$

$\cos x = 1 - \frac{x^2}{2!} + \frac{x^4}{4!} - \cdots + (-1)^n \frac{x^{2n}}{(2n)!} + \cdots \quad (-\infty < x < +\infty),$

$\ln(1+x) = x - \frac{x^2}{2} + \frac{x^3}{3} - \frac{x^4}{4} + \cdots + (-1)^n \frac{x^{n+1}}{n+1} + \cdots \quad (-1 < x \leq 1),$

$(1+x)^m = 1 + mx + \frac{m(m-1)}{2!}x^2 + \cdots + \frac{m(m-1)\cdots(m-n+1)}{n!}x^n + \cdots \ (-1 < x < 1).$

二、幂级数的展开式的应用

有了函数的幂级数展开式,就可以用它进行近似计算,在展开式有意义的区间内,函数值可以利用这个级数近似的按要求计算出来.

例 10-4-5 计算 $\sqrt[5]{245}$ 的近似值（误差不超过 10^{-4}）.

解：因为 $\sqrt[5]{245} = \sqrt[5]{3^5 + 2} = 3\left(1 + \frac{2}{3^5}\right)^{\frac{1}{5}}$，所以在二项展开式中取 $m = \frac{1}{5}$，$x = \frac{2}{3^5}$，即

$$\sqrt[5]{245} = 3\left[1 + \frac{1}{5} \cdot \frac{2}{3^5} - \frac{1}{2!} \cdot \frac{1}{5}\left(\frac{1}{5} - 1\right)\left(\frac{2}{3^5}\right)^2 + \cdots\right],$$

这个级数从第二项起是交错级数，如果取前 n 项和作为 $\sqrt[5]{245}$ 的近似值，则其误差（也叫做截断误差）$|r_n| \leqslant u_{n+1}$ 可算得 $|u_2| = 3 \times \frac{4 \times 2^2}{2 \times 5^2 \times 3^{10}} = \frac{8}{25 \times 3^9} < 10^{-4}$

为了使误差不超过 10^{-4}，只要取其前两项作为其近似值即可. 于是有

$$\sqrt[5]{245} \approx 3\left(1 + \frac{1}{5} \cdot \frac{2}{243}\right) \approx 3.0049.$$

例 10-4-6 利用 $\sin x \approx x - \frac{1}{3!}x^3$ 求 $\sin 9°$ 的近似值，并估计误差.

解：首先把角度化成弧度，$9° = \frac{\pi}{180} \times 9$（弧度）$= \frac{\pi}{20}$（弧度），

从而 $\sin\frac{\pi}{20} \approx \frac{\pi}{20} - \frac{1}{3!}\left(\frac{\pi}{20}\right)^3$.

其次，估计这个近似值的精确度. 在 $\sin x$ 的幂级数展开式中令 $x = \frac{\pi}{20}$，得

$$\sin\frac{\pi}{20} = \frac{\pi}{20} - \frac{1}{3!}\left(\frac{\pi}{20}\right)^3 + \frac{1}{5!}\left(\frac{\pi}{20}\right)^5 - \frac{1}{7!}\left(\frac{\pi}{20}\right)^7 + \cdots.$$

等式右端是一个收敛的交错级数，且各项的绝对值单调减少. 取它的前两项之和作为 $\sin\frac{\pi}{20}$ 的近似值，起误差为 $|r_2| \leqslant \frac{1}{5!}\left(\frac{\pi}{20}\right)^5 < \frac{1}{120} \cdot (0.2)^5 < \frac{1}{300000}$.

因此取 $\frac{\pi}{20} \approx 0.157080$，$\left(\frac{\pi}{20}\right)^3 \approx 0.003876$.

于是得 $\sin 9° \approx 0.15643$，这时误差不超过 10^{-5}.

例 10-4-7 计算定积分 $\frac{2}{\sqrt{\pi}}\int_0^{\frac{1}{2}} e^{-x^2} dx$ 的近似值，要求误差不超过 10^{-4}（取 $\frac{1}{\sqrt{\pi}} \approx 0.56419$）.

解：将 e^x 的幂级数展开式中的 x 换成 $-x^2$，得到被积函数的幂级数展开式

$$e^{-x^2} = 1 + \frac{(-x^2)}{1!} + \frac{(-x^2)^2}{2!} + \frac{(-x^2)^3}{3!} + \cdots = \sum_{n=0}^{\infty}(-1)^n\frac{x^{2n}}{n!} \quad (-\infty < x < +\infty).$$

于是，根据幂级数在收敛区间内逐项可积，得

$$\frac{2}{\sqrt{\pi}}\int_0^{\frac{1}{2}} e^{-x^2} dx = \frac{2}{\sqrt{\pi}}\int_0^{\frac{1}{2}}\left[\sum_{n=0}^{\infty}(-1)^n\frac{x^{2n}}{n!}\right]dx = \frac{2}{\sqrt{\pi}}\sum_{n=0}^{\infty}\frac{(-1)^n}{n!}\int_0^{\frac{1}{2}} x^{2n} dx$$

$$= \frac{1}{\sqrt{\pi}}\left(1 - \frac{1}{2^2 \times 3} + \frac{1}{2^4 \times 5 \times 2!} - \frac{1}{2^6 \times 7 \times 3!} + \cdots\right).$$

前四项的和作为近似值，其误差为 $|r_4| \leqslant \frac{1}{\sqrt{\pi}} \frac{1}{2^8 \times 9 \times 4!} < \frac{1}{90000}$，

所以 $\frac{2}{\sqrt{\pi}} \int_0^{\frac{1}{2}} e^{-x^2} dx \approx \frac{1}{\sqrt{\pi}} \left(1 - \frac{1}{2^2 \times 3} + \frac{1}{2^4 \times 5 \times 2!} - \frac{1}{2^6 \times 7 \times 3!}\right) \approx 0.5295.$

思维培养

在高职高等数学课程中，函数展开成幂级数的教学是培养学生解析思维与逻辑推理能力的关键环节．我们注重引导学生深入理解幂级数的定义与性质，掌握泰勒公式与麦克劳林公式的应用，以及它们如何将复杂函数转化为简单的幂级数形式．通过系统的训练，学生将学会识别函数的可展开条件，选择合适的展开中心，并运用数学软件进行精确计算．这一过程不仅锻炼了学生的数学操作技能，更培养了其从复杂中提炼简洁、从未知中寻求规律的能力，为学生后续的专业学习及职业发展奠定了坚实的数学基础．

实务训练

1. 将函数 $f(x) = \cos x$ 展开成 x 的幂级数.

2. 计算积分 $\int_0^{0.5} \frac{1}{1+x^4} dx$ 的近似值，要求误差不超过 10^{-4}.

例题解析

一、选择题

1. 如果级数 $\sum_{n=1}^{\infty} u_n$ 收敛，且 $S_n = u_1 + u_2 + u_3 + \cdots + u_n$，则数列 $\{S_n\}$ ( ).

 A. 单调增加   B. 单调减少   C. 收敛   D. 发散

2. 若级数 $\sum_{n=1}^{\infty} a_n, \sum_{n=1}^{\infty} b_n$ 均发散，则   ( ).

 A. $\sum_{n=1}^{\infty} (a_n + b_n)$ 发散   B. $\sum_{n=1}^{\infty} (|a_n| + |b_n|)$ 发散

 C. $\sum_{n=1}^{\infty} (a_n^2 + b_n^2)$ 发散   D. $\sum_{n=1}^{\infty} a_n b_n$ 发散

3. 设 $\sum_{n=1}^{\infty} u_n$ 为正项级数，则   ( ).

 A. 如果 $\lim_{n \to \infty} u_n = 0$，则 $\sum_{n=1}^{\infty} u_n$ 必收敛   B. 若 $\sum_{n=1}^{\infty} u_n$ 发散，则 $\lim_{n \to \infty} u_n = +\infty$

 C. 若 $\sum_{n=1}^{\infty} u_n^2$ 收敛，则 $\sum_{n=1}^{\infty} u_n$ 也收敛   D. 若 $\sum_{n=1}^{\infty} u_n$ 收敛，则 $\sum_{n=1}^{\infty} u_n^2$ 也收敛

4. 下列级数收敛的   ( ).

A. $\sum_{n=1}^{\infty}(-1)^n\dfrac{1}{\sqrt{n}}$
B. $\sum_{n=1}^{\infty}(-1)^n\dfrac{n}{n+1}$

C. $\sum_{n=1}^{\infty}\ln\left(1+\dfrac{1}{n}\right)$
D. $\sum_{n=1}^{\infty}\left(\dfrac{1}{2n}-\dfrac{1}{n^2}\right)$

5. 下列级数发散的是 ( ).

A. $\sum_{n=1}^{\infty}\dfrac{2n-1}{n(n^2+1)}$
B. $\sum_{n=1}^{\infty}\ln\left(1+\dfrac{2}{n^2}\right)$

C. $\sum_{n=1}^{\infty}\sin\dfrac{2}{n}$
D. $\sum_{n=1}^{\infty}\dfrac{n^2}{2^n}$

6. 下列级数中绝对收敛的是 ( ).

A. $\sum_{n=1}^{\infty}(-1)^n\dfrac{1}{n+1}$
B. $\sum_{n=1}^{\infty}(-1)^n\dfrac{1}{n^2+1}$

C. $\sum_{n=1}^{\infty}(-1)^n\left(\dfrac{1}{n^2}+\dfrac{1}{n}\right)$
D. $\sum_{n=1}^{\infty}(-1)^n\dfrac{n^2+1}{n^2+2}$

7. 设幂级数 $\sum_{n=1}^{\infty}a_n x^n$ 在 $x=2$ 处收敛，则该级数在 $x=-1$ 处 ( ).

A. 绝对收敛   B. 条件收敛   C. 发散   D. 敛散性不确定

8. 幂级数 $\sum_{n=1}^{\infty}\dfrac{(-1)^{n-1}}{2^n-n}(x-1)^n$ 的收敛半径 R 为 ( ).

A. $\dfrac{1}{2}$ B. 1   C. 2   D. $+\infty$

9. 幂级数 $\sum_{n=1}^{\infty}\dfrac{(-1)^{n-1}}{3^{n+1}\sqrt{n}}(x-3)^n$ 的收敛区间为 ( ).

A. $(-6,6)$ B. $(0,6)$ C. $(0,3)$ D. $(-3,3)$

10. $\sin x^2$ 的麦克劳林展开式是 ( ).

A. $x^2-\dfrac{x^6}{3!}+\dfrac{x^{10}}{5!}-\dfrac{x^{14}}{7!}+\cdots \quad x\in(-\infty,+\infty)$

B. $x-\dfrac{x^3}{3!}+\dfrac{x^5}{5!}-\dfrac{x^7}{7!}+\cdots \quad x\in(-\infty,+\infty)$

C. $1-\dfrac{x^3}{3!}+\dfrac{x^5}{5!}-\dfrac{x^7}{7!}+\cdots \quad x\in(-\infty,+\infty)$

D. $1-\dfrac{x^4}{2!}+\dfrac{x^6}{4!}-\dfrac{x^8}{6!}+\cdots \quad x\in(-\infty,+\infty)$

解： 1. C. 由级数收敛的定义可知，若级数收敛，则部分和数列收敛．

2. B. 若级数 $\sum_{n=1}^{\infty}a_n$ 发散，则 $\sum_{n=1}^{\infty}|a_n|$ 发散于 $+\infty$；同理，$\sum_{n=1}^{\infty}|b_n|$ 也发散于 $+\infty$，故 $\sum_{n=1}^{\infty}(|a_n|+|b_n|)$ 发散于 $+\infty$．而其他结论则未必成立．

例如，选取 $a_n=\dfrac{1}{n}, b_n=-\dfrac{1}{n}$，级数 $\sum_{n=1}^{\infty}a_n, \sum_{n=1}^{\infty}b_n$ 均发散，

$$\sum_{n=1}^{\infty}(a_n+b_n)=\sum_{n=1}^{\infty}\left(\frac{1}{n}-\frac{1}{n}\right)=\sum_{n=1}^{\infty}0,收敛.$$

$$\sum_{n=1}^{\infty}(a_n^2+b_n^2)=\sum_{n=1}^{\infty}\left(\frac{1}{n^2}+\frac{1}{n^2}\right)=\sum_{n=1}^{\infty}\frac{2}{n^2},收敛.$$

$$\sum_{n=1}^{\infty}a_nb_n=\sum_{n=1}^{\infty}\frac{1}{n}\left(-\frac{1}{n}\right)=\sum_{n=1}^{\infty}\left(-\frac{1}{n^2}\right),收敛.$$

3. D. 由于 $\sum_{n=1}^{\infty}u_n$ 收敛，$\lim_{n\to 0}u_n=0$，则存在 N，当 $n>N$ 时，$0<u_n<1$，此时 $u_n^2<u_n$，所以 $\sum_{n=1}^{\infty}u_n^2$ 也收敛.

4. A. 由于 $\sum_{n=1}^{\infty}(-1)^n\frac{1}{\sqrt{n}}$ 为交错级数，$\lim_{n\to\infty}\frac{1}{\sqrt{n}}=0$，且 $\frac{1}{\sqrt{n}}>\frac{1}{\sqrt{n+1}}$，故级数收敛；对于 $\sum_{n=1}^{\infty}(-1)^n\frac{n}{n+1}$，$\lim_{n\to\infty}\frac{(-1)^n n}{n+1}\neq 0$，发散；对于 $\sum_{n=1}^{\infty}\ln\left(1+\frac{1}{n}\right)$，由于 $n\to\infty$ 时，$\ln\left(1+\frac{1}{n}\right)\sim\frac{1}{n}$，$\sum_{n=1}^{\infty}\frac{1}{n}$ 发散，$\sum_{n=1}^{\infty}\ln\left(1+\frac{1}{n}\right)$ 发散；而 $\sum_{n=1}^{\infty}\frac{1}{2n}$ 发散，$\sum_{n=1}^{\infty}\frac{1}{n^2}$ 收敛，所以 $\sum_{n=1}^{\infty}\left(\frac{1}{2n}-\frac{1}{n^2}\right)$ 发散.

5. C. 由于 $n\to\infty$ 时，$\sin\frac{2}{n}\sim\frac{2}{n}$，而 $\sum_{n=1}^{\infty}\frac{2}{n}$ 发散，所以级数 $\sum_{n=1}^{\infty}\sin\frac{2}{n}$ 发散.

6. B. $\sum_{n=1}^{\infty}\left|(-1)^n\frac{1}{n^2+1}\right|=\sum_{n=1}^{\infty}\frac{1}{n^2+1}$，$\lim_{n\to\infty}\frac{\frac{1}{n^2+1}}{\frac{1}{n^2}}=1$，且 $\sum_{n=1}^{\infty}\frac{1}{n^2}$ 收敛，故 $\sum_{n=1}^{\infty}(-1)^n\frac{1}{n^2+1}$ 绝对收敛.

7. A. 因幂级数 $\sum_{n=1}^{\infty}a_nx^n$ 在 $x=2$ 处收敛，所以收敛半径 $r\geqslant 2$，又 $|-1|=1<2$，所以在 $x=-1$ 处绝对收敛.

8. C. $\rho=\lim_{n\to\infty}\left|\frac{a_{n+1}}{a_n}\right|=\lim_{n\to\infty}\frac{\frac{1}{2^{n+1}-n-1}}{\frac{1}{2^n-n}}=\lim_{n\to\infty}\frac{2^n-n}{2^{n+1}-n-1}=\lim_{n\to\infty}\frac{\frac{1}{2}-\frac{n}{2^{n+1}}}{1-\frac{n+1}{2^{n+1}}}=\frac{1}{2}$，所以 $R=\frac{1}{\rho}=2$.

9. B. $R=\lim_{n\to\infty}\left|\frac{a_n}{a_{n+1}}\right|=\lim_{n\to\infty}\frac{\frac{1}{3^{n+1}\sqrt{n}}}{\frac{1}{3^{n+2}\sqrt{n+1}}}=\lim_{n\to\infty}\frac{3^{n+2}}{3^{n+1}}\sqrt{\frac{n+1}{n}}=3$，当 $|x-3|<3$ 时，即 $0<x<6$ 时，级数收敛，所以收敛区间为 $(0,6)$.

10. A. 由于 $\sin x$ 的展开式为 $x-\frac{x^3}{3!}+\frac{x^5}{5!}-\frac{x^7}{7!}+\cdots$，$x\in(-\infty,+\infty)$，将 $\sin x$ 中的

x 用 x^2 代换，得 $\sin x^2$ 的展开式为 $x^2 - \dfrac{x^6}{3!} + \dfrac{x^{10}}{5!} - \dfrac{x^{14}}{7!} + \cdots, x \in (-\infty, +\infty)$.

二、填空题

1. 若级数 $\sum\limits_{n=1}^{\infty} u_n$ 收敛于 S，则 $\sum\limits_{n=2}^{\infty} u_n$ 收敛于 _____ .

2. 若级数 $\sum\limits_{n=1}^{\infty} u_n$ 收敛，若级数 $\sum\limits_{n=1}^{\infty} v_n$ 发散，则级数 $\sum\limits_{n=1}^{\infty} (u_n + v_n)$ 的敛散性为 _____ .

3. 级数 $\sum\limits_{n=1}^{\infty} \left(\dfrac{1}{n^2} + a^n\right)$ 当 a 取 _____ 值时收敛.

4. 当 p _____ 时，级数 $\sum\limits_{n=1}^{\infty} (-1)^n \dfrac{1}{n^p}$ 收敛.

5. 幂级数 $\sum\limits_{n=1}^{\infty} \dfrac{x^n}{n^2 + n}$ 的收敛半径为 _____ .

6. 幂级数 $\sum\limits_{n=1}^{\infty} (-1)^{n-1} \dfrac{(x-1)^n}{3n}$ 的收敛区间为 _____ .

7. $\dfrac{1}{2-x}$ 关于 x 的幂级数展开式为 _____ .

8. 级数 $\sum\limits_{n=1}^{\infty} \dfrac{(-1)^n}{n!} x^{2n}$ 在 $(-\infty, +\infty)$ 内的和函数 $f(x) =$ _____ .

解：1. $S - u_1$. 由于 $\sum\limits_{n=2}^{\infty} u_n = \sum\limits_{n=1}^{\infty} u_n - u_1 = S - u_1$.

2. 发散. 若 $\sum\limits_{n=1}^{\infty} (u_n + v_n)$ 收敛，则由于 $v_n = (u_n + v_n) - u_n$，故 $\sum\limits_{n=1}^{\infty} v_n$ 也收敛，与级数 $\sum\limits_{n=1}^{\infty} v_n$ 发散矛盾.

3. $|a| < 1$. 由于级数 $\sum\limits_{n=1}^{\infty} \dfrac{1}{n^2}$ 收敛，而级数 $\sum\limits_{n=1}^{\infty} a^n$ 当 $|a| < 1$ 收敛.

4. $p > 0$. 由于 $\sum\limits_{n=1}^{\infty} (-1)^n \dfrac{1}{n^p}$ 为交错级数，当 $p > 0$ 时，$\lim\limits_{n \to \infty} \dfrac{1}{n^p} = 0$，且 $\dfrac{1}{n^p} > \dfrac{1}{(n+1)^p}$，由莱布尼兹准则此时级数收敛.

5. 1. $\rho = \lim\limits_{n \to \infty} \left| \dfrac{a_{n+1}}{a_n} \right| = \lim\limits_{n \to \infty} \dfrac{\frac{1}{(n+1)^2 + n + 1}}{\frac{1}{n^2 + n}} = \lim\limits_{n \to \infty} \dfrac{n^2 + n}{n^2 + 3n + 2} = 1, R = \dfrac{1}{\rho} = 1.$

6. $(0, 2)$. $\rho = \lim\limits_{n \to \infty} \left| \dfrac{a_{n+1}}{a_n} \right| = \lim\limits_{n \to \infty} \dfrac{\frac{1}{3(n+1)}}{\frac{1}{3n}} = 1, R = \dfrac{1}{\rho} = 1$，当 $|x - 1| < 1$ 时，即 $0 < x < 2$ 时，级数收敛，所以收敛区间为 $(0, 2)$.

7. $\sum_{n=0}^{\infty} \dfrac{x^n}{2^{n+1}}(-2 < x < 2).$

$\dfrac{1}{2-x} = \dfrac{1}{2} \dfrac{1}{1-\dfrac{x}{2}} = \dfrac{1}{2}\left[1 + \dfrac{x}{2} + \left(\dfrac{x}{2}\right)^2 + \cdots + \left(\dfrac{x}{2}\right)^n + \cdots\right] = \sum_{n=0}^{\infty} \dfrac{x^n}{2^{n+1}}(-2 < x < 2).$

8. $e^{-x^2} - 1.$ 由 $e^x = 1 + x + \dfrac{1}{2!}x^2 + \cdots \dfrac{1}{n!}x^n + \cdots = \sum_{n=0}^{\infty} \dfrac{x^n}{n!}, x \in (-\infty, +\infty)$,得

$\sum_{n=0}^{\infty} \dfrac{(-1)^n}{n!}x^{2n} = \sum_{n=0}^{\infty} \dfrac{1}{n!}(-x^2)^n = e^{-x^2}$,所以 $\sum_{n=1}^{\infty} \dfrac{(-1)^n}{n!}x^{2n} = \sum_{n=0}^{\infty} \dfrac{(-1)^n}{n!}x^{2n} - 1 = e^{-x^2} - 1$.

三、解答题

1. 判定下列级数的敛散性:

(1) $\sum_{n=1}^{\infty} \dfrac{2}{3^n}$; (2) $\sum_{n=1}^{\infty}\left(\dfrac{1}{2^n} + \dfrac{1}{2n}\right)$; (3) $\sum_{n=1}^{\infty} n\sin\dfrac{1}{n}$; (4) $\sum_{n=1}^{\infty} \dfrac{\sqrt{n}}{n^2+\sqrt{n}}$; (5) $\sum_{n=1}^{\infty} \dfrac{n\arctan n}{2^n}$.

解:(1) 级数部分和数列为 $S_n = \dfrac{2}{3} + \dfrac{2}{3^2} + \dfrac{2}{3^3} + \cdots + \dfrac{2}{3^n} = 2 \cdot \dfrac{\dfrac{1}{3}\left(1 - \dfrac{1}{3^n}\right)}{1 - \dfrac{1}{3}} = 1 - \dfrac{1}{3^n}$,

$\lim_{n \to \infty} S_n = \lim_{n \to \infty}\left(1 - \dfrac{1}{3^n}\right) = 1$,故级数收敛.

(2) 由于 $\sum_{n=1}^{\infty} \dfrac{1}{2^n}$ 收敛,$\sum_{n=1}^{\infty} \dfrac{1}{2n}$ 发散,所以级数 $\sum_{n=1}^{\infty}\left(\dfrac{1}{2^n} + \dfrac{1}{2n}\right)$ 发散.

(3) 由于 $\lim_{n \to \infty} n \cdot \sin\dfrac{1}{n} = \lim_{n \to \infty} \dfrac{\sin\dfrac{1}{n}}{\dfrac{1}{n}} = 1$,所以级数 $\sum_{n=1}^{\infty} n\sin\dfrac{1}{n}$ 发散.

(4) 由于 $\lim_{n \to \infty} \dfrac{\dfrac{\sqrt{n}}{n^2+\sqrt{n}}}{\dfrac{1}{n^{\frac{3}{2}}}} = \lim_{n \to \infty} \dfrac{n^2}{n^2+\sqrt{n}} = 1$,而 $\sum_{n=1}^{\infty} \dfrac{1}{n^{\frac{3}{2}}}$ 收敛,所以级数收敛.

(5) 由比值判别法 $\lim_{n \to \infty} \dfrac{u_{n+1}}{u_n} = \lim_{n \to \infty} \dfrac{\dfrac{(n+1)\arctan(n+1)}{2^{n+1}}}{\dfrac{n\arctan n}{2^n}} = \lim_{n \to \infty} \dfrac{\dfrac{(n+1)\pi}{2^{n+2}}}{\dfrac{n\pi}{2^{n+1}}} = \dfrac{1}{2} < 1$,所以级数收敛.

2. 判别下列级数的敛散性:

(1) $\sum_{n=1}^{\infty} \dfrac{n\sqrt{n}}{(2n^2-1)(n+3)}$; (2) $\sum_{n=1}^{\infty} \dfrac{n^2}{3^n}$; (3) $\sum_{n=1}^{\infty} \dfrac{(n+1)!}{n^{n+1}}$;

(4) $\sum_{n=1}^{\infty} \dfrac{1}{[5+(-1)^n]^n}$; (5) $\sum_{n=1}^{\infty} \dfrac{n^n}{a^n n!}(a > 0, a \neq e)$.

解：(1) 对于有理分式函数形式或分子、分母最高项次数可以确定的，一般用比较判别法的极限形式，由于

$$\lim_{n\to\infty}\frac{\frac{n\sqrt{n}}{(2n^2-1)(n+3)}}{\frac{1}{n\sqrt{n}}}=\lim_{n\to\infty}\frac{n^3}{(2n^2-1)(n+3)}=\frac{1}{2},$$

而级数 $\sum_{n=1}^{\infty}\frac{1}{n\sqrt{n}}$ 收敛，所以级数 $\sum_{n=1}^{\infty}\frac{n\sqrt{n}}{(2n^2-1)(n+3)}$ 收敛.

(2) 对于含有乘幂形式的级数，可考虑用比值判别法，由于 $a_n=\frac{n^2}{3^n}$，所以

$$\lim_{n\to\infty}\frac{a_{n+1}}{a_n}=\lim_{n\to\infty}\frac{\frac{(n+1)^2}{3^{n+1}}}{\frac{n^2}{3^n}}=\lim_{n\to\infty}\frac{1}{3}\left(1+\frac{1}{n}\right)^2=\frac{1}{3}<1,\text{故}\sum_{n=1}^{\infty}\frac{n^2}{3^n}\text{收敛}.$$

(3) 对于含有阶乘的级数，用比值判别法，由于 $a_n=\frac{(n+1)!}{n^{n+1}}, a_{n+1}=\frac{(n+2)!}{(n+1)^{n+2}}$，所以

$$\lim_{n\to\infty}\frac{a_{n+1}}{a_n}=\lim_{n\to\infty}\frac{\frac{(n+2)!}{(n+1)^{n+2}}}{\frac{(n+1)!}{n^{n+1}}}=\lim_{n\to\infty}\frac{(n+2)}{(n+1)^{n+2}}\cdot\frac{n^{n+1}}{(n+1)!}$$

$$=\lim_{n\to\infty}\frac{n(n+2)}{(n+1)^2}\cdot\left(\frac{n}{n+1}\right)^n$$

$$=\lim_{n\to\infty}\frac{n(n+2)}{(n+1)^2}\cdot\lim_{n\to\infty}\frac{1}{\left(1+\frac{1}{n}\right)^n}=\frac{1}{e}<1,$$

故原级数收敛.

(4) 应用比较判别法，由于 $4\leqslant 5+(-1)^n\leqslant 6$，所以 $4^n\leqslant[5+(-1)^n]^n\leqslant 6^n$，则有 $\frac{1}{4^n}\geqslant\frac{1}{[5+(-1)^n]^n}\geqslant\frac{1}{6^n}$，而级数 $\sum_{n=1}^{\infty}\frac{1}{4^n},\sum_{n=1}^{\infty}\frac{1}{6^n}$ 都收敛，所以 $\sum_{n=1}^{\infty}\frac{1}{[5+(-1)^n]^n}$ 收敛.

(5) 对于含有阶乘的级数，用比值判别法，由于 $a_n=\frac{n^n}{a^n n!}, a_{n+1}=\frac{(n+1)^{n+1}}{a^{n+1}(n+1)!}$，所以

$$\lim_{n\to\infty}\frac{a_{n+1}}{a_n}=\lim_{n\to\infty}\frac{\frac{(n+1)^{n+1}}{a^{n+1}(n+1)!}}{\frac{n^n}{a^n n!}}=\lim_{n\to\infty}\frac{(n+1)^n}{an^n}=\lim_{n\to\infty}\frac{1}{a}\cdot\left(1+\frac{1}{n}\right)^n=\frac{e}{a},$$

当 $a>e$ 时，级数 $\sum_{n=1}^{\infty}\frac{n^n}{a^n n!}$ 收敛；当 $a<e$ 时，级数 $\sum_{n=1}^{\infty}\frac{n^n}{a^n n!}$ 发散.

3. 判定下列级数的绝对敛散性：

(1) $\sum_{n=1}^{\infty}(-1)^{n-1}\frac{1}{\sqrt{n}}$;   (2) $\sum_{n=1}^{\infty}\frac{\sin n}{n^2}$;   (3) $\sum_{n=1}^{\infty}(-1)^n\frac{\cos n\pi}{\sqrt{n\pi}}$;

(4) $\sum_{n=1}^{\infty}(-1)^n\left[\dfrac{1}{n^2}+(-1)^n\dfrac{1}{n}\right]$.

解：(1) $u_n=\dfrac{1}{\sqrt{n}}, u_n>u_{n+1}, \lim\limits_{n\to\infty}u_n=\lim\limits_{n\to\infty}\dfrac{1}{\sqrt{n}}=0$，由莱布尼兹准则，级数收敛.

而级数 $\sum\limits_{n=1}^{\infty}\left|(-1)^{n-1}\dfrac{1}{\sqrt{n}}\right|=\sum\limits_{n=1}^{\infty}\dfrac{1}{\sqrt{n}}$ 发散，原级数条件收敛.

(2) 由于 $\left|\dfrac{\sin n}{n^2}\right|\leqslant\dfrac{1}{n^2}$，而 $\sum\limits_{n=1}^{\infty}\dfrac{1}{n^2}$ 收敛，所以级数 $\sum\limits_{n=1}^{\infty}\dfrac{\sin n}{n^2}$ 绝对收敛.

(3) 由于 $\cos n\pi=(-1)^n$，故 $(-1)^n\dfrac{\cos n\pi}{\sqrt{n\pi}}=\dfrac{1}{\sqrt{n\pi}}$，

所以 $\sum\limits_{n=1}^{\infty}(-1)^n\dfrac{\cos n\pi}{\sqrt{n\pi}}=\sum\limits_{n=1}^{\infty}\dfrac{1}{\sqrt{\pi}}\cdot\dfrac{1}{n^{\frac{1}{2}}}$，

由于 $\sum\limits_{n=1}^{\infty}\dfrac{1}{n^{\frac{1}{2}}}$ 发散，所以 $\sum\limits_{n=1}^{\infty}(-1)^n\dfrac{\cos n\pi}{\sqrt{n\pi}}$ 发散.

(4) $\sum\limits_{n=1}^{\infty}(-1)^n\left[\dfrac{1}{n^2}+(-1)^n\dfrac{1}{n}\right]=\sum\limits_{n=1}^{\infty}\left[\dfrac{1}{n}+(-1)^n\dfrac{1}{n^2}\right]$，

由于 $\sum\limits_{n=1}^{\infty}\dfrac{1}{n}$ 发散，$\sum\limits_{n=1}^{\infty}(-1)^n\dfrac{1}{n^2}$ 收敛，故原级数发散.

4. 研究级数 $\sum\limits_{n=1}^{\infty}(-1)^{n-1}\dfrac{1}{n^a}$ 的敛散性（即何时绝对收敛，何时条件收敛，和发散），其中 $a>0$.

解：记 $u_n=(-1)^n\dfrac{1}{n^a}, |u_n|=\dfrac{1}{n^a}$，从而 $\sum\limits_{n=1}^{\infty}\left|(-1)^{n-1}\dfrac{1}{n^a}\right|=\sum\limits_{n=1}^{\infty}\dfrac{1}{n^a}$ 为 p 级数，

且当 $a>1$ 时，$\sum\limits_{n=1}^{\infty}\dfrac{1}{n^a}$ 收敛，因此 $\sum\limits_{n=1}^{\infty}(-1)^{n-1}\dfrac{1}{n^a}$ 绝对收敛.

当 $0<a\leqslant 1$ 时，$\sum\limits_{n=1}^{\infty}\dfrac{1}{n^a}$ 发散，而原级数为交错级数，且 $\dfrac{1}{n^a}>\dfrac{1}{(n+1)^a}, \lim\limits_{n\to\infty}\dfrac{1}{n^a}=0$，

所以由莱布尼兹准则，级数 $\sum\limits_{n=1}^{\infty}(-1)^{n-1}\dfrac{1}{n^a}$ 条件收敛.

5. 求 $\sum\limits_{n=1}^{\infty}(-1)^n\dfrac{(x-1)^n}{2n+1}$ 的收敛半径、收敛区间.

解：$a_n=\dfrac{(-1)^n}{2n+1}, \lim\limits_{n\to\infty}\left|\dfrac{a_{n+1}}{a_n}\right|=\lim\limits_{n\to\infty}\dfrac{\frac{1}{2n+3}}{\frac{1}{2n+1}}=1$，所以收敛半径 $R=1$，

当 $|x-1|<1$ 时，即 $0<x<2$ 时，级数收敛，所以收敛区间为 $(0,2)$.

6. 求 $\dfrac{1}{2}x+\dfrac{1}{2^2\times 2^2}x^2+\dfrac{1}{2^3\times 3^2}x^3+\dfrac{1}{2^4\times 4^2}x^4+\cdots$ 的收敛半径和收敛域.

解：$\sum\limits_{n=1}^{\infty}a_nx^n=\sum\limits_{n=1}^{\infty}\dfrac{1}{2^n n^2}x^n$. 由于所给级数为标准形式，可直接应用公式.

$$R = \lim_{n\to\infty}\left|\frac{a_n}{a_{n+1}}\right| = \lim_{n\to\infty}\frac{\frac{1}{2^n n^2}}{\frac{1}{2^{n+1}(n+1)^2}} = \lim_{n\to\infty} 2\left(\frac{n+1}{n}\right)^2 = 2,$$

所以幂级数收敛半径 $R = 2$,收敛区间为 $(-2, 2)$.

7. 求级数 $\sum\limits_{n=1}^{\infty}\dfrac{(-1)^n}{2^n(2n-1)}x^{2n-1}$ 的收敛半径和收敛域.

解:由于所给级数不是幂级数的标准形式,应用比值判别法.

$$\lim_{n\to\infty}\left|\frac{\frac{(-1)^{n+1}x^{2n+1}}{2^{n+1}(2n+1)}}{\frac{(-1)^n x^{2n-1}}{2^n(2n-1)}}\right| = \lim_{n\to\infty}\frac{1}{2}\cdot\frac{2n-1}{2n+1}|x^2| = \frac{1}{2}|x^2|,$$

当 $\frac{1}{2}|x^2| < 1$,即 $|x| < \sqrt{2}$ 时收敛;当 $\frac{1}{2}|x^2| > 1$,即 $|x| > \sqrt{2}$ 时发散.

所以幂级数的收敛半径 $R = \sqrt{2}$,收敛区间为 $(-\sqrt{2}, \sqrt{2})$.

8. 将函数 $f(x) = \dfrac{x^2}{1-x}$ 展开为 x 的幂级数.

解:由于 $\dfrac{1}{1-x} = \sum\limits_{n=0}^{\infty}x^n(-1<x<1)$,所以

$$f(x) = \frac{x^2}{1-x} = x^2\sum_{n=0}^{\infty}x^n = \sum_{n=0}^{\infty}x^{n+2}\,(-1<x<1).$$

9. 将函数 $f(x) = \dfrac{3}{2+x-x^2}$ 展开为 x 的幂级数.

解:由于 $\dfrac{3}{2+x-x^2} = \dfrac{3}{(2-x)(1+x)} = \dfrac{1}{2-x} + \dfrac{1}{1+x}$,

而 $\dfrac{1}{1+x} = \sum\limits_{n=0}^{\infty}(-1)^n x^n \quad (-1<x<1)$,

$$\frac{1}{2-x} = \frac{1}{2}\frac{1}{1-\frac{x}{2}} = \frac{1}{2}\sum_{n=0}^{\infty}\left(\frac{x}{2}\right)^n = \sum_{n=0}^{\infty}\frac{x^n}{2^{n+1}} \quad \left(-1<\frac{x}{2}<1\right),$$

所以 $f(x) = \sum\limits_{n=0}^{\infty}(-1)^n x^n + \sum\limits_{n=0}^{\infty}\dfrac{x^n}{2^{n+1}} = \sum\limits_{n=0}^{\infty}\left[\dfrac{1}{2^{n+1}} + (-1)^n\right]x^n\,(-1<x<1)$.

10. 将函数 $f(x) = \dfrac{1}{2+x}$ 展开为 $x-2$ 的幂级数.

解:由于 $\dfrac{1}{1+x} = \sum\limits_{n=0}^{\infty}(-1)^n x^n(-1<x<1)$,

$$\frac{1}{2+x} = \frac{1}{4+(x-2)} = \frac{1}{4}\frac{1}{1+\frac{x-2}{4}} = \frac{1}{4}\sum_{n=1}^{\infty}(-1)^n\left(\frac{x-2}{4}\right)^n$$

$$= \sum_{n=1}^{\infty}\frac{(-1)^n}{4^{n+1}}(x-2)^n \quad \left(-1<\frac{x-2}{4}<1\right),$$

由 $-1 < \dfrac{x-2}{4} < 1$，得收敛域为 $(-2,6)$.

练习十

一、选择题

1. 下列级数中绝对收敛的是 ( ).

   A. $\sum\limits_{n=1}^{\infty} \dfrac{(-1)^n}{\sqrt{n}}$ 　　　　　　　　B. $\sum\limits_{n=1}^{\infty} \dfrac{(-1)^{n-1}}{n^2}$

   C. $\sum\limits_{n=1}^{\infty} \dfrac{(-1)^n}{\sqrt[n]{2}}$ 　　　　　　　　D. $\sum\limits_{n=1}^{\infty} (-1)^n \left(\dfrac{3}{2}\right)^n$

2. 设 $\lim\limits_{n \to \infty} \left|\dfrac{a_{n+1}}{a_n}\right| = \rho(\rho > 0)$，若幂级数 $\sum\limits_{n=1}^{\infty} n a_n x^{n-1}$，$\sum\limits_{n=1}^{\infty} a_n x^n$ 和 $\sum\limits_{n=1}^{\infty} \dfrac{a_n}{n+1} x^{n+1}$ 的收敛半径 R 分别为 R_1, R_2, R_3，下列关系式成立的是 ( ).

   A. $R_1 < R_2 < R_3$ 　　B. $R_1 = R_2 < R_3$ 　　C. $R_1 < R_2 = R_3$ 　　D. $R_1 = R_2 = R_3$

3. 下列级数中绝对收敛的是 ( ).

   A. $\sum\limits_{n=2}^{\infty} (-1)^n \dfrac{\ln n}{n}$ 　　　　　　B. $\sum\limits_{n=1}^{\infty} \dfrac{(-1)^n}{\sqrt{n}}$

   C. $\sum\limits_{n=1}^{\infty} \dfrac{(-1)^n e^n}{n^2}$ 　　　　　　D. $\sum\limits_{n=1}^{\infty} (-1)^n \dfrac{\sin 2n}{n^2}$

4. 幂级数 $\sum\limits_{n=1}^{\infty} \dfrac{1}{n 2^n} x^n$ 的收敛域是 ( ).

   A. $(-2,2)$ 　　B. $[-2,2)$ 　　C. $(-2,2]$ 　　D. $[-2,2]$

5. 幂级数 $\sum\limits_{n=1}^{\infty} \dfrac{(-1)^{n-1}}{n} x^n$ 的收敛域是 ( ).

   A. $[-1,1]$ 　　B. $[-1,1)$ 　　C. $(-1,1]$ 　　D. $(-1,1)$

6. 下列级数绝对收敛的是 ( ).

   A. $\sum\limits_{n=1}^{\infty} \dfrac{1}{n}$ 　　　　　　　　B. $\sum\limits_{n=1}^{\infty} \dfrac{(-1)^n n^2}{n^2+1}$

   C. $\sum\limits_{n=1}^{\infty} \dfrac{(-1)^n}{\sqrt{n}}$ 　　　　　　D. $\sum\limits_{n=1}^{\infty} (-1)^{n+1} \left(\dfrac{2}{3}\right)^n$

7. 级数 $\sum\limits_{n=1}^{\infty} u_n$ 收敛于 S，则级数 $\sum\limits_{n=1}^{\infty} (u_n + u_{n+1})$ 收敛于 ( ).

   A. S 　　B. $2S$ 　　C. $2S + u_1$ 　　D. $2S - u_1$

8. 下列无穷级数中收敛的是 ( ).

   A. $\sum\limits_{n=1}^{\infty} \dfrac{(-1)^n n^2 + 1}{n^2 + n}$ 　　　　B. $\sum\limits_{n=1}^{\infty} \dfrac{1}{3n}$

   C. $\sum\limits_{n=1}^{\infty} \sin \dfrac{1}{n}$ 　　　　　　D. $\sum\limits_{n=1}^{\infty} \dfrac{3^n}{4^{n+1}}$

9. 下列无穷级数中收敛的是 ( ).

   A. $\sum_{n=1}^{\infty} \dfrac{\sqrt{n}+(-1)^n n}{n\sqrt{n}}$
   B. $\sum_{n=1}^{\infty} \dfrac{1}{e^n}$
   C. $\sum_{n=1}^{\infty} \cos \dfrac{1}{n}$
   D. $\sum_{n=1}^{\infty} (e^{\frac{1}{n}} - 1)$

10. 设 $u_n = (-1)^n \sin \dfrac{a}{\sqrt{n}}$ ($a > 0$)，则无穷级数 $\sum_{n=1}^{\infty} u_n$ ( ).

    A. 条件收敛
    B. 绝对收敛
    C. 发散
    D. 敛散性与 a 的取值有关

二、填空题

1. 幂级数 $\sum_{n=1}^{\infty} \dfrac{(x-1)^n}{2^n}$ 的收敛区间为_____.

2. 幂级数 $\sum_{n=1}^{\infty} (2n-1)x^n$ 的收敛区间为_____.

3. 幂函数 $\sum_{n=1}^{\infty} \dfrac{x^n}{n \cdot 2^n}$ 的收敛域为_____.

4. 若幂函数 $\sum_{n=1}^{\infty} \dfrac{a^n}{n^2} x^n$ ($a>0$) 的收敛半径为 $\dfrac{1}{2}$，则常数 $a = $_____.

5. 幂级数 $\sum_{n=0}^{\infty} \dfrac{(-1)^n}{n} x^n$ 的收敛域为_____.

三、解答题

1. 把函数 $f(x) = \dfrac{x}{4+x^2}$ 展开为麦克劳林级数，并求其收敛区间.

2. 设函数 $f(x) = x\arctan x$.
   (1) 将 $f(x)$ 展开为 x 的幂级数并确定其收敛域；
   (2) 求级数 $\sum_{n=0}^{\infty} \dfrac{(-1)^n}{2n+1}$ 的和.

3. 求幂级数 $\sum_{n=1}^{\infty} \dfrac{x^{n+1}}{n}$ 的收敛域及和函数.

4. 求幂级数 $\sum_{n=1}^{\infty} (-1)^{n+1} \dfrac{x^n}{n}$ 的收敛域及和函数，并求级数 $\sum_{n=1}^{\infty} (-1)^{n+1} \dfrac{1}{n}$ 的和.

5. 将函数 $f(x) = \dfrac{1}{x^2-5x+6}$ 展开为 $x-1$ 的幂级数.

6. 求幂级数 $\sum_{n=1}^{\infty} (2n-1)x^{2n-2}$ 的收敛区间及和函数 $S(x)$，并求级数 $\sum_{n=1}^{\infty} \dfrac{2n-1}{2^{n-1}}$ 的和.

7. 求幂级数 $\sum_{n=1}^{\infty} nx^{n-1}$ 的收敛区间及和函数，并求级数 $\sum_{n=1}^{\infty} \dfrac{n}{3^n}$ 的和.

8. 将函数 $f(x) = \dfrac{1}{3-x}$ 展开为 $x-1$ 的幂级数, 指出展开成立的区间, 并求级数 $\sum\limits_{n=0}^{\infty} \dfrac{(-1)^n}{2^{n+1}}$ 的和.

9. 求幂级数 $\sum\limits_{n=1}^{\infty} \dfrac{1}{n} x^n$ 的收敛域及和函数, 并计算 $\sum\limits_{n=1}^{\infty} \dfrac{1}{n 2^n}$ 的和.

10. 求幂级数 $\sum\limits_{n=1}^{\infty} \dfrac{x^n}{2^n \cdot n}$ 的收敛域及和函数.

数学史话

"数学界的莎士比亚"——莱昂哈德·欧拉

在历史的长河中,有这样一位数学家,他的名字与无穷级数的探索紧密相连,成为了这一领域不可磨灭的印记. 他就是莱昂哈德·欧拉(Leonhard Euler), 瑞士数学巨匠, 被誉为"数学界的莎士比亚".

欧拉生于 1707 年, 生活在一个科学思想空前活跃的时代. 在那个时代, 数学家们开始深入探讨无限的概念, 而无穷级数作为研究无限过程的重要工具, 正逐渐展现出其独特的魅力和价值. 欧拉, 凭借着他那非凡的数学天赋和无尽的探索热情, 成为了无穷级数领域的领军人物.

欧拉对无穷级数的研究始于他对自然现象的深刻洞察和对数学理论的深入理解. 他发现, 许多看似复杂的数学问题, 通过无穷级数的展开, 可以转化为一系列简单而直观的项的和. 这种转化不仅简化了计算过程, 更揭示了问题背后的深刻数学规律.

在欧拉的研究中, 他提出了许多关于无穷级数的重要定理和公式. 例如, 他发现了著名的欧拉公式, 将三角函数与复指数函数巧妙地联系起来, 为复变函数论的发展奠定了基础. 此外, 他还在级数求和、级数展开、级数的收敛性等方面做出了杰出的贡献, 为无穷级数理论的发展开辟了新的道路.

欧拉的研究不仅停留在理论层面, 他还积极地将无穷级数理论应用于解决实际问题. 在物理学、天文学等领域, 欧拉利用无穷级数计算了行星轨道、解决了力学问题、推导了热学定律等. 他的这些应用不仅验证了无穷级数理论的正确性, 也进一步凸显了数学在自然科学中的重要地位.

欧拉的故事, 是对科学探索精神的颂歌. 他用自己的智慧和汗水, 在无穷级数的领域中留下了深刻的印记. 他的成就不仅是对数学本身的丰富和发展, 更是对人类智慧和创造力的肯定. 欧拉的名字, 将永远镌刻在数学史上, 激励着后来的学者继续深入探索数学的奥秘, 追寻真理的光芒.

在欧拉的研究过程中, 我们也能看到一位伟大数学家所具备的品质: 坚韧不拔的探索精神、敏锐的洞察力和深厚的数学功底．这些品质不仅是欧拉成功的关键，也是所有数学家在攀登科学高峰时所必备的．欧拉的故事告诉我们，只有勇于挑战未知、不懈追求真理的数学家，才能在数学的海洋中留下深刻的印记，成为后世传颂的佳话．

附录 1 2024 年湖南省高等数学专升本试卷

一、选择题（本题共 12 个小题，每小题 5 分，共 60 分）．

1. 下列函数中是奇函数的是 （   ）．
   A. $y=\sin(\sin x)$ B. $y=\sin(\cos x)$ C. $y=\cos(\sin x)$ D. $y=\cos(\cos x)$

2. 当 $x\to 0$ 时，下列无穷小中不是 x 的等价无穷小的是 （   ）．
   A. $\sin x$ B. $\ln(1+x)$ C. $1-\cos x$ D. $x+x^3$

3. 曲线 $y=\dfrac{x-1}{x^2-x}$ 的铅直渐近线是 （   ）．
   A. $x=0$ B. $x=1$ C. $y=0$ D. $y=1$

4. $\lim\limits_{n\to\infty}u_n=0$ 是级数 $\sum\limits_{n=1}^{\infty}u_n$ 收敛的 （   ）．
   A. 充分条件   B. 必要条件   C. 充要条件   D. 无关条件

5. 已知函数 $f(x)=x^3(x+1)^2$，则下列说法正确的是 （   ）．
   A. $x=0$ 是 $f(x)$ 的极小值点   B. $x=0$ 是 $f(x)$ 的极大值点
   C. $x=-1$ 是 $f(x)$ 的极小值点   D. $x=-1$ 是 $f(x)$ 的极大值点

6. 函数 $z=x^2+y^2+4x-2y+9$ 的驻点是 （   ）．
   A. $(2,-1)$ B. $(2,1)$ C. $(-2,-1)$ D. $(-2,1)$

7. 已知 $y_1=e^x, y_2=e^{2x}$ 是微分方程 $y''+py'+qy=0$ 的两个特解，则 （   ）．
   A. $p=3, q=2$ B. $p=-3, q=2$ C. $p=3, q=-2$ D. $p=-3, q=-2$

8. 若幂级数 $\sum\limits_{n=1}^{\infty}a_n x^n$ 在 $x=-3$ 处收敛，则该级数在 $x=-2$ 处 （   ）．
   A. 绝对收敛   B. 条件收敛   C. 发散   D. 敛散性不定

9. 已知 $I_1=\int_0^1\sqrt{x}\,\mathrm{d}x, I_2=\int_0^1 x^2\,\mathrm{d}x, I_3=\int_0^1 e^x\,\mathrm{d}x$ 则有 （   ）．
   A. $I_1<I_2<I_3$ B. $I_2<I_1<I_3$ C. $I_2<I_3<I_1$ D. $I_3<I_2<I_1$

10. 由 $y=x$ 和 $y=x^2$ 所围成的平面图形绕 x 轴旋转一周而成的旋转体的体积为 （   ）．
    A. $\int_0^1(x-x^2)\,\mathrm{d}x$ B. $\int_0^1(x^2-x)\,\mathrm{d}x$
    C. $\int_0^1\pi(x-x^2)^2\,\mathrm{d}x$ D. $\int_0^1\pi(x^2-x^4)\,\mathrm{d}x$

11. 若函数 $f(x)$ 在 **R** 上满足 $f(x)+xf'(x)>0$，则有 （　　）.

  A. $f(1)-f(-1)>0$ B. $f(1)-f(-1)<0$

  C. $f(1)+f(-1)>0$ D. $f(1)+f(-1)<0$

12. 若函数 $f(x)=(x+|x|)^2$，则 $f(x)$ 的一个原函数为 （　　）.

  A. $\dfrac{4}{3}|x|x^2$ B. $-\dfrac{4}{3}|x|x^2$ C. $\dfrac{1}{6}(x-|x|)^3$ D. $\dfrac{1}{6}(x+|x|)^3$

二、填空题（本题共 4 个小题，每小题 5 分，共 20 分）.

13. 已知向量 $\boldsymbol{a}=(-1,2,3)$，$\boldsymbol{b}=(2,4,\lambda)$，若 $\boldsymbol{a}\perp\boldsymbol{b}$，则 $\lambda=$ _____ .

14. 已知 $f'(1)=2$，则 $\lim\limits_{x\to 0}\dfrac{f(1+2x)-f(1)}{x}=$ _____ .

15. 若函数 $f(x)=\begin{cases}(1+x)^{\frac{2}{x}},\ x>0\\ x+a,\ \ \ \ \ \ x\leqslant 0\end{cases}$，在 $x=0$ 处连续，则 $a=$ _____ .

16. 已知函数 $f(x)$ 在 $[0,1]$ 可导，且 $f'(x)>0$，$f(0)+f(1)=0$，则 $f(x)$ 在 $[0,1]$ 上零点的个数为 _____ .

三、解答题（本题共 6 个小题，共 70 分）.

17. 计算 $\lim\limits_{x\to 0}\dfrac{\sin x}{\sqrt{1+x}-\sqrt{1-x}}$. （本题 10 分）

18. 已知曲线的参数方程为 $\begin{cases}x=t^3-t+1,\\ y=t^3+t+2,\end{cases}$ 求曲线在 $t=0$ 相应的点处的切线方程. （本题 10 分）

19. 计算：$\displaystyle\int\dfrac{1+\mathrm{e}^{\sqrt[3]{x}}}{\sqrt[3]{x}}\mathrm{d}x$. （本题 12 分）

20. 求 $\displaystyle\iint\limits_{D}(2x+1)\mathrm{d}x\mathrm{d}y$，其中 D 由 $y=0$，$y=x$ 及 $x=2-y$ 所围成. （本题 12 分）

21. 已知 $z=f(x,y)$ 是由方程 $x^2-y+\mathrm{e}^z-xz=0$ 所确定的隐函数，求 $z=f(x,y)$ 在点 $(0,\mathrm{e})$ 处的全微分. （本题 12 分）

22. 设函数 $f(x)$ 连续，且满足 $f(x) = \int_0^x f(t)dt + x$.

(1) 求 $f(x)$；

(2) 若曲线 $y = f(x) - ax^2 (a \in R)$ 上存在拐点，求 a 的取值范围. （本题 14 分）

答案及解析：

一、选择题

1. 答案：A

解析：$\sin(\sin(-x)) = \sin(-\sin x) = -\sin(\sin x)$.

2. 答案：C

解析：当 $x \to 0$ 时，$1 - \cos x \sim \frac{1}{2}x^2$.

3. 答案：A

解析：$\lim\limits_{x \to 0} \frac{x-1}{x^2-x} = \lim\limits_{x \to 0} \frac{1}{x} = \infty$，$\lim\limits_{x \to 1} \frac{x-1}{x^2-x} = \lim\limits_{x \to 1} \frac{1}{x} = 1$.

4. 答案：B

解析：若级数 $\sum\limits_{n=1}^{\infty} u_n$ 收敛，则一定有 $\lim\limits_{n \to \infty} u_n = 0$，但 $\lim\limits_{n \to \infty} u_n = 0$，级数 $\sum\limits_{n=1}^{\infty} u_n$ 不一定收敛，例如 $\sum\limits_{n=1}^{\infty} \frac{1}{n}$ 发散，而 $\lim\limits_{n \to \infty} \frac{1}{n} = 0$.

5. 答案：D

解析：$y' = 3x^2(x+1)^2 + 2x^3(x+1) = x^2(x+1)(5x+3)$，当 $x < -1$ 时，$y' > 0$；当 $-1 < x < -\frac{3}{5}$ 时，$y' < 0$；当 $-\frac{3}{5} < x < 0$ 时，$y' > 0$；当 $x > 0$ 时，$y' > 0$，故 $x = 0$ 不是极值点，$x = -1$ 是极大值点.

6. 答案：D

解析：$z_x = 2x + 4$，$z_y = 2y - 2$，故 $(-2, 1)$ 为驻点.

7. 答案：B

解析：因为 $y_1 = e^x$，$y_2 = e^{2x}$ 是微分方程 $y'' + py' + qy = 0$ 的两个特解，所以其特征方程为 $(r-1)(r-2) = 0$，即 $r^2 - 3r + 2 = 0$.

8. 答案：A

解析：由阿贝尔定理选 A. 阿贝尔定理（Abel Theorem），是 19 世纪由阿贝尔提出的一个数学定理. 如果幂级数在点 x_0 处（x_0 不等于 0）收敛，则对于适合不等式 $|x| < |x_0|$ 的一切 x 使这幂级数绝对收敛. 反之，如果幂级数在点 x_1 处发散，则对于适合不等式 $|x| > |x_1|$ 的一切 x 使这幂级数发散.

9. 答案：B

解析：画图，当 $0 < x < 1$ 时，$x^2 < \sqrt{x} < \mathrm{e}^x$.

10. 答案：D

11. 答案：C

解析：令 $F(x) = xf(x)$，因为 $F'(x) = f(x) + xf'(x) > 0$ 所以 $F(1) > F(-1)$，即 $f(1) > -f(-1)$，所以 $f(1) + f(-1) > 0$.

12. 答案：D

解析：因为 $f(x) = (x+|x|)^2 = \begin{cases} 4x^2, & x > 0, \\ 0, & x \leq 0, \end{cases}$ 所以 $f(x)$ 的原函数为 $F(x) = \begin{cases} \dfrac{4}{3}x^3, & x > 0, \\ 0, & x \leq 0, \end{cases}$ 又由于 $\dfrac{1}{6}(x+|x|)^3 = \begin{cases} \dfrac{4}{3}x^3, & x > 0, \\ 0, & x \leq 0, \end{cases}$ 故选 D.

二、填空题

13. 解析：因为 $\boldsymbol{a} \perp \boldsymbol{b}$，所以 $\boldsymbol{a} \cdot \boldsymbol{b} = 0$，得 $\lambda = -2$.

14. 解析：$\lim\limits_{x \to 0} \dfrac{f(1+2x) - f(1)}{x} = 2 \lim\limits_{x \to 0} \dfrac{f(1+2x) - f(1)}{2x} = 2f'(1) = 4$.

15. 解析：因为函数 $f(x) = \begin{cases} (1+x)^{\frac{2}{x}}, & x > 0 \\ x + a, & x \leq 0 \end{cases}$，在 $x = 0$ 处连续，所以 $\lim\limits_{x \to 0^-} f(x) = \lim\limits_{x \to 0^+} f(x) = f(0)$，即 $\lim\limits_{x \to 0^+}(1+x)^{\frac{2}{x}} = \mathrm{e}^2 = \lim\limits_{x \to 0^-}(x+a)$，所以 $a = \mathrm{e}^2$.

16. 解析：因为 $f(0) + f(1) = 0$ 所以 $f(0) \cdot f(1) < 0$，由零点定理，可知 $f(x)$ 在 $[0,1]$ 上至少有一个零点，再由于 $f'(x) > 0$，所以 $f(x)$ 在 $[0,1]$ 上只有一个零点.

三、解答题

17. 解析：$\lim\limits_{x \to 0} \dfrac{\sin x}{\sqrt{1+x} - \sqrt{1-x}} = \lim\limits_{x \to 0} \dfrac{\sin x(\sqrt{1+x} + \sqrt{1-x})}{(\sqrt{1+x} - \sqrt{1-x})(\sqrt{1+x} + \sqrt{1-x})}$

$= \lim\limits_{x \to 0} \dfrac{x(\sqrt{1+x} + \sqrt{1-x})}{2x}$

$= \lim\limits_{x \to 0} \dfrac{\sqrt{1+x} + \sqrt{1-x}}{2} = 1$.

18. 解析：当 $t = 0$ 时，$x = 1, y = 2, \dfrac{\mathrm{d}y}{\mathrm{d}x} = \dfrac{(t^3 + t + 2)'}{(t^3 - t + 1)'} = \dfrac{3t^2 + 1}{3t^2 - 1}, k = \dfrac{\mathrm{d}y}{\mathrm{d}x}\bigg|_{t=0} = -1$，切线方程为 $y - 2 = -1(x - 1)$，即 $y = -x + 3$.

19. 解析：令 $\sqrt[3]{x} = t$，则 $x = t^3, \mathrm{d}x = 3t^2\mathrm{d}t$. 于是

$\displaystyle\int \dfrac{1 + \mathrm{e}^{\sqrt[3]{x}}}{\sqrt[3]{x}} \mathrm{d}x = \int \dfrac{1 + \mathrm{e}^t}{t} 3t^2 \mathrm{d}t = 3\int (t + t\mathrm{e}^t)\mathrm{d}t$

$= \dfrac{3}{2}t^2 + 3\displaystyle\int t\mathrm{d}\mathrm{e}^t = \dfrac{3}{2}t^2 + 3t\mathrm{e}^t - 3\mathrm{e}^t + C$

$$= \frac{3}{2}\sqrt[3]{x^2} + 3\sqrt[3]{x}\,\mathrm{e}^{\sqrt[3]{x}} - 3\mathrm{e}^{\sqrt[3]{x}} + C.$$

20. 解析：如图所示 $D: 0 \leqslant y \leqslant 1, y \leqslant x \leqslant 2-y$，所以
$$\iint_D (2x+1)\,\mathrm{d}x\mathrm{d}y = \int_0^1 \mathrm{d}y \int_y^{2-y} (2x+1)\,\mathrm{d}x = \int_0^1 (x^2+x)\Big|_y^{2-y}\,\mathrm{d}y = \int_0^1 (6-6y)\,\mathrm{d}y = 3.$$

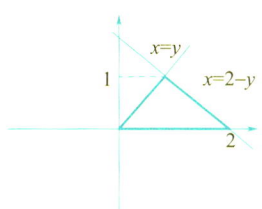

21. 解析：令 $F(x,y,z) = x^2 - y + \mathrm{e}^z - xz$，则
$$F_x(x,y,z) = 2x - z, F_y(x,y,z) = -1, F_z(x,y,z) = \mathrm{e}^z - x,$$
$$z_x = -\frac{F_x(x,y,z)}{F_z(x,y,z)} = \frac{z-2x}{\mathrm{e}^z - x}, z_y = -\frac{F_y(x,y,z)}{F_z(x,y,z)} = \frac{1}{\mathrm{e}^z - x},$$

在方程 $x^2 - y + \mathrm{e}^z - xz = 0$ 中，当 $x=0, y=\mathrm{e}$ 时，得 $z=1$，故所求全微分
$$\mathrm{d}z\big|_{(0,\mathrm{e})} = \frac{z-2x}{\mathrm{e}^z - x}\bigg|_{(0,\mathrm{e},1)} \mathrm{d}x + \frac{1}{\mathrm{e}^z - x}\bigg|_{(0,\mathrm{e},1)} \mathrm{d}y = \frac{1}{\mathrm{e}}\mathrm{d}x + \frac{1}{\mathrm{e}}\mathrm{d}y.$$

22. 解析：(1) 在 $f(x) = \int_0^x f(t)\,\mathrm{d}t + x$ 两边同时求导，得 $f'(x) = f(x) + 1$.

令 $y = f(x)$，则有 $y' - y = 1$，所以方程的通解为
$$y = \mathrm{e}^{-\int (-1)\mathrm{d}x}\left(\int \mathrm{e}^{\int (-1)\mathrm{d}x}\,\mathrm{d}x + C\right) = \mathrm{e}^x\left(\int \mathrm{e}^{-x}\,\mathrm{d}x + C\right)$$
$$= \mathrm{e}^x(-\mathrm{e}^{-x} + C) = C\mathrm{e}^x - 1,$$

当 $x=0$ 时，由 $f(x) = \int_0^x f(t)\,\mathrm{d}t + x$，得 $f(0) = 0$，从而得 $C=1$，所以 $f(x) = \mathrm{e}^x - 1$.

(2) 由题 $y = f(x) - ax^2$，即 $y = \mathrm{e}^x - 1 - ax^2, y' = \mathrm{e}^x - 2ax, y'' = \mathrm{e}^x - 2a$.

若曲线 $y = f(x) - ax^2 (a \in R)$ 上存在拐点，则 y'' 必须有零点，

显然，当 $a < 0$ 时，$y'' > 0$；当 $a > 0$ 时，y'' 的零点 $x = \ln 2a$.

所以当 $a > 0$ 时，$y = \mathrm{e}^x - 1 - ax^2$ 存在拐点.

附录2 实务训练及练习答案

项目六 微分方程

任务一

1. (1) 一阶；(2) 二阶；(3) 三阶；(4) 一阶.

2. (1) 由 $y = 5x^2$，得 $y' = 10x, xy' = 10x^2 = 2y$，故 $y = 5x^2$ 是所给微分方程的解.

(2) 由 $y = 3\sin x - 4\cos x$，得 $y' = 3\cos x + 4\sin x$，进而得 $y'' = -3\sin x + 4\cos x$，于是 $y'' + y = (-3\sin x + 4\cos x) + (3\sin x - 4\cos x) = 0$，故 $y = 3\sin x - 4\cos x$ 是所给微分方程的解.

(3) 由 $y = x^2 e^x$，得 $y' = 2xe^x + x^2 e^x = (2x + x^2)e^x$，进而得
$$y'' = (2 + 2x)e^x + (2x + x^2)e^x = (2 + 4x + x^2)e^x,$$
于是 $y'' - 2y' + y = [(2 + 4x + x^2) - 2(2x + x^2) + x^2]e^x = 2e^x \neq 0$，故 $y = x^2 e^x$ 不是所给微分方程的解.

任务二

1. 解：(1) 分离变量得 $\dfrac{dy}{\sqrt{1-y^2}} = \dfrac{dx}{\sqrt{1-x^2}}$，两边同时积分得 $\arcsin y = \arcsin x + C$（$C$ 为任意常数），即为原方程的通解.

(2) $y = e^{-\int dx}\left(\int e^{\int dx} dx + C\right) = e^{-x}\left(\int e^{-x} e^x dx + C\right) = e^{-x}(x + C)$（$C$ 为任意常数）.

(3) $y = e^{\int \tan x dx}\left(\int \sec x e^{-\int \tan x dx} dx + C\right) = e^{-\ln|\cos x|}\left(\int \sec x e^{\ln|\cos x|} dx + C\right)$
$= \dfrac{1}{\cos x}\left(\int \sec x \cos x dx + C\right) = \dfrac{x + C}{\cos x},$

代入初值条件 $y|_{x=0} = 0$，得 $C = 0$，故所求特解为 $y = \dfrac{x}{\cos x}$.

(4) 对应的齐次方程 $y' + 2xy = 0$ 的通解为 $y = Ce^{-x^2}$，用常数变易法，可设非齐次方程的通解为 $y = C(x)e^{-x^2}$.

代入方程 $y' + 2xy = 2xe^{-x^2}$ 得 $C'(x) = 2x$，因此有 $C(x) = x^2 + C$，所以原方程的通解为 $y = (x^2 + C)e^{-x^2}$（C 为任意常数）.

2. 解：设曲线方程为 $y = y(x)$，依题意有 $y' = 2x + y$，即 $y' - y = 2x, y|_{x=0} = 0$.

$$y = e^{\int dx}\left(\int 2xe^{-\int dx}dx + C\right) = e^x\left(\int 2xe^{-x}dx + C\right)$$

$$= e^x(-2xe^{-x} - 2e^{-x} + C) = -2x - 2 + Ce^x.$$

由 $y|_{x=0} = 0$ 可得 $C = 2$，故所求曲线的方程为 $y = 2(e^x - x - 1)$.

任务三

1. 解：(1) 所给微分方程的特征方程为 $r^2 + r - 2 = 0$，即 $(r-1)(r+2) = 0$，有两个不相等的实根 $r_1 = 1, r_2 = -2$，因此原方程的通解为
$$y = C_1 e^x + C_2 e^{-2x}.$$

(2) 所给微分方程的特征方程为 $4r^2 - 20r + 25 = 0$，即 $(2r-5)^2 = 0$，有两个相等的实根 $r_1 = r_2 = \frac{5}{2}$，因此原方程的通解为
$$y = (C_1 + C_2 x)e^{\frac{5}{2}x}(C_1、C_2 \text{ 为任意常数}).$$

(3) 所给微分方程的特征方程为 $r^2 - 4r + 5 = 0, \Delta = -4 < 0$，
所以该特征方程有两个共轭复根 $r_1 = 2 + i, r_2 = 2 - i$，因此原方程的通解为
$$y = e^{2x}(C_1 \cos x + C_2 \sin x)(C_1、C_2 \text{ 为任意常数}).$$

(4) 所给微分方程的特征方程为 $r^2 + 6r + 13 = 0, \Delta = -16 < 0$，
所以该特征方程有两个共轭复根 $r_1 = -3 + 2i, r_2 = -3 - 2i$，因此原方程的通解为
$$y = e^{-3x}(C_1 \cos 2x + C_2 \sin 2x)(C_1、C_2 \text{ 为任意常数}).$$

▶ 练习六 ◀

一、填空题

1. $y = Ce^{x^2}$（C 为任意常数）.   2. $y = \frac{1}{6}x^3 + C_1 x + C_2$（$C_1、C_2$ 为任意常数）.

3. $y = Ce^{-2x}$（C 为任意常数）.   4. $y = C_1 e^x + C_2 x e^x$（$C_1、C_2$ 为任意常数）.

二、选择题

1. B.   2. C.   3. B.   4. A.   5. B.   6. B.

三、解答题

1. (1) $y = e^{\sqrt{1-x^2}}$.

(2) $y^2 = 2x^2(\ln x + C)$（C 为任意常数）.

(3) $x^2 + y\sin y + \cos y = C$（$C$ 为任意常数）.

(4) $y = xe^{Cx}$（C 为任意常数）.

2. (1) $y = \dfrac{\pi - 1 - \cos x}{x}$. (2) $x + y + 2 = Ce^x$ (C 为任意常数).

3. (1) 所给微分方程的特征方程为 $r^2 - 2r - 3 = 0$，即 $(r+1)(r-3) = 0$，该方程有两个不相等的实根 $r_1 = -1, r_2 = 3$，因此原方程的通解为
$$y = C_1 e^{-x} + C_2 e^{3x} (C_1、C_2 \text{ 为任意常数}).$$

(2) 所给微分方程的特征方程为 $r^2 - 8r + 16 = 0$，即 $(r-4)^2 = 0$，该方程有两个相等的实根 $r_1 = r_2 = 4$，因此原方程的通解为
$$y = (C_1 + C_2 x) e^{4x} (C_1、C_2 \text{ 为任意常数}).$$

(3) 所给微分方程的特征方程为 $r^2 - 2r + 5 = 0, \Delta = -16 < 0$，该方程有两个共轭复根 $r_1 = 1 + 2i, r_2 = 1 - 2i$，因此原方程的通解为
$$y = e^x (C_1 \cos 2x + C_2 \sin 2x)(C_1、C_2 \text{ 为任意常数}).$$

(4) 所给微分方程的特征方程为 $r^2 - 4r = 0$，即 $r(r-4) = 0$，该方程有两个不相等的实根 $r_1 = 0, r_2 = 4$，因此原方程的通解为
$$y = C_1 + C_2 e^{4x} (C_1、C_2 \text{ 为任意常数}).$$

4. 解：由题意知，$\dfrac{dy}{dx} = x + y$，即 $\dfrac{dy}{dx} - y = x$，初始条件为 $y\big|_{x=0} = 1$.

其中 $p(x) = -1, q(x) = x$，故方程的通解为
$$y = e^{-\int p(x) dx} \left[\int q(x) e^{\int p(x) dx} dx + C \right] = e^{\int dx} \left[\int x e^{-\int dx} dx + C \right]$$
$$= e^x \left[\int x e^{-x} dx + C \right] = e^x [-(x+1) e^{-x} + C] = Ce^x - x - 1.$$

将初始条件 $y\big|_{x=0} = 1$ 代入得 $C = 2$，故所求的曲线方程为 $y = 2e^x - x - 1$.

项目七　向量代数与空间解析几何

任务一

1. 解：四，五，八，三.

2. 解：根据条件有 $|AB| = |AC|$，所以 $\sqrt{(4-10)^2 + (1+1)^2 + (9-6)^2} = \sqrt{(4-x)^2 + (1-4)^2 + (9-3)^2}$

化简：$7 = \sqrt{(4-x)^2 + 9 + 36}$，故 $x = 2$ 或 $x = 6$.

任务二

1. 解：因为 $\vec{a} = 3\vec{m} + 2\vec{n} - \vec{p} = \vec{m} = 3(2\vec{i} - 3\vec{j} + 5\vec{k}) + 2(4\vec{i} + \vec{j} - 3\vec{k}) - (\vec{i} - \vec{j} + \vec{k})$
$= 13\vec{i} - 6\vec{j} + 8\vec{k}$，

所以 $\vec{a}$ 在 x 轴上的投影为 13，在 y 轴上的分向量为 $7\vec{j}$.

2. 解：(1) $\vec{a} \cdot \vec{b} = (1,-2,1) \cdot (2,3,-1) = 1 \times 2 + (-2) \times 3 + 1 \times (-1) = -5.$

$$\vec{a} \times \vec{b} = \begin{vmatrix} \vec{i} & \vec{j} & \vec{k} \\ 1 & -2 & 1 \\ 2 & 3 & -1 \end{vmatrix} = (-1,3,7).$$

(2) $(-2\vec{a}) \cdot 3\vec{b} = -6\vec{a} \cdot \vec{b} = -6 \times (-5) = 30; \vec{a} \times 2\vec{b} = 2(\vec{a} \times \vec{b}) = 2(-1,3,7) = (-2,6,14).$

(3) $\cos\langle \vec{a},\vec{b} \rangle = \dfrac{\vec{a} \cdot \vec{b}}{|\vec{a}||\vec{b}|} = \dfrac{-5}{\sqrt{1^2+(-2)^2+1^2}\sqrt{2^2+3^2+(-1)^2}} = \dfrac{-5}{\sqrt{6}\sqrt{14}} = -\dfrac{5}{2\sqrt{21}}.$

3. (1) $\vec{a} \cdot \vec{b} = (2,-3,1) \cdot (1,-1,3) = 8, \vec{a} \cdot \vec{c} = (2,-3,1) \cdot (1,-2,0) = 8.$
$(\vec{a} \cdot \vec{b})\vec{c} - (\vec{a} \cdot \vec{c})\vec{b} = 8(1,-2,0) - 8(1,-1,3) = (0,-8,-24) = -8\vec{i} - 24\vec{k}.$

$\vec{a}+\vec{b} = (2,-3,1)+(1,-1,3) = (3,-4,4), \vec{b}+\vec{c} = (1,-1,3)+(1,-2,0) = (2,-3,3),$

$$(\vec{a}+\vec{b}) \times (\vec{b}+\vec{c}) = \begin{vmatrix} \vec{i} & \vec{j} & \vec{k} \\ 3 & -4 & 4 \\ 2 & -3 & 3 \end{vmatrix} = (0,-1,-1) = -\vec{j}-\vec{k}.$$

(3) $(\vec{a} \times \vec{b}) \cdot \vec{c} = \begin{vmatrix} 2 & -3 & 1 \\ 1 & -1 & 3 \\ 1 & -2 & 0 \end{vmatrix} = 2.$

4. 由向量积的几何意义知 $S_{\triangle OAB} = \dfrac{1}{2} |\overrightarrow{OA} \times \overrightarrow{OB}|.$

$$\overrightarrow{OA} \times \overrightarrow{OB} = \begin{vmatrix} \vec{i} & \vec{j} & \vec{k} \\ 1 & 0 & 2 \\ 0 & 1 & 2 \end{vmatrix} = (-2,-2,1), |\overrightarrow{OA} \times \overrightarrow{OB}|$$
$$= \sqrt{(-2)^2+(-2)^2+1^2} = 3.$$

故 $S_{\triangle OAB} = \dfrac{3}{2}.$

任务三

1. 解：设所求平面为 $\dfrac{x}{2} + \dfrac{y}{1} + \dfrac{z}{k} = 1$，代入 $(2,1,-1)$ 得 $k = 1$，

故所求平面方程为 $x + 2y + 2z - 2 = 0.$

2. 解一：设所求平面方程为：$A(x-2)+B(y-1)+C(z-1)=0$，则其法向量为 $\vec{n}=(A,B,C)$

根据题意 $\begin{cases} \vec{n}\cdot\vec{a}=2A+B+C=0, \\ \vec{n}\cdot\vec{b}=3A-2B+3C=0, \end{cases}$ 从而得 $A=-\dfrac{5}{3}B, C=\dfrac{7}{3}B$，

所以所求平面方程为 $5(x-2)-3(y-1)-7(z-1)=0$，即 $5x-3y-7z=0$。

解二：设所求平面的法向量为 $\vec{n}=(A,B,C)$，

则 $\vec{n}=\vec{a}\times\vec{b}=\begin{vmatrix} \vec{i} & \vec{j} & \vec{k} \\ 2 & 1 & 1 \\ 3 & -2 & 3 \end{vmatrix}=5\vec{i}-3\vec{j}-7\vec{k}$，由点法式，

得平面方程为 $5(x-2)-3(y-1)-7(z-1)=0$，即 $5x-3y-7z=0$。

3. 解：根据题意可设所求平面方程法向量为 $\vec{n}=(0,B,C)$，

又平面过点 $(-3,1,-2)$，所以可设平面方程为 $B(y-1)+C(z+2)=0$，

又平面过点 $(3,0,5)$，所以 $-B+7C=0$，即 $B=7C$，

所以所求平面方程为 $7(y-1)+z+2=0$，化简得 $7y+z-5=0$。

4. 解：平面 $4x+2y+4z-7=0$ 的法向量为 $\vec{n_1}=(4,2,4)$，

平面 $3x-4y=0$ 的法向量为 $\vec{n_2}=(3,-4,0)$，

所以二平面间的夹角 α 的余弦为 $\cos\alpha=\dfrac{12-8}{30}=\dfrac{2}{15}$。

任务四

1. 解：设所求直线的方向向量为 $\vec{s}=(m,n,p)$，则

$\begin{cases} m+n-2p=0, \\ m+n-p=0, \end{cases}$ 解得 $m=-n, p=0$，

所以所求直线方程为 $\dfrac{x-1}{1}=\dfrac{y-1}{-1}=\dfrac{z-1}{0}$。

2. 证：由题意知，直线方向向量为 $\vec{s}=(1,1,-2)$，平面的法向量为 $\vec{n}=(1,1,1)$

直线与平面的法向量的夹角 α 的余弦 $\cos\alpha=\dfrac{1+1-2}{\sqrt{6}\cdot\sqrt{3}}=0$，

所以直线与平面平行.

又直线上一点 $(1,1,-3)$ 满足平面方程 $x+y+z+1=0$，

所以直线 $\dfrac{x-1}{1}=\dfrac{y-1}{1}=\dfrac{z+3}{-2}$ 在平面 $x+y+z+1=0$ 上.

3. 解：取 $y=4$，则 $\begin{cases} x+z=-1, \\ 5x+4z=-4, \end{cases}$ 得 $\begin{cases} x=0, \\ z=-1, \end{cases}$ 从而得直线上一点 $(0,4,-1)$。

因为所求直线与两平面的交线平行，也就是直线的方向向量 $\vec{s}$ 一定同时与两平面的

法向量 $\vec{n_1}, \vec{n_2}$ 垂直，所以取

$$\vec{s} = \vec{n_1} \times \vec{n_2} = \begin{vmatrix} i & j & k \\ 1 & -1 & 1 \\ 5 & -8 & 4 \end{vmatrix} = 4\vec{i} + \vec{j} - 3\vec{k}, \text{所以所求直线方程为 } \frac{x}{4} = y - 4 = \frac{z+1}{-3}.$$

▶ 练习七 ◀

一、选择题

1. A.　　2. C.　　3. A.　　4. D.　　5. D.　　6. C.

二、填空题

1. $\dfrac{x-1}{1} = \dfrac{y-1}{-1} = \dfrac{z-1}{1}$.　　　　2. $\dfrac{x-1}{4} = \dfrac{y-1}{-1} = \dfrac{z-1}{-3}$.

3. $\dfrac{x-1}{1} = \dfrac{y-1}{2} = \dfrac{z}{-3}$.　　　　4. $3x + 2y + z - 10 = 0$.

三、解答题

1. 解：由题意，所求平面的法向量可取为：$\vec{n} = (1,1,1) \times (2,-1,1) =$

$\begin{vmatrix} \vec{i} & \vec{j} & \vec{k} \\ 1 & 1 & 1 \\ 2 & -1 & 1 \end{vmatrix} = (2, 1, -3)$,

故所求平面方程为 $2(x-1) + (y-2) - 3(z-3) = 0$，即 $2x + y - 3z + 5 = 0$.

2. 解：由题意得 $\vec{AB} = (-2, 3, 0)$，$\vec{AC} = (-2, 0, 5)$，那么法向量为

$\vec{n} = \vec{AB} \times \vec{AC} = (15, 10, 6)$.

由点向式方程得 $\dfrac{x-1}{15} = \dfrac{y-2}{10} = \dfrac{z-1}{6}$.

3. 解：$\vec{n_1} = (1, -1, 1)$，$\vec{l} = \vec{n_1} \times \vec{n_2} = \begin{vmatrix} \vec{i} & \vec{j} & \vec{k} \\ 1 & -1 & 1 \\ 4 & -3 & 1 \end{vmatrix} = 2\vec{i} + 3\vec{j} + \vec{k}$,

直线方程为 $\dfrac{x-3}{2} = \dfrac{y-1}{3} = \dfrac{z+2}{1}$.

4. 解：$\vec{n_1} = (1, 2, 3)$，$\vec{n_2} = (2, 0, -1)$，$\vec{n} = \vec{n_1} \times \vec{n_2} = \begin{vmatrix} \vec{i} & \vec{j} & \vec{k} \\ 1 & 2 & 3 \\ 2 & 0 & -1 \end{vmatrix} = (-2, 7, -4)$,

所求直线方程为 $\dfrac{x-1}{-2} = \dfrac{y-1}{7} = \dfrac{z-1}{-4}$.

5. 解：已知直线的方向向量为 $\vec{s_0}=(3,2,1)$，平面的法向量为 $\vec{n_0}=(1,1,1)$. 由题意，所求平面的法向量可取为 $\vec{n}=\vec{s_0}\times\vec{n_0}=(3,2,1)\times(1,1,1)=\begin{vmatrix} \vec{i} & \vec{j} & \vec{k} \\ 3 & 2 & 1 \\ 1 & 1 & 1 \end{vmatrix}=(1,-2,1)$. 又显然点 $(0,1,2)$ 在所求平面上，故所求平面方程为 $1(x-1)+(-2)(y-1)+1(z-2)=0$，即 $x-2y+z=0$.

项目八　多元函数微分法及其应用

任务一

1. 解：(1) $\{(x,y) \mid y^2-2x+3>0\}$；(2) $\{(x,y) \mid x+y>0, x-y>0\}$.

2. 解：(1) $\lim\limits_{(x,y)\to(0,1)}\dfrac{1-xy}{x^2+y^2}=\dfrac{1-0}{0+1}=1$.

(2) $\lim\limits_{(x,y)\to(0,0)}\dfrac{2-\sqrt{xy+4}}{xy}=\lim\limits_{(x,y)\to(0,0)}\dfrac{4-xy+4}{xy(2+\sqrt{xy+4})}=\lim\limits_{(x,y)\to(0,0)}\dfrac{-1}{2+\sqrt{xy+4}}=-\dfrac{1}{4}$.

(3) $\lim\limits_{(x,y)\to(2,0)}\dfrac{\tan xy}{y}=\lim\limits_{(x,y)\to(2,0)}\dfrac{\tan xy}{xy}\cdot x=1\times 2=2$.

任务二

1. 解：(1) $\dfrac{\partial z}{\partial x}=3x^2y-y^3, \dfrac{\partial z}{\partial y}=y^3-3y^2x$.

(2) $\dfrac{\partial z}{\partial x}=\dfrac{\dfrac{\partial}{\partial x}(x^2+y^2)\cdot xy-(x^2+y^2)\cdot\dfrac{\partial}{\partial x}(xy)}{(xy)^2}=\dfrac{2x^2y-(x^2+y^2)y}{x^2y^2}=\dfrac{1}{y}-\dfrac{y}{x^2}$,

$\dfrac{\partial z}{\partial y}=\dfrac{\dfrac{\partial}{\partial y}(x^2+y^2)\cdot xy-(x^2+y^2)\cdot\dfrac{\partial}{\partial y}(xy)}{(xy)^2}=\dfrac{2xy^2-(x^2+y^2)x}{x^2y^2}=\dfrac{1}{x}-\dfrac{x}{y^2}$.

(3) $\dfrac{\partial z}{\partial x}=\dfrac{1}{2}\cdot\dfrac{1}{\sqrt{\ln xy}}\cdot\dfrac{1}{xy}\cdot y=\dfrac{1}{2x\sqrt{\ln xy}}, \dfrac{\partial z}{\partial y}=\dfrac{1}{2}\cdot\dfrac{1}{\sqrt{\ln xy}}\cdot\dfrac{1}{xy}\cdot x=\dfrac{1}{2y\sqrt{\ln xy}}$.

(4) $\dfrac{\partial z}{\partial x}=y\cos xy+2\cos xy\cdot(-\sin xy)\cdot y=y(\cos xy-\sin 2xy)$,

$\dfrac{\partial z}{\partial y}=x\cos xy+2\cos xy\cdot(-\sin xy)\cdot x=x(\cos xy-\sin 2xy)$.

2. 解：$\dfrac{\partial z}{\partial x}=4x^3-8xy^2, \dfrac{\partial z}{\partial y}=4y^3-8x^2y, \dfrac{\partial^2 z}{\partial x^2}=12x^2-8y^2, \dfrac{\partial^2 z}{\partial y^2}=12y^2-8x^2$,

$\dfrac{\partial^2 z}{\partial x \partial y} = -16xy.$

3. 解：(1) 因为 $\dfrac{\partial z}{\partial x} = y + \dfrac{1}{y}, \dfrac{\partial z}{\partial y} = x - \dfrac{x}{y^2},$

所以 $\mathrm{d}z = \dfrac{\partial z}{\partial x}\mathrm{d}x + \dfrac{\partial z}{\partial y}\mathrm{d}y = \left(y + \dfrac{1}{y}\right)\mathrm{d}x + \left(x - \dfrac{x}{y^2}\right)\mathrm{d}y.$

(2) 因为 $\dfrac{\partial z}{\partial x} = -\dfrac{y}{x^2}\mathrm{e}^{\frac{y}{x}}, \dfrac{\partial z}{\partial y} = \dfrac{1}{x}\mathrm{e}^{\frac{y}{x}},$

所以 $\mathrm{d}z = \dfrac{\partial z}{\partial x}\mathrm{d}x + \dfrac{\partial z}{\partial y}\mathrm{d}y = -\dfrac{y}{x^2}\mathrm{e}^{\frac{y}{x}}\mathrm{d}x + \dfrac{1}{x}\mathrm{e}^{\frac{y}{x}}\mathrm{d}y = -\dfrac{1}{x^2}\mathrm{e}^{\frac{y}{x}}(y\mathrm{d}x - x\mathrm{d}y).$

4. 解：因为

$$\dfrac{\partial z}{\partial x} = \dfrac{2x}{1+x^2+y^2}, \dfrac{\partial z}{\partial y} = \dfrac{2y}{1+x^2+y^2}, \left.\dfrac{\partial z}{\partial x}\right|_{\substack{x=1\\y=2}} = \dfrac{1}{3}, \left.\dfrac{\partial z}{\partial y}\right|_{\substack{x=1\\y=2}} = \dfrac{2}{3},$$

所以 $\left.\mathrm{d}z\right|_{\substack{x=1\\y=2}} = \dfrac{1}{3}\mathrm{d}x + \dfrac{2}{3}\mathrm{d}y.$

任务三

1. 解：$\dfrac{\partial z}{\partial x} = \dfrac{\partial z}{\partial u} \cdot \dfrac{\partial u}{\partial x} + \dfrac{\partial z}{\partial v} \cdot \dfrac{\partial v}{\partial x} = 2u \cdot 1 + 2v \cdot 1 = 2(u+v) = 4x.$

$\dfrac{\partial z}{\partial y} = \dfrac{\partial z}{\partial u} \cdot \dfrac{\partial u}{\partial y} + \dfrac{\partial z}{\partial v} \cdot \dfrac{\partial v}{\partial y} = 2u \cdot 1 + 2v \cdot (-1) = 2(u-v) = 4y.$

2. 解：设 $F(x,y) = \sin y + \mathrm{e}^x - xy^2,$ 则 $F_x = \mathrm{e}^x - y^2, F_y = \cos y - 2xy.$

当 $F_y \neq 0$ 时，有 $\dfrac{\mathrm{d}y}{\mathrm{d}x} = -\dfrac{F_x}{F_y} = -\dfrac{\mathrm{e}^x - y^2}{\cos y - 2xy} = \dfrac{y^2 - \mathrm{e}^x}{\cos y - 2xy}.$

3. 解：分别在两个方程两端同时对 x 求导，得 $\begin{cases} \dfrac{\mathrm{d}z}{\mathrm{d}x} = 2x + 2y\dfrac{\mathrm{d}y}{\mathrm{d}x} \\ 2x + 4y\dfrac{\mathrm{d}y}{\mathrm{d}x} + 6z\dfrac{\mathrm{d}z}{\mathrm{d}x} = 0 \end{cases}$

移项，得 $\begin{cases} 2y\dfrac{\mathrm{d}y}{\mathrm{d}x} - \dfrac{\mathrm{d}z}{\mathrm{d}x} = -2x. \\ 2y\dfrac{\mathrm{d}y}{\mathrm{d}x} + 3z\dfrac{\mathrm{d}z}{\mathrm{d}x} = -x. \end{cases}$

当 $D = \begin{vmatrix} 2y & -1 \\ 2y & 3z \end{vmatrix} = 6yz + 2y \neq 0$ 时，解方程组得

$\dfrac{\mathrm{d}y}{\mathrm{d}x} = \dfrac{\begin{vmatrix} -2x & -1 \\ -x & 3z \end{vmatrix}}{D} = \dfrac{-6xz - x}{6yz + 2y} = -\dfrac{x(6z+1)}{2y(3z+1)}, \dfrac{\mathrm{d}z}{\mathrm{d}x} = \dfrac{\begin{vmatrix} 2y & -2x \\ 2y & -x \end{vmatrix}}{D} = \dfrac{2xy}{6yz + 2y} = \dfrac{x}{3z+1}.$

任务四

1. 解：先解方程组 $\begin{cases} f_x(x,y) = 4-2x = 0, \\ f_y(x,y) = -4-2y = 0, \end{cases}$ 求得驻点为 $(2,-2)$.

再求函数 $f(x,y) = 4(x-y) - x^2 - y^2$ 的二阶偏导数：
$$f_{xx}(x,y) = -2, f_{xy}(x,y) = 0, f_{yy}(x,y) = -2,$$
在点 $(2,-2)$ 处，$A = -2 < 0, B = 0, C = -2, \Delta = \begin{vmatrix} A & B \\ B & C \end{vmatrix} = AC - B^2 = 4 > 0$,

所以，函数在点 $(2,-2)$ 处取得极大值 $f(2,-2) = 8$.

2. 解：由 $f_x = 4x + 1 = 0, f_y = 2y = 0$，得稳定点 $\left(-\dfrac{1}{4}, 0\right)$，则 $f\left(-\dfrac{1}{4}, 0\right) = -\dfrac{17}{8}$.

在区域边界 $x^2 + y^2 = 4$ 上，$-2 \leqslant x \leqslant 2, z = \varphi(x) = x^2 + x + 2, \varphi'(x) = 2x + 1 = 0$，

$x = -\dfrac{1}{2}, \varphi(-2) = 4, \varphi(2) = 8, \varphi\left(-\dfrac{1}{2}\right) = \dfrac{7}{4}$. 所以 z 在区域边界的最大值为 8，最小值为

$\dfrac{7}{4}$. $\therefore$ 函数在 D 上的最大值 $f(2,0) = 8$，最小值 $f\left(-\dfrac{1}{4}, 0\right) = -\dfrac{17}{8}$.

3. 解：(1) $L(x,y,\lambda) = e^{-xy} + \lambda(x^2 + y^2 - 1)$.

$\begin{cases} L_x = -ye^{-xy} + 2x\lambda = 0, \\ L_y = -xe^{-xy} + 2y\lambda = 0, \Rightarrow x = \pm\dfrac{1}{\sqrt{2}}, y = \mp\dfrac{1}{\sqrt{2}}, \lambda = \mp\dfrac{1}{2}e^{\frac{1}{2}}. \\ L_\lambda = x^2 + y^2 - 1 = 0 \end{cases}$

所以最大值 $f\left(\pm\dfrac{1}{\sqrt{2}}, \mp\dfrac{1}{\sqrt{2}}\right) = e^{\frac{1}{2}}$，最小值 $f\left(\pm\dfrac{1}{\sqrt{2}}, \pm\dfrac{1}{\sqrt{2}}\right) = e^{-\frac{1}{2}}$.

(2) $L(x,y,z,t,\lambda) = x + y + z + t + \lambda(x^2 + y^2 + z^2 + t^2 - 1)$.

$\begin{cases} L_x = 1 + 2x\lambda = 0, \\ L_y = 1 + 2y\lambda = 0, \\ L_z = 1 + 2z\lambda = 0, \\ L_t = 1 + 2t\lambda = 0, \\ L_\lambda = x^2 + y^2 + z^2 + t^2 - 1 = 0. \end{cases} \Rightarrow \begin{cases} x = y = z = t = \dfrac{1}{2}, \lambda = -1, \\ x = y = z = t = -\dfrac{1}{2}, \lambda = 1. \end{cases}$

所以最大值 $f\left(\dfrac{1}{2}, \dfrac{1}{2}, \dfrac{1}{2}, \dfrac{1}{2}\right) = 2$，最小值 $f\left(-\dfrac{1}{2}, -\dfrac{1}{2}, -\dfrac{1}{2}, -\dfrac{1}{2}\right) = -2$.

4. 解：总收入函数为 $R = p_1 q_1 + p_2 q_2 = 24p_1 - 0.2p_1^2 + 10p_2 - 0.05p_2^2$,

总利润函数 $L = R - C = 32p_1 - 0.2p_1^2 + 12p_2 - 0.05p_2^2 - 1395$.

由极值的必要条件，得方程组 $\begin{cases} \dfrac{\partial L}{\partial p_1} = 32 - 0.4p_1 = 0, \\ \dfrac{\partial L}{\partial p_2} = 12 - 0.1p_2 = 0, \end{cases}$

解此方程组，得 $p_1 = 80, p_2 = 120$.

由问题的实际意义可知，厂家获得总利润最大的市场售价必定存在，故当 $p_1=80, p_2=120$ 时，厂家所获得的总利润最大，其最大总利润为 $L\big|_{\substack{p_1=80\\p_2=120}}=605$.

▶ 练习八 ◀

一、选择题

1. D.　　2. C. 事实上，由于 $\lim\limits_{\substack{x\to 0\\y=kx\to 0}}\dfrac{xy}{x^2+y^2}=\dfrac{k}{1+k^2}$，极限随 k 值的不同而不同，所以极限不存在，因而 $f(x,y)$ 在点 $(0,0)$ 处不连续．又 $f'_x(0,0)=\lim\limits_{\Delta x\to 0}\dfrac{\Delta x\cdot 0}{(\Delta x)^2+0^2}=0$，类似地 $f'_y(0,0)=0$，所以 $f(x,y)$ 在点 $(0,0)$ 处的偏导数存在．

3. A.　　4. D.　　5. A.　　6. D.

二、填空题

1. 必要．　　2. 充分．　　3. $yx^{y-1}\mathrm{d}x+x^y\ln x\mathrm{d}y$.

4. $\mathrm{e}^{xy}(y\sin x+\cos x)$.

5. $\dfrac{1}{y}\mathrm{d}x-\dfrac{x}{y^2}\mathrm{d}y$.

6. $-\dfrac{z^2}{2xz+y}$.

三、解答题

1. 解：(1) 设定义域为 D，由
$y\geqslant 0$ 和 $x-\sqrt{y}\geqslant 0$，即 $x^2\geqslant y\geqslant 0, x\geqslant 0$，
得 $D=\{(x,y)\mid x\geqslant 0, y\geqslant 0, x^2\geqslant y\}$.

(2) 设定义域为 D，由
$x^2+y^2\neq 0$，即 x,y 不同时为零，且 $\left|\dfrac{z}{\sqrt{x^2+y^2}}\right|\leqslant 1$，
即 $z^2\leqslant x^2+y^2$，得
$D=\{(x,y,z)\mid z^2\leqslant x^2+y^2, x^2+y^2\neq 0\}$.

2. 解：(1) 原式 $=\lim\limits_{\substack{x\to 0\\y\to 0}}\left(\dfrac{\sin xy}{xy}\cdot y\right)=1\cdot 0=0$.

(2) 原式 $=\lim\limits_{\substack{x\to 0\\y\to 0}}\dfrac{xy(\sqrt{xy+1}+1)}{(\sqrt{xy+1}+1)(\sqrt{xy+1}-1)}=\lim\limits_{\substack{x\to 0\\y\to 0}}(\sqrt{xy+1}+1)=2$.

(3) 原式 $=\lim\limits_{\substack{x\to 0\\y\to 0}}\left\{\dfrac{2\sin^2\dfrac{x^2+y^2}{2}}{\left(\dfrac{x^2+y^2}{2}\right)^2}\cdot\dfrac{x^2+y^2}{4x^2y^2}\right\}=\dfrac{1}{2}\lim\limits_{\substack{x\to 0\\y\to 0}}\left(\dfrac{1}{x^2}+\dfrac{1}{y^2}\right)=+\infty$.

3. 解：$\dfrac{\partial z}{\partial x} = \ln xy + x \cdot \dfrac{y}{xy} = \ln xy + 1$,

$\dfrac{\partial^2 z}{\partial x^2} = \dfrac{y}{xy} = \dfrac{1}{x}, \dfrac{\partial^3 z}{\partial x^2 \partial y} = 0$,

$\dfrac{\partial^2 z}{\partial x \partial y} = \dfrac{x}{xy} = \dfrac{1}{y}, \dfrac{\partial^3 z}{\partial x \partial y^2} = -\dfrac{1}{y^2}$.

4. 解：(1) $\dfrac{\partial z}{\partial x} = \dfrac{1}{1+\left(\dfrac{y}{x}\right)^2} \dfrac{\partial}{\partial x}\left(\dfrac{y}{x}\right) = \dfrac{x^2}{x^2+y^2}\left(-\dfrac{y}{x^2}\right) = -\dfrac{y}{x^2+y^2}$.

类似地 $\dfrac{\partial z}{\partial y} = \dfrac{1}{1+\left(\dfrac{y}{x}\right)^2} \dfrac{\partial}{\partial y}\left(\dfrac{y}{x}\right) = \dfrac{x}{x^2+y^2}$.

(2) $\dfrac{\partial z}{\partial x} = \dfrac{\partial}{\partial x} \sqrt{\ln x + \ln y} = \dfrac{1}{2} \dfrac{1}{\sqrt{\ln x + \ln y}} \cdot \dfrac{1}{x} = \dfrac{1}{2x \sqrt{\ln xy}}$.

同理可得 $\dfrac{\partial z}{\partial y} = \dfrac{1}{2y \sqrt{\ln xy}}$.

(3) $\dfrac{\partial z}{\partial x} = e^{xy^2z^3} \dfrac{\partial}{\partial x}(xy^2z^3) = y^2z^3 e^{xy^2z^3}$.

$\dfrac{\partial u}{\partial y} = e^{xy^2z^3} \dfrac{\partial}{\partial y}(xy^2z^3) = 2xyz^3 e^{xy^2z^3}$.

$\dfrac{\partial u}{\partial z} = e^{xy^2z^3} \dfrac{\partial}{\partial z}(xy^2z^3) = 3xy^2z^2 e^{xy^2z^3}$.

5. 解：$\dfrac{\partial z}{\partial u} = \dfrac{\partial}{\partial u}(uv^2 + t\cos u) = v^2 - t\sin u, \dfrac{\partial z}{\partial v} = \dfrac{\partial}{\partial v}(uv^2 + t\cos u) = 2uv, \dfrac{\partial z}{\partial t} = \cos u$.

依复合函数求导法则，得

$$\dfrac{dz}{dt} = \dfrac{\partial z}{\partial u} \cdot \dfrac{du}{dt} + \dfrac{\partial z}{\partial v} \cdot \dfrac{dv}{dt} + \dfrac{\partial z}{\partial t} \cdot \dfrac{dt}{dt}$$

$$= (v^2 - t\sin u)e^t + 2uv \cdot \dfrac{1}{t} + \cos u \cdot 1$$

$$= (\ln^2 t - t\sin e^t)e^t + \dfrac{2}{t}e^t \ln t + \cos e^t.$$

6. 解：$\dfrac{du}{dt} = \dfrac{\partial u}{\partial x}\dfrac{dx}{dt} + \dfrac{\partial u}{\partial y}\dfrac{dy}{dt} + \dfrac{\partial u}{\partial z}\dfrac{dz}{dt}$

$= e^x(y-z) + e^x \cos t + e^x \sin t$

$= 2e^t \sin t$.

7. 解：方程两边同时关于 x 求导，得 $\dfrac{2x}{a^2} + \dfrac{2z}{c^2} \cdot z_x = 0$，即 $z_x = -\dfrac{c^2 x}{a^2 z}$.

方程两边同时关于 y 求导，有

$$\dfrac{2y}{b^2} + \dfrac{2z}{c^2} \cdot z_y = 0, \text{即 } z_y = -\dfrac{c^2 y}{b^2 z}.$$

8. 解：先求一阶偏导数，得

$$\frac{\partial z}{\partial x} = 2y\mathrm{e}^{2x} + \sin 2y, \frac{\partial z}{\partial y} = \mathrm{e}^{2x} + 2x\cos 2y.$$

再求二阶偏导数，得

$$\frac{\partial^2 z}{\partial x^2} = \frac{\partial}{\partial x}\left(\frac{\partial z}{\partial x}\right) = \frac{\partial}{\partial x}(2y\mathrm{e}^{2x} + \sin 2y) = 4y\mathrm{e}^{2x},$$

$$\frac{\partial^2 z}{\partial x \partial y} = \frac{\partial}{\partial y}\left(\frac{\partial z}{\partial x}\right) = \frac{\partial}{\partial y}(2y\mathrm{e}^{2x} + \sin 2y) = 2\mathrm{e}^{2x} + 2\cos 2y,$$

$$\frac{\partial^2 z}{\partial y \partial x} = \frac{\partial}{\partial x}\left(\frac{\partial z}{\partial y}\right) = \frac{\partial}{\partial x}(\mathrm{e}^{2x} + 2x\cos 2y) = 2\mathrm{e}^{2x} + 2\cos 2y,$$

$$\frac{\partial^2 z}{\partial y^2} = \frac{\partial}{\partial y}\left(\frac{\partial z}{\partial y}\right) = \frac{\partial}{\partial y}(\mathrm{e}^{2x} + 2x\cos 2y) = -4x\sin 2y.$$

9. 解一：记 $F(x,y,z) = \dfrac{x}{z} - \ln\dfrac{z}{y}$，则

$$F'_x = \frac{1}{z}, F'_y = -\frac{y}{z}\left(-\frac{z}{y^2}\right) = \frac{1}{y}, F'_z = \frac{-x}{z^2} - \frac{1}{z} = -\frac{x+z}{x^2}$$

当 $F'_z \neq 0$ 时，便得

$$\frac{\partial z}{\partial x} = -\frac{F'_x}{F'_z} = -\frac{\dfrac{1}{z}}{-\dfrac{x+2}{z^2}} = \frac{z}{x+z},$$

$$\frac{\partial z}{\partial y} = -\frac{F'_y}{F'_z} = -\frac{\dfrac{1}{y}}{-\dfrac{x+z}{z^2}} = \frac{z^2}{y(x+z)}.$$

解二：方程 $\dfrac{x}{z} = \ln\dfrac{z}{y}$ 两边同时求偏导数，并明确 z 是 x、y 的函数，即可得 $\dfrac{\partial z}{\partial x}$，$\dfrac{\partial z}{\partial y}$.

10. 解：令 $F(x,y) = xy + \mathrm{e}^y - \mathrm{e}^x$，则 $F'_x = y - \mathrm{e}^x, F'_y = x + \mathrm{e}^y$，则

$$\frac{\mathrm{d}y}{\mathrm{d}x} = -\frac{F'_x}{F'_y} = -\frac{y - \mathrm{e}^x}{x + \mathrm{e}^y}.$$

11. 解：方程两边同时对 x 求偏导数，有

$\mathrm{e}^z \dfrac{\partial z}{\partial x} - \dfrac{\partial z}{\partial x} + y^3 = 0$，即 $(\mathrm{e}^z - 1)\dfrac{\partial z}{\partial x} + y^3 = 0$，解得 $\dfrac{\partial z}{\partial x} = \dfrac{y^3}{1 - \mathrm{e}^z}$.

类似地，方程两边同时对 y 求偏导数，解得 $\dfrac{\partial z}{\partial y} = \dfrac{3xy^2}{1 - \mathrm{e}^z}$.

再求二阶混合偏导数，得

$$\frac{\partial^2 z}{\partial x \partial y} = \frac{\partial}{\partial y}\left(\frac{\partial z}{\partial x}\right) = \frac{3y^2(1 - \mathrm{e}^z) - y^3\left(-\mathrm{e}^z \dfrac{\partial z}{\partial y}\right)}{(1 - \mathrm{e}^z)^2},$$

把上述 $\dfrac{\partial z}{\partial y}$ 的结果代入，便得

$$\dfrac{\partial^2 z}{\partial x \partial y} = \dfrac{3y^2[(1-e^z)^2 + xy^3 e^z]}{(1-e^z)^3}.$$

12. 解：由于 $\dfrac{\partial z}{\partial x} = 2xy e^{x^2}, \dfrac{\partial z}{\partial y} = e^{x^2} - \sin y$，所以全微分为

$$\mathrm{d}z = \dfrac{\partial z}{\partial x}\mathrm{d}x + \dfrac{\partial z}{\partial y}\mathrm{d}y = 2xy e^{x^2}\mathrm{d}x + (e^{x^2} - \sin y)\mathrm{d}y.$$

13. 解：$\left.\dfrac{\partial z}{\partial x}\right|_{(1,2)} = \left.\dfrac{2x}{2+x^2+y^2}\right|_{(1,2)} = \dfrac{2}{7}, \left.\dfrac{\partial z}{\partial y}\right|_{(1,2)} = \left.\dfrac{2y}{2+x^2+y^2}\right|_{(1,2)} = \dfrac{4}{7}$，

所以 $\mathrm{d}z = \dfrac{2}{7}\mathrm{d}x + \dfrac{4}{7}\mathrm{d}y.$

14. 解：设 $z = \sqrt{x^2+y^2}$，则全微分 $\mathrm{d}z = \dfrac{x}{\sqrt{x^2+y^2}}\Delta x + \dfrac{y}{\sqrt{x^2+y^2}}\Delta y$

由近似关系 $\Delta z \approx \mathrm{d}z$，得

$$\sqrt{(x+\Delta x)^2 + (y+\Delta y)^2} \approx \sqrt{x^2+y^2} + \dfrac{x}{\sqrt{x^2+y^2}}\Delta x + \dfrac{y}{\sqrt{x^2+y^2}}\Delta y$$

上式中取 $x=3, \Delta x = -0.02, y=4, \Delta y = 0.01$，得

$$\sqrt{(2.98)^2 + (4.01)^2} \approx \sqrt{3^2+4^2} + \dfrac{3}{\sqrt{3^2+4^2}} \times (-0.02) + \dfrac{4}{\sqrt{3^2+4^2}} \times 0.01$$

$$= 5 - 0.012 + 0.008 = 4.996.$$

15. 解：交线方程 $\begin{cases} y = x^2, \\ z = x^2 + y^2 \end{cases}$，只要取 x 作参数，得参数方程

$$\begin{cases} x = x, \\ y = x^2, \\ z = x^2 + x^4, \end{cases}$$

则有 $\dfrac{\mathrm{d}x}{\mathrm{d}x} = 1, \dfrac{\mathrm{d}y}{\mathrm{d}x} = 2x, \dfrac{\mathrm{d}z}{\mathrm{d}x} = 2x + 4x^3$，

于是交线在点 $P(1,1,2)$ 处的切线向量为 $\vec{T} = (1,2,6)$.

切线方程为 $\dfrac{x-1}{1} = \dfrac{y-1}{2} = \dfrac{z-2}{6}.$

法平面方程为 $(x-1) + 2(y-1) + 6(z-2) = 0$，即 $x + 2y + 6z - 15 = 0.$

16. 解：解方程组 $\begin{cases} f_x(x,y) = e^{2x}(2x+2y^2+4y+1) = 0, \\ f_y(x,y) = e^{2x}(2y+2) = 0, \end{cases}$ 得驻点 $\left(\dfrac{1}{2}, -1\right)$.

由于

$$A = f_{xx}(x,y) = 4e^{2x}(x+y^2+2y+1),$$

$$B = f_{xy}(xy) = 4e^{2x}(y+1), C = f_{yy}(x,y) = 2e^{2x}.$$

在点 $\left(\dfrac{1}{2}, -1\right)$ 处，$A = 2e > 0, B = 0, C = 2e, AC - B^2 = 4e^2$，

所以函数在点 $\left(\dfrac{1}{2}, -1\right)$ 处取得极小值，极小值为 $f\left(\dfrac{1}{2}, -1\right) = -\dfrac{e}{2}$.

17. 解：设水池的长为 x 米，宽为 y 米，高为 z 米，则材料造价为
$$u = 20xy + 16z(x+y) \quad (x>0, y>0, z>0), \tag{1}$$
且 x, y, z 必须满足
$$xyz = 10, \tag{2}$$
从（2）式解出 $z = \dfrac{10}{xy}$ 代入（1）式，得 $u = 20xy + 160\left(\dfrac{1}{x} + \dfrac{1}{y}\right)$ $(x>0, y>0)$，
于是问题就转化为当 $x>0, y>0$ 时求 u 的最小值，由极值的必要条件，有
$$\begin{cases} \dfrac{\partial u}{\partial x} = 20y - \dfrac{160}{x^2} = 0, \\ \dfrac{\partial u}{\partial y} = 20x - \dfrac{160}{y^2} = 0. \end{cases}$$
解此方程组得 $x = y = 2$.

据题意存在最小造价，而 $x=2, y=2$ 是唯一驻点，所以当 $x=2, y=2, z=\dfrac{5}{2}$ 时，水池的材料造最小.

项目九　重积分

任务一

1. 由二重积分的几何意义知，$\iint\limits_{D} \sqrt{a^2 - x^2 - y^2}\, d\sigma = \dfrac{2}{3}\pi a^3$.

2. (1) 由 $(x-2)^2 + (y-2)^2 \leqslant 1$ 知，$|x-2| \leqslant 1, |y-2| \leqslant 1$，即 $1 \leqslant x \leqslant 3, 1 \leqslant y \leqslant 3$，

于是 $x + y \geqslant 2 > 1$，所以 $(x+y)^2 < (x+y)^3$.

于是 $\iint\limits_{D}(x+y)^2\, d\sigma < \iint\limits_{D}(x+y)^3\, d\sigma$.

(2) 因在 D 内 $x+y > e$，故 $\ln(x+y) > 1$，

于是 $\iint\limits_{D} \ln(x+y)\, d\sigma < \iint\limits_{D} [\ln(x+y)]^2\, d\sigma$.

3. 在区域 $D: x^2 + y^2 \leqslant 4$ 上，$9 \leqslant x^2 + 4y^2 + 9 \leqslant 4(x^2 + y^2) + 9 \leqslant 4 \times 4 + 9 = 25$，

而区域 D 的面积为 $\sigma = \pi \times 2^2 = 4\pi$，

从而 $9 \times 4\pi \leqslant \iint\limits_{D}(x^2 + 4y^2 + 9)\, d\sigma \leqslant 25 \times 4\pi$，

即 $36\pi \leqslant \iint\limits_{D}(x^2 + 4y^2 + 9)\, d\sigma \leqslant 100\pi$.

任务二

(1) $\iint\limits_{D} x\sin y\,d\sigma = \int_{1}^{2} dx \int_{0}^{\frac{\pi}{2}} x\sin y\,dy = \int_{1}^{2} x\,dx = \dfrac{3}{2}$.

(2) $\iint\limits_{D}(xy^2 + e^{x+2y})d\sigma = \int_{-1}^{1} dx \int_{0}^{1}(xy^2 + e^{x+2y})dy = \int_{-1}^{1} dx \int_{0}^{1} e^{x+2y}dy = \int_{-1}^{1} \dfrac{1}{2}(e^2 - 1)e^x dx = \dfrac{(e^2-1)^2}{2e}$.

(3) $\iint\limits_{D} xy e^{xy} d\sigma = \int_{0}^{1} dx \int_{0}^{1} xy e^{xy} dy = \int_{0}^{1} \dfrac{1}{2}(e^x - 1)dx = \dfrac{e}{2} - 1$.

(4) $\iint\limits_{D} x^2 y\sin xy^2 d\sigma = \int_{0}^{\frac{\pi}{2}} dx \int_{0}^{2} x^2 y\sin xy^2 dy = \int_{0}^{\frac{\pi}{2}} \dfrac{1}{2}(x - x\cos 4x)dx = \dfrac{\pi^2}{16}$.

(5) $\iint\limits_{D} x\,d\sigma = \int_{-1}^{1} dy \int_{1-\sqrt{1-y^2}}^{\sqrt{2-y^2}} x\,dx = \int_{-1}^{1} \sqrt{1-y^2}\,dy = \dfrac{\pi}{2}$.

练习九

一、选择题

(1) C.　　(2) A.　　(3) A.　　(4) B.　　(5) A.　　(6) B.

二、填空题

1. $e^2 + 1$.　　2. $\int_{0}^{1} dy \int_{0}^{y} f(x,y)dx$.　　3. $\int_{0}^{2} dy \int_{\frac{y}{2}}^{y} f(x,y)dx + \int_{2}^{4} dy \int_{\frac{y}{2}}^{2} f(x,y)dx$.

4. $\int_{0}^{2} dx \int_{\frac{x}{2}}^{3-x} f(x,y)dy$.　　5. $\int_{0}^{1} dy \int_{0}^{\sqrt{y}} f(x,y)dx + \int_{1}^{2} dy \int_{0}^{2-y} f(x,y)dx$.　　6. 1.

三、解答题

1. $\pi(e^2 - e)$.

2. 原式 $= \int_{0}^{1} dx \int_{0}^{x} e^{\frac{x^2}{2}} dy = \int_{0}^{1} x e^{\frac{x^2}{2}} dx = e^{\frac{1}{2}} - 1$.

3. 原式 $= \int_{0}^{2} \sin y^2 dy \int_{1}^{+y} dx = \dfrac{1 - \cos 4}{2}$.

4. 原式 $= \iint\limits_{D} \dfrac{\sin y}{y} dx dy = \int_{0}^{1} dy \int_{y^2}^{y} \dfrac{\sin y}{y} dx = \int_{0}^{1}(1-y)\sin y\,dy$

$= (y-1)\cos y\big|_{0}^{1} - \int_{0}^{1} \cos y\,dy = 1 - \sin 1$.

5. $\iint\limits_{D} x^2 dx dy = \int_{0}^{1} dx \int_{0}^{x} x^2 dy + \int_{1}^{2} dx \int_{0}^{\frac{1}{x}} x^2 dy = \int_{0}^{1} x^3 dx + \int_{1}^{2} x\,dx = \dfrac{x^4}{4}\bigg|_{0}^{1} + \dfrac{x^2}{2}\bigg|_{1}^{2} = \dfrac{1}{4} + \dfrac{3}{2} = \dfrac{7}{4}$.

6. $\iint\limits_{D} x\,dx\,dy = \int_0^{\frac{\sqrt{2}}{2}} dy \int_y^{\sqrt{1-y^2}} x\,dx = \frac{\sqrt{2}}{6}$.

项目十　无穷级数

任务一

1. 解：(1) 分析级数各项的表达规律：

分子为奇数数列 $2n-1$，分母为偶数数列 $2n$，

于是得级数的一般项为 $u_n = \dfrac{2n-1}{2n}, n = 1, 2, 3, \cdots$.

(2) 分析级数各项的表达规律：

分子不变恒为 1，但分母的变化按奇数项和偶数项有不同的变化规律，可以视为两个级数的和，也可以视为级数的一个项由两个分数的和构成，

若将级数的一个项看成由两个分数的和构成，则有

$u_1 = \dfrac{1}{2} + \dfrac{1}{3}$,

$u_2 = \dfrac{1}{4} + \dfrac{1}{9} = \dfrac{1}{2^2} + \dfrac{1}{3^2}$,

$u_3 = \dfrac{1}{8} + \dfrac{1}{27} = \dfrac{1}{2^3} + \dfrac{1}{3^3}$,

……

于是得 $u_n = \dfrac{1}{2^n} + \dfrac{1}{3^n}, n = 1, 2, 3, \cdots$.

(3) 分析数列各项的表达规律：

各项顺次正负相间，有符号函数，注意到第一项是正的，应为 $(-1)^{n+1}$，

从第二项起，各项分式都是分子比分母大 1，而分母恰为序数 n

于是得 $u_n = (-1)^{n+1} \dfrac{n+1}{n}, n = 2, 3, \cdots$,

检验当 $n = 1$ 时，$u_1 = (-1)^{1+1} \dfrac{1+1}{1} = 2$，说明第一项也符合上面一般项的规律，

从而得 $u_n = (-1)^{n+1} \dfrac{n+1}{n}, n = 1, 2, 3, \cdots$.

2. 解：级数 $\displaystyle\sum_{n=1}^{\infty} \dfrac{1}{2^n}$ 为等比级数，其和为 $= \dfrac{\dfrac{1}{2}}{1 - \dfrac{1}{2}} = 1$,

级数 $\displaystyle\sum_{n=1}^{\infty} \dfrac{3}{n(n+1)} = 3 \sum_{n=1}^{\infty} \left(\dfrac{1}{n} - \dfrac{1}{n+1} \right)$,

其前 n 项和为 $S_n = 3\sum_{i=1}^{n}\left(\dfrac{1}{i} - \dfrac{1}{i+1}\right) = 3\left(1 - \dfrac{1}{n+1}\right)$,

得知其和为 $S = \lim\limits_{n\to\infty}S_n = \lim\limits_{n\to\infty}3\left(1 - \dfrac{1}{n+1}\right) = 3$,

综上知,级数 $\sum\limits_{n=1}^{\infty}\left(\dfrac{1}{2^n} + \dfrac{3}{n(n+1)}\right)$ 的和为 $1 + 3 = 4$.

3. 解:(1) 级数的通项是 $u_n = (0.001)^{\frac{1}{n}}$,

由于 $\lim\limits_{n\to\infty}u_n = \lim\limits_{n\to\infty}(0.001)^{\frac{1}{n}} = (0.001)^0 = 1 \neq 0$,所以该级数发散.

(2) 级数的通项是 $u_n = \dfrac{n}{n+1}$,

由于 $\lim\limits_{n\to\infty}u_n = \lim\limits_{n\to\infty}\dfrac{n}{n+1} = 1 \neq 0$,所以该级数发散.

(3) 由于 $\lim\limits_{n\to\infty}u_n = \lim\limits_{n\to\infty}\dfrac{(-1)^n \cdot n}{2n+1} = \lim\limits_{n\to\infty}\dfrac{(-1)^n}{2}$ 不存在,所以该级数发散.

4. 解:由于 $u_n = S_n - S_{n-1} = \dfrac{8^n - 1}{7 \times 8^{n-1}} - \dfrac{8^{n-1} - 1}{7 \times 8^{n-2}} = \dfrac{(8^n - 1) - 8(8^{n-1} - 1)}{7 \times 8^{n-1}} = \dfrac{1}{8^{n-1}}$,

可知这个级数是 $\sum\limits_{n=1}^{\infty}\dfrac{1}{8^{n-1}}$.

任务二

1. 解:(1) 因为 $\lim\limits_{n\to\infty}\dfrac{u_{n+1}}{u_n} = \lim\limits_{n\to\infty}\dfrac{(n+1)!}{100^{n+1}}\dfrac{100^n}{n!} = \lim\limits_{n\to\infty}\dfrac{n+1}{100} = \infty$,所以由比值判别法知原级数发散.

(2) 因为 $\lim\limits_{n\to\infty}\dfrac{u_{n+1}}{u_n} = \lim\limits_{n\to\infty}\dfrac{(n+1)^e}{e^{n+1}}\dfrac{e^n}{n^e} = \lim\limits_{n\to\infty}\dfrac{1}{e}\left(\dfrac{n+1}{n}\right)^e = \dfrac{1}{e} < 1$,所以由比值判别法知,原级数收敛.

(3) 因为 $\lim\limits_{n\to\infty}u_n = \lim\limits_{n\to\infty}\sqrt{\dfrac{n+1}{2n}} = \dfrac{1}{\sqrt{2}} \neq 0$,所以原级数发散.

(4) 因为 $\lim\limits_{n\to\infty}\dfrac{u_n}{\frac{1}{n}} = \lim\limits_{n\to\infty}\dfrac{n(2n+3)}{n(n+3)} = 2$,而 $\sum\limits_{n=1}^{\infty}\dfrac{1}{n}$ 发散,所以由比较判别法知原级数发散.

2. 解:(1) $\sum\limits_{n=1}^{\infty}|u_n| = \sum\limits_{n=1}^{\infty}\dfrac{n}{2^{n-1}}$,由正项级数的比值判别法可知,此级数收敛,故原级数绝对收敛.

(2) $|u_n| = \dfrac{1}{\ln n} > \dfrac{1}{n}$,而 $\sum\limits_{n=2}^{\infty}\dfrac{1}{n}$ 发散,故 $\sum\limits_{n=2}^{\infty}\dfrac{1}{\ln n}$ 发散.因此原级数非绝对收敛.而显然 $\dfrac{1}{\ln(n+1)} < \dfrac{1}{\ln n}$,$n = 2, 3, \cdots$,且 $\lim\limits_{n\to\infty}\dfrac{1}{\ln n} = 0$,故由莱布尼兹判别法知原级数条件收敛.

(3) 因为 $\lim\limits_{n\to\infty}|u_n| = \lim\limits_{n\to\infty}\left|(-1)^{n-1}\left(1+\dfrac{1}{10^n}\right)\right| \neq 0$，所以原级数发散．

(4) 此为交织级数，$\because \dfrac{|u_n|}{\dfrac{1}{n}} = \dfrac{n}{n^2+1}\cdot n \to 1\ (n\to\infty)$ 而级数 $\sum\limits_{n=1}^{\infty}\dfrac{1}{n}$ 发散，故 $\sum\limits_{n=1}^{\infty}|u_n|$ 发散，即原级数非绝对收敛，显然 $\dfrac{n}{n^2+1}$ 单调递减且趋向于零，故原级数条件收敛．

任务三

1. 解：(1) 因为 $\lim\limits_{n\to\infty}\left|\dfrac{a_{n+1}}{a_n}\right| = \lim\limits_{n\to\infty}\dfrac{3^{n+1}}{\sqrt{n+1}}\dfrac{\sqrt{n}}{3^n} = \lim 3\cdot\sqrt{\dfrac{n}{n+1}} = 3$，所以 $R=\dfrac{1}{3}$，当 $x=\dfrac{1}{3}$ 时，级数为 $\sum\limits_{n=1}^{\infty}\dfrac{1}{\sqrt{n}}$ 发散，当 $x=-\dfrac{1}{3}$ 时，级数为 $\sum\limits_{n=1}^{\infty}(-1)^n\dfrac{1}{\sqrt{n}}$ 收敛，故原级数的收敛区间为 $\left[-\dfrac{1}{3},\dfrac{1}{3}\right)$．

(2) 因为 $\left|\dfrac{a_{n+1}}{a_n}\right| = \dfrac{n^n}{(n+1)^{n+1}} = \dfrac{1}{n+1}\dfrac{1}{\left(1+\dfrac{1}{n}\right)^n} \to 0 (n\to\infty)$，所以 $R=\infty$，收敛区间为 $(-\infty,+\infty)$．

(3) 因为 $\left|\dfrac{a_{n+1}}{a_n}\right| = \dfrac{(n+1)!}{n!} = n+1 \to \infty(n\to\infty)$，所以 $R=0$．

(4) 因为 $\lim\limits_{n\to\infty}\left|\dfrac{a_{n+1}}{a_n}\right| = \lim\limits_{n\to\infty}\dfrac{2^n n}{2^{n+1}(n+1)} = \dfrac{1}{2}$，所以 $R=2$．故当 $|x-1|<2$，即 $-1<x<3$ 时收敛，当 $x<-1$ 或 $x>3$ 时发散，当 $x=-1$ 时，级数为 $\sum\limits_{n=1}^{\infty}(-1)^n\dfrac{1}{n}$，收敛；当 $x=3$ 时，级数为 $\sum\limits_{n=1}^{\infty}\dfrac{1}{n}$，发散，故收敛区间为 $[-1,3)$．

(5) 因为 $\left|\dfrac{u_{n+1}}{u_n}\right| = \left|\dfrac{x^{2n+3}}{2^n}\dfrac{2^{n-1}}{x^{2n+1}}\right| = \dfrac{x^2}{2} \to \dfrac{x^2}{2}(n\to\infty)$，当 $\dfrac{x^2}{2}<1$ 时，即 $-\sqrt{2}<x<\sqrt{2}$ 时收敛，当 $\dfrac{x^2}{2}>1$，即 $x>\sqrt{2}$ 或 $x<-\sqrt{2}$ 时发散，所以 $R=\sqrt{2}$．当 $x=\pm\sqrt{2}$ 时原级数为 $\sum\limits_{n=1}^{\infty}\pm 2\sqrt{2}$，发散，故收敛区间为 $(-\sqrt{2},\sqrt{2})$．

(6) 因为 $\left|\dfrac{a_{n+1}}{a_n}\right| = \dfrac{(n+1)^2}{3^{n+1}}\dfrac{3^n}{n^2} = \dfrac{1}{3}\left(\dfrac{n+1}{n}\right)^2 \to \dfrac{1}{3}(n\to\infty)$，所以 $R=3$，当 $x=\pm 3$ 时，原级数 $\sum\limits_{n=1}^{\infty}(\pm 1)^n n^2$，发散，故收敛区间为 $(-3,3)$．

2. (1) 设 $f(x)=\sum\limits_{n=1}^{\infty}nx^{n-1}, |x|<1$，

$$\int_0^x f(x)\,\mathrm{d}x = \int_0^x \Big(\sum_{n=1}^{\infty} n x^{n-1}\Big)\mathrm{d}x = \sum_{n=1}^{\infty} \int_0^x n x^{n-1}\mathrm{d}x = \sum_{n=1}^{\infty} x^n = \frac{x}{1-x},$$

所以 $f(x) = \Big(\dfrac{x}{1-x}\Big)' = \dfrac{1}{(1-x)^2}, |x| < 1.$

(2) 设 $f(x) = \sum\limits_{n=1}^{\infty} \dfrac{1}{2n+1} x^{2n+1}, |x| < 1,$ 那么

$$f'(x) = \Big(\sum_{n=1}^{\infty} \frac{1}{2n+1} x^{2n+1}\Big)' = \sum_{n=1}^{\infty} \frac{1}{2n+1}(x^{2n+1})' = \sum_{n=1}^{\infty} x^{2n} = \frac{x^2}{1-x^2},$$

$$\int_0^x f'(x)\,\mathrm{d}x = \int_0^x \frac{x^2}{1-x^2}\,\mathrm{d}x,$$

即 $f(x) - f(0) = \int_0^x \Big[\dfrac{1}{2}\Big(\dfrac{1}{1-x} + \dfrac{1}{1+x}\Big) - 1\Big]\mathrm{d}x,$

所以 $f(x) = f(0) + \dfrac{1}{2}\ln\dfrac{1+x}{1-x} - x = -x + \dfrac{1}{2}\ln\dfrac{1+x}{1-x}, |x| < 1.$

任务四

1. 解：已知 $\sin x = x - \dfrac{x^3}{3!} + \dfrac{x^5}{5!} - \cdots + (-1)^{n-1}\dfrac{x^{2n-1}}{(2n-1)!} + \cdots (-\infty < x < +\infty).$

对上式两边同时求导得 $\cos x = 1 - \dfrac{x^2}{2!} + \dfrac{x^4}{4!} - \cdots + (-1)^n \dfrac{x^{2n}}{(2n)!} + \cdots (-\infty < x < +\infty).$

2. 解：因为 $\dfrac{1}{1+x} = 1 - x + x^2 - x^3 + \cdots (-1)^n x^n + \cdots.$

所以 $\dfrac{1}{1+x^4} = 1 - x^4 + x^8 - x^{12} + \cdots + (-1)^n x^{4n} + \cdots$

对上式逐项积分得

$$\int_0^{0.5} \frac{1}{1+x^4}\mathrm{d}x = \int_0^{0.5} [1 - x^4 + x^8 - x^{12} + \cdots + (-1)^n x^{4n} + \cdots]\mathrm{d}x$$

$$= \Big[x - \frac{1}{5}x^5 + \frac{1}{9}x^9 - \frac{1}{13}x^{13} + \cdots + \frac{(-1)^n}{4n+1}x^{4n+1} + \cdots\Big]_0^{0.5}$$

$$= 0.5 - \frac{1}{5}\times(0.5)^5 + \frac{1}{9}\times(0.5)^9 - \frac{1}{13}\times(0.5)^{13} + \cdots + \frac{(-1)^n}{4n+1}(0.5)^{4n+1} + \cdots.$$

上面级数为交错级数，所以误差 $|r_n| < \dfrac{1}{4n+5}(0.5)^{4n+5}$，经试算

$\dfrac{1}{5}\times(0.5)^5 \approx 0.00625, \dfrac{1}{9}\times(0.5)^9 \approx 0.00022, \dfrac{1}{13}\times(0.5)^{13} \approx 0.000009.$

所以取前三项计算，即 $\int_0^{0.5}\dfrac{1}{1+x^4}\mathrm{d}x \approx 0.50000 - 0.00625 + 0.00022 = 0.49397 \approx 0.4940.$

▶ **练习十** ◀

一、选择题

1. B.　　2. D.　　3. D.　　4. B.　　5. C.　　6. D.　　7. B.　　8. D.　　9. B.
10. A.

二、填空题

1. $(-1,3)$.　　2. $(-1,1)$.　　3. $[-2,2]$.　　4. 2.　　5. $(-1,1]$.

三、解答题

1. $\sum_{n=0}^{\infty}(-1)^n \dfrac{x^{2n+1}}{4^{n+1}}(-2<x<2)$.

2. (1) $f(x)=\sum_{n=0}^{\infty}(-1)^n\dfrac{x^{2n+2}}{2n+1},[-1,1]$; (2) $\sum_{n=0}^{\infty}\dfrac{(-1)^n}{2n+1}=\arctan 1=\dfrac{\pi}{4}$.

3. $\sum_{n=1}^{\infty}\dfrac{x^{n+1}}{n}=-x\ln(1-x), x\in[-1,1)$.

4. $s(x)=\sum_{n=1}^{\infty}(-1)^{n+1}\dfrac{x^n}{n}=\ln(1+x), x\in(-1,1]$; $\sum_{n=1}^{\infty}\dfrac{(-1)^{n+1}}{n}=\ln 2$.

5. $f(x)=\sum_{n=0}^{\infty}\left(1-\dfrac{1}{2^{n+1}}\right)(x-1)^n (0<x<2)$.

6. $s(x)=\dfrac{1+x^2}{(1-x^2)^2}, x\in(-1,1)$; $\sum_{n=1}^{\infty}\dfrac{2n-1}{2^{n-1}}=6$.

7. $s(x)=\dfrac{1}{(1-x)^2}, x\in(-1,1)$; $\sum_{n=1}^{\infty}\dfrac{n}{3^n}=\dfrac{1}{3}s\left(\dfrac{1}{3}\right)=\dfrac{3}{4}$.

8. $f(x)=\sum_{n=0}^{\infty}\dfrac{(x-1)^n}{2^{n+1}}, x\in(-1,3)$; $\sum_{n=0}^{\infty}\dfrac{(-1)^n}{2^{n+1}}=f(0)=\dfrac{1}{3}$.

9. 收敛域 $[-1,1), s(x)=-\ln(1-x), \sum_{n=1}^{\infty}\dfrac{1}{n2^n}=s\left(\dfrac{1}{2}\right)=\ln 2$.

10. 收敛域 $[-2,2)$, 设 $s(x)=\sum_{n=1}^{\infty}\dfrac{x^n}{2^n n}$, 则 $s'(x)=\dfrac{1}{2}\sum_{n=1}^{\infty}\left(\dfrac{x}{2}\right)^{n-1}=\dfrac{\dfrac{1}{2}}{1-\dfrac{x}{2}}$,

$$s(x)=\int_0^x s'(x)\mathrm{d}x=\int_0^x \dfrac{\dfrac{1}{2}}{1-\dfrac{x}{2}}\mathrm{d}x=-\ln\left|1-\dfrac{x}{2}\right|.$$

参考文献

[1] 同济大学数学教研室. 高等数学 [M]. 8版. 北京：高等教育出版社，2023.

[2] 韩志刚. 高等数学 [M]. 2版. 北京：高等教育出版社，2022.

[3] 侯风波. 高等数学 [M]. 6版. 北京：高等教育出版社，2022.

[4] 崔信. 高等数学 [M]. 3版. 北京：北京出版社，2022.

[5] 张圣勤. 高等数学：上 [M]. 北京：机械工业出版社，2009.

[6] 张圣勤. 高等数学：下 [M]. 北京：机械工业出版社，2009.

[7] 顾静相. 经济数学基础：上 [M]. 6版. 北京：高等教育出版社，2024.

[8] 顾静相. 经济数学基础：下 [M]. 6版. 北京：高等教育出版社，2024.